Springer-Lehrbuch

Lerch · Kaltenbacher
Lindinger · Sutor

Elektrische Messtechnik

Übungsbuch

2., neu bearbeitete
und erweiterte Auflage

Springer

Professor Dr.-Ing. Reinhard Lerch
PD Dr. techn. Manfred Kaltenbacher
Dr. techn. Franz Lindinger
Dr.-Ing. Alexander Sutor
Friedrich-Alexander-Universität
Erlangen-Nürnberg
Lehrstuhl für Sensorik
Paul-Gordan-Str. 3/5
91052 Erlangen
e-mail: reinhard.lerch@lse.eei.uni-erlangen.de

ISSN 0937-7433
ISBN 3-540-21883-1 Springer Berlin Heidelberg New York

Information der Deutschen Bibliothek
Die Deutsche Bibliothek verzeichnet diese Publikation in der Deutschen Nationalbibliografie; detaillierte bibliografische Daten sind im Internet über <http://dnb.ddb.de> abrufbar.

Springer ist ein Unternehmen von Springer Science + Business Media
springer.de

Printed in Germany

Einbandgestaltung: Design & Production, Heidelberg
Satz und Umbruch: Camera ready-Vorlage von Autoren
Gedruckt auf säurefreiem Papier 07/3020/kk - 5 4 3 2 1 0

Vorwort zur zweiten Auflage

Die Neuauflage dieses Buches geht einher mit der des dazugehörigen Lehrbuches "Elektrische Messtechnik" (R. Lerch: *Elektrische Messtechnik*, Berlin, Heidelberg: Springer-Verlag 2004). Dementsprechend werden die im Lehrbuch neu aufgenommenen Kapitel über Ausgleichsvorgänge und nichtlineare elektrische Netzwerke hier mit entsprechenden Übungsaufgaben abgedeckt. Weiterhin wurde der Abschnitt zur computerunterstützten Messdatenerfassung ebenfalls um neue Aufgaben und Beispiele ergänzt, so z. B. zu den modernen Feldbussystemen.

Bei der Erstellung des Manuskriptes haben wir viele Anregungen und große Unterstützung von allen am Lehrstuhl für Sensorik der Universität Erlangen-Nürnberg tätigen Mitarbeitern erfahren, denen unser Dank gilt. Die Anfertigung der zahlreichen Abbildungen lag in den Händen von Frau Cornelia Salley-Sippel und Frau Bettina Melberg, denen wir für diese mühevolle Arbeit herzlich danken. Den Herren Dr.-Ing. K.P. Frohmader und Dipl.-Ing. Martin Meiler gilt besonderer Dank für die Unterstützung beim Korrekturlesen.

Die Autoren bedanken sich auch beim Springer-Verlag, und hier insbesondere bei Frau Eva Hestermann-Beyerle sowie bei Frau Monika Lempe für ihre stetige Hilfsbereitschaft und Unterstützung bei der Erstellung dieses Werkes.

Erlangen, im Sommer 2004

Reinhard Lerch
Manfred Kaltenbacher
Franz Lindinger
Alexander Sutor

Vorwort zur ersten Auflage

Die Elektrische Meßtechnik ist eines der wichtigsten Teilgebiete der Elektrotechnik, welches mehr und mehr Einzug in die anderen Ingenieurwissenschaften hält, wie z.B. den Maschinenbau und die Verfahrenstechnik. Denn für die Charakterisierung bzw. Bewertung technischer Produkte und Prozesse stellt die meßtechnische Erfassung von elektrischen und nicht-elektrischen Größen die entscheidende Grundlage dar. Die Detektion dieser physikalischen Meßgrößen erfordert, neben der Auswahl eines geeigneten Sensors, die Entwicklung bzw. die Dimensionierung von Meßschaltungen. Weiterhin stellt sich für den Ingenieur stets die Frage nach der Genauigkeit, mit welcher die Meßgrößen erfaßt werden können, und wie sich Störgrößen auf das Meßergebnis auswirken. Nach abgeschlossener Messung ist die korrekte Angabe des Meßergebnisses von Bedeutung. Um all diesen Aufgaben gewachsen zu sein, bedarf es entsprechender Kenntnisse und Fähigkeiten zur Dimensionierung und Analyse von Meßschaltungen der analogen und digitalen Meßtechnik, welche dem Leser entsprechend der Zielsetzung dieses Buches vermittelt werden sollen.

Mit der hier getroffenen Auswahl an meßtechnischen Problemstellungen wurde versucht, den Leser an die Erfordernisse der Praxis heranzuführen. Der Zugang zu der behandelten Thematik soll durch eine in den jeweiligen Kapiteln vorangestellte Zusammenfassung der notwendigen Grundlagen erleichtert werden. Zusätzlich werden dem Leser Verfahren vermittelt (z.B. die Anwendung des Ersatzquellenprinzips), mit deren Hilfe komplexe meßtechnische Aufgabenstellungen auf einfache bzw. effiziente Weise gelöst werden können. Zur Vertiefung des Wissens über meßtechnische Grundlagen sowie elektrische Meßverfahren und Meßschaltungen empfiehlt sich das Studium des gleichzeitig erschienenen Lehrbuches „Elektrische Meßtechnik“ (R. Lerch: *Elektrische Meßtechnik*. Berlin, Heidelberg: Springer-Verlag 1996). In der vorliegenden Aufgabensammlung wurden umfangreiche Beispiele und Aufgaben zu allen in diesem Lehrbuch enthaltenen Themen zusammengestellt.

Der in den einzelnen Kapiteln des vorliegenden Übungsbuches behandelte Stoff gliedert sich in eine, die jeweiligen Grundlagen enthaltende *Einleitung* und einen Abschnitt, der die meßtechnischen Aufgabenstellungen in Form von *Beispielen* mit dazugehörigen, ausführlichen *Musterlösungen* behandelt. Der Leser sollte bestrebt sein, bereits diese Beispiele eigenständig zu bearbeiten und ohne Zuhilfenahme der Musterlösung zu einem Ergebnis zu gelangen. Am Ende eines jeden Abschnittes befinden sich *Aufgaben*, bei denen auf die Beschreibung des Rechen- bzw. Lösungsweges bewußt verzichtet wurde, um den Leser anzuregen, die Aufgaben ohne fremde Hilfe zu lösen. Die jeweilige Angabe einer Kurzlösung im Anschluß an die Aufgabenstellung soll dabei der Überprüfung der vom Leser erarbeiteten Ergebnisse dienen. Es sei darauf hingewiesen, daß sich der Leser beim Studium dieser Aufgabensammlung nicht an die von den Autoren gewählte Reihenfolge der Kapitel halten muß.

Die in diesem Buch enthaltenen Beispiele und Aufgaben basieren einerseits auf von den Autoren in ihrer beruflichen Praxis bearbeiteten Meßaufgaben und entstammen andererseits der Rechenübung *Elektrische Meßtechnik* sowie einer gleichnamigen Vorlesung, welche zu den Grundlehrveranstaltungen des Diplomingenieurstudienganges *Mechatronik* zählen, der seit dem Jahre 1990 an der Universität Linz angeboten wird. Damit eignet sich dieses Buch sowohl für den Studierenden zur Vorbereitung auf entsprechende Prüfungen als auch für den bereits in der Praxis tätigen Ingenieur zur Auffrischung bzw. Vertiefung wichtiger Kenntnisse auf dem Gebiet der Elektrischen Meßtechnik. Weiterhin wird versucht, die Umsetzung der beim Studium eines Lehrbuches erlangten theoretischen Kenntnisse in die für den Ingenieur außerordentlich wichtige selbständige praktische Anwendung zu erleichtern.

Bei der Erstellung des Manuskriptes haben wir viele Anregungen und große Unterstützung von allen am Institut für Elektrische Meßtechnik der Universität Linz tätigen Mitarbeitern erfahren, denen unser Dank gilt. Die Anfertigung der zahlreichen Abbildungen lag in den Händen von Frau Ingrid Hagelmüller, Frau Waltraud Kratzer und Frau Sylvia Preßl, denen wir für diese mühevolle Arbeit herzlich danken. Den Herren Dipl.-Math. Hermann Landes und cand. Dipl.-Ing. Klaus Hitzenberger danken wir für die Unterstützung beim Korrekturlesen.
Unser Dank gilt auch dem Springer-Verlag, insbesondere Herrn Dr. Hubertus Riedesel, der die Anregung zur Abfassung des vorliegenden Werkes gab, sowie seinen Mitarbeiterinnen Frau Marianne Ozimkowski und Frau Gaby Maas für ihre Unterstützung bei der Erstellung des kamerafertigen Manuskriptes. Allen genannten Personen möchten wir auch für ihr Verständnis und ihre Geduld bei der mehrmals verzögerten Abgabe des Manuskriptes danken.

Da es erwartungsgemäß auch bei noch so sorgfältiger Manuskriptbearbeitung nicht möglich sein dürfte, die Erstauflage eines solchen Buches fehlerfrei zu halten, möchten wir uns schon vorab bei allen Lesern für diese Fehler entschuldigen und sie bitten, von ihnen eventuell entdeckte Fehler an die folgende Adresse mitzuteilen:

O. Univ.-Prof. Dipl.-Ing. Dr. Reinhard Lerch
Institut für Elektrische Meßtechnik
Johannes Kepler Universität Linz
Altenberger Straße 69
A-4040 Linz

Linz, im Januar 1996

Reinhard Lerch
Manfred Kaltenbacher
Franz Lindinger

Inhaltsverzeichnis

1

Ausgleichsvorgänge und Laplace-Transformation

1.1 Grundlagen zur Berechnung von Ausgleichsvorgängen in linearen Netzwerken

Ziel dieses einführenden Kapitels ist es, die Methodik zur Berechnung von Ausgleichsvorgängen in linearen, zeitinvarianten Netzwerken zu wiederholen. Solche Ausgleichsvorgänge werden hervorgerufen durch das Ein-, Aus- oder auch Umschalten von Strom- oder Spannungsquellen. Die mathematische Formulierung eines solchen Vorgangs lautet im allgemeinen

$$f(t) = k_1 + (k_2 - k_1) \cdot \varepsilon(t - t_0) \,, \tag{1.1}$$

wobei $\varepsilon(t)$ die Sprungfunktion bezeichnet

$$\varepsilon(t) = \begin{cases} 1 \text{ für } t \geq 0 \\ 0 \text{ für } t < 0 \end{cases} . \tag{1.2}$$

Gleichung (1.1) beschreibt also eine Funktion $f(t)$, welche zum Zeitpunkt $t = t_0$ von der Amplitude k_1 auf den Wert k_2 springt.

Wenn wir uns auf elektrische Netzwerke mit konzentrierten, linearen und zeitinvarianten Elementen beschränken, so erfolgt die mathematische Beschreibung dieser Einschaltvorgänge anhand von linearen Differentialgleichungen (DGLn) mit konstanten Koeffizienten. Der Grad der Differentialgleichung entspricht der Anzahl der vorhandenen (unabhängigen) Energiespeicher.

Als Beispiel wollen wir das Einschalten eines Netzwerks aus zwei Widerständen und einer Spule nach Abb. 1.1 betrachten. Die Stromquelle war lange Zeit vom Netzwerk getrennt. Zum Zeitpunkt $t = 0$ wird der Schalter S eingeschaltet

$$i(t) = I_0 \varepsilon(t). \tag{1.3}$$

Das Netzwerk soll mithilfe einer Maschenstromanalyse [12] analysiert werden. Man verwendet beispielsweise die beiden Elementarmaschen, wie in Abb. 1.1

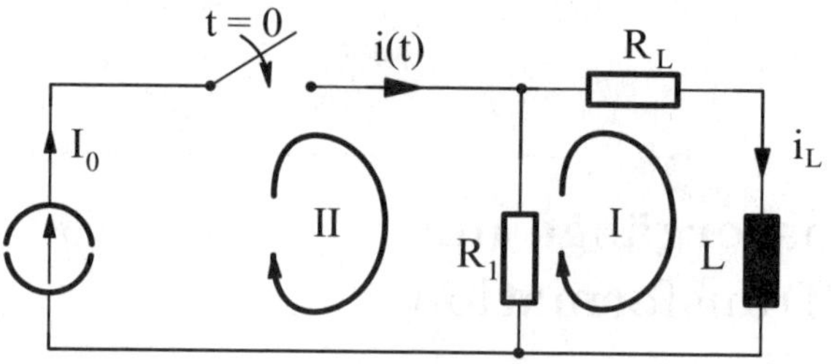

Abb. 1.1. Beispielschaltung: Netz mit einer Spule

eingezeichnet. Da der Maschenstrom in Masche II durch die Stromquelle eingeprägt ist, genügt das Aufstellen der Maschengleichung in Masche I mit dem unbekannten Strom $i_L(t)$ zur Beschreibung des Netzwerks. So ergibt sich folgende DGL zur Beschreibung der Schaltung für $t > 0$

$$L\frac{di_L}{dt} + (R_1 + R_L)i_L - R_1 I_0 = 0 \,. \tag{1.4}$$

Die Lösung dieser Gleichung ergibt sich aus der Überlagerung der Lösung der homogenen DGL

$$L\frac{di_L}{dt} + (R_1 + R_L)i_L = 0 \tag{1.5}$$

und einer partikulären Lösung der inhomogenen DGL (1.4). Eine partikuläre Lösung i_{Lp} erhält man unter Beachtung der Tatsache, daß der Strom durch die Spule für $t \to \infty$ gegen einen konstanten Wert streben muß. Man erhält die partikuläre Lösung entweder durch Einsetzen dieses Ansatzes $i_{Lp} = konst$ in die DGL (1.4) oder durch Betrachten des Netzwerkes für $t \to \infty$

$$i_{Lp} = i_L(t \to \infty) = I_0 \frac{R_1}{R_1 + R_L} \,. \tag{1.6}$$

Die Lösung der homogenen DGL (Gl. 1.5) lautet mit der Zeitkonstanten $\tau = L/(R_1 + R_L)$

$$i_{Lh}(t) = k \cdot e^{-t/\tau}. \tag{1.7}$$

Mit der noch zu bestimmenden Konstanten k ergibt sich schließlich die Gesamtlösung zu

$$i_L(t) = i_{Lh}(t) + i_{Lp} = k \cdot e^{-t/\tau} + I_0 \frac{R_1}{R_1 + R_L} \,. \tag{1.8}$$

Die Konstante k läßt sich ermitteln, indem man berücksichtigt, daß der Strom $i_L(t)$ insbesondere zum Zeitpunkt $t = 0$ stetig sein muß

$$i_L(0) = 0 \,. \tag{1.9}$$

Einsetzen in Gl. (1.8) liefert

$$0 = k + I_0 \frac{R_1}{R_1 + R_L} \tag{1.10}$$

$$k = -I_0 \frac{R_1}{R_1 + R_L} \,. \tag{1.11}$$

Die Gesamtlösung für $t \geq 0$ lautet dann

$$i_L(t) = I_0 \frac{R_1}{R_1 + R_L} \left(1 - e^{-t/\tau}\right) \,. \tag{1.12}$$

Auch bei komplizierteren Netzwerken ist die Vorgehensweise analog, d.h. unter Verwendung der Kirchhoffschen Gleichungen und den Strom-Spannungs-Beziehungen von Widerstand, Spule und Kondensator wird ein System von linearen Differentialgleichungen aufgestellt, dessen Lösung sich aus der Überlagerung der Lösung des homogenen Systems und der partikulären Lösung des inhomogenen Systems ergibt. Sind in einem Netzwerk nun n Energiespeicher (Kondensatoren und/oder Spulen) vorhanden, so enthält die Lösung n Konstanten, die so bestimmt werden müssen, daß die n Anfangswerte der Energiespeicher erfüllt werden, d.h. es muß ein lineares Gleichungssystem mit n Unbekannten gelöst werden.

Beispiel 1.1: *Schaltung mit Induktivität*

Die Schaltung nach Abb. 1.2 befindet sich in einem stationären Zustand. Zum Zeitpunkt $t = 0$ wird der Schalter S geschlossen. Der daraus resultierende Ausgleichsvorgang soll untersucht werden.

a) Geben Sie die DGL für den Strom $i_L(t)$ und $t > 0$ an.
b) Berechnen Sie den Strom $i_L(t)$.

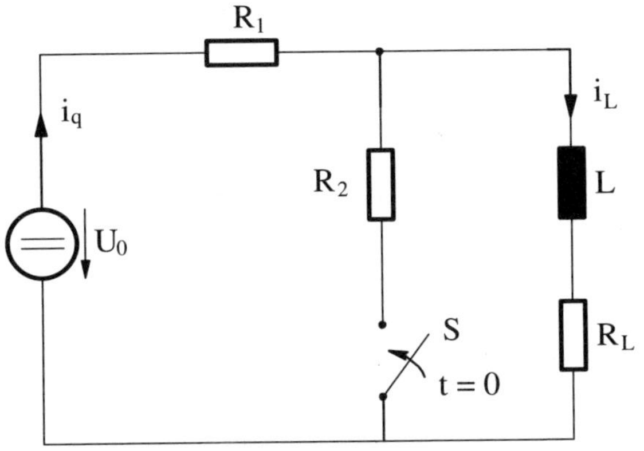

Abb. 1.2. Ausgleichsvorgang im linearen elektrischen Netzwerk (Schalter wird bei $t = 0$ geschlossen)

Musterlösung

a) Verwendet man die eingezeichneten Ströme i_q und i_L als Maschenströme, so erhält man das Gleichungssystem zur Beschreibung des Netzwerks

$$I: \quad -U_0 + (R_1 + R_2)i_q - R_2 i_L = 0 \tag{1.13}$$

$$II: \quad (R_2 + R_L)i_L + L\frac{di_L}{dt} - R_2 i_q = 0 \,.$$

Eliminiert man i_q aus den Gleichungen, so läßt sich eine DGL in i_L formulieren

$$\frac{di_L}{dt} + \frac{R_a}{L}i_L - \frac{R_2}{L(R_1 + R_2)}U_0 = 0 \quad \text{mit} \quad R_a = R_L + R_1 \parallel R_2 \,. \tag{1.14}$$

Man beachte die abkürzende Schreibweise für parallelgeschaltete Widerstände

$$R_1 \parallel R_2 = \frac{R_1 R_2}{R_1 + R_2} \,. \tag{1.15}$$

b) Für die homogene Lösung i_{Lh} wählt man den Ansatz

$$i_{Lh} = ke^{-t/\tau} \tag{1.16}$$

mit der Zeitkonstanten $\tau = L/R_a$ und der noch zu bestimmenden Konstanten k. Eine partikuläre Lösung i_{Lp} erhält man, wenn man das Verhalten des Netzwerkes für $t \to \infty$ betrachtet

$$i_{Lp} = i_L(t \to \infty) = \frac{U_0}{R_b} \quad \text{mit} \quad R_b = R_1 + R_L + \frac{R_L R_1}{R_2} \,. \tag{1.17}$$

Partikuläre Lösung und homogene Lösung der DGL addieren sich zu

$$i_L(t) = \frac{U_0}{R_b} + ke^{-t/\tau} \,. \tag{1.18}$$

Zur Bestimmung der Konstanten k beachtet man die Tatsache, daß der Induktivitätsstrom $i_L(t)$ im Zeitnullpunkt stetig sein muß

$$i_L(0) = \frac{U_0}{R_1 + R_L} \,. \tag{1.19}$$

Setzt man diese Anfangsbedingung in Gl. (1.18) ein, so erhält man für k

$$k = U_0 \left(\frac{1}{R_1 + R_L} - \frac{1}{R_b} \right) \,. \tag{1.20}$$

Die Lösung lautet dann

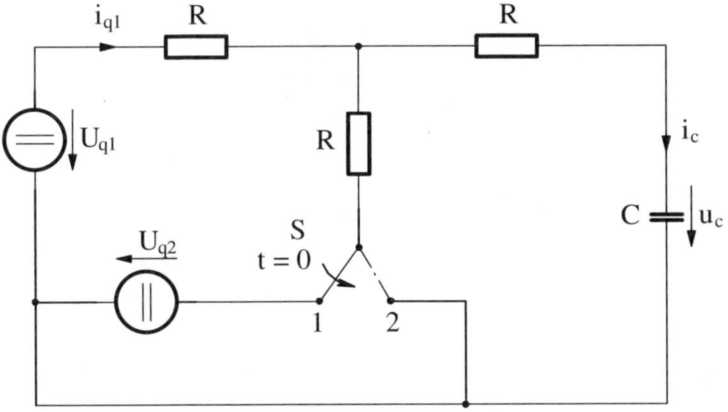

Abb. 1.3. Ausgleichsvorgang im linearen elektrischen Netzwerk (Schalter wird bei $t = 0$ umgeschaltet)

$$i_L(t) = U_0 \left[\frac{1}{R_b} + \left(\frac{1}{R_1 + R_L} - \frac{1}{R_b} \right) e^{-t/\tau} \right] . \tag{1.21}$$

Aufgabe 1.1: *Umladen eines Kondensators*

Abbildung 1.3 zeigt eine Schaltung, welche von zwei Gleichspannungsquellen gespeist wird. Nachdem sich der Schalter S beliebig lange in Stellung 1 befand, wird er zum Zeitpunkt $t = 0$ umgeschaltet.

a) Geben Sie die DGL für die Spannung $u_c(t)$ für $t > 0$ an.
b) Berechnen Sie den Verlauf der Spannung $u_c(t)$ für $t > 0$.
c) Berechnen Sie den Verlauf des Stromes $i_c(t)$ für $t > 0$.

Lösung

a) Differentialgleichung

$$\frac{3}{2} RC \frac{du_c}{dt} + u_c = \frac{1}{2} U_{q1} . \tag{1.22}$$

b) Lösung für $u_c(t)$

$$u_c(t) = \frac{1}{2} \left(U_{q1} + U_{q2} e^{-2t/(3RC)} \right) . \tag{1.23}$$

c) Lösung für $i_c(t)$

$$i_c(t) = -\frac{U_{q2}}{3R} e^{-2t/(3RC)} . \tag{1.24}$$

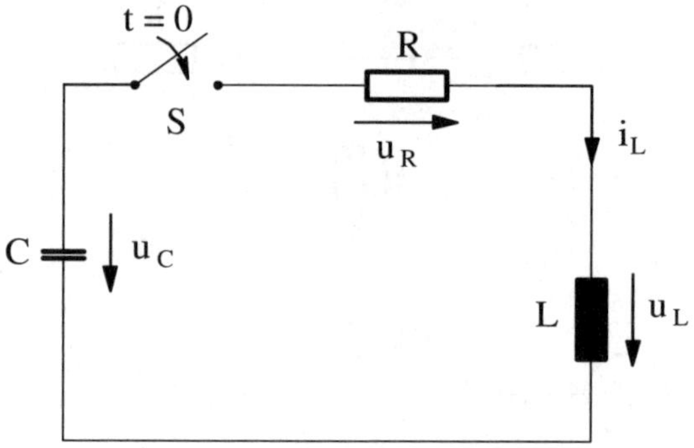

Abb. 1.4. Einschaltvorgang beim gedämpften Reihenschwingkreis

Aufgabe 1.2: *Der gedämpfte Reihenschwingkreis*

Die in Abb. 1.4 dargestellte Reihenschaltung einer Induktivität L, einer Kapazität C und eines Widerstandes R kann durch einen Schalter S zu einem Kreis geschlossen werden. Nachdem die Kapazität C auf eine Spannung $u_C(0) = U > 0$ aufgeladen wurde, wird zum Zeitpunkt $t = 0$ der Schalter geschlossen.

a) Geben Sie eine DGL zur Beschreibung der Spannung $u_C(t)$ für $t > 0$ an.
b) Unter welcher Bedingung sind die Eigenwerte konjugiert komplex?
c) Berechnen Sie für diesen Fall die Spannungen $u_C(t)$ sowie den Strom $i_L(t)$.
d) Tragen Sie den Verlauf der Spannung $u_C(t)$ sowie des Stromes $i_L(t)$ in ein Diagramm über der Zeit auf. Verwenden Sie dazu die Werte $C = 1.41$ mF, $L = 616\ \mu$H und $R = 330\ \text{m}\Omega$. Der Kondensator sei zu Beginn auf $U = 300$ V aufgeladen.
e) Bestimmen Sie durch eine einfache Überlegung ohne zusätzliche Rechnung den Verlauf der Spannung $u_C(t)$ sowie des Stromes $i_L(t)$, wenn eine ideale Diode in Reihe zu den übrigen Netzwerkelementen eingefügt wird (Abb. 1.5).

Lösung

a) Die DGL lautet

$$\frac{d^2u_c}{dt^2} + \frac{R}{L}\frac{du_c}{dt} + \frac{1}{LC}u_c = 0\ . \qquad (1.25)$$

b) Die Eigenwerte sind konjugiert komplex für

$$\left(\frac{R}{L}\right)^2 > \frac{4}{LC}\ . \qquad (1.26)$$

c) Mit den Abkürzungen

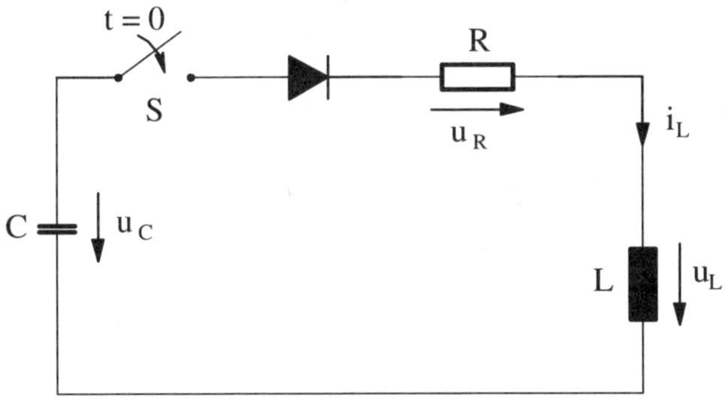

Abb. 1.5. Ergänzung des Reihenschwingkreises durch eine Diode

$$\sigma = -\frac{R}{2L} \tag{1.27}$$

$$\omega = \sqrt{\frac{R}{2L}^{2} - \frac{1}{LC}} \tag{1.28}$$

$$\alpha = -\arctan\frac{\omega}{\sigma} \tag{1.29}$$

erhält man die Spannung $u_c(t)$

$$u_c(t) = \frac{U}{\sin\alpha}\, e^{\sigma t} \sin(\omega t + \alpha) \tag{1.30}$$

und den Strom $i_L(t)$

$$i_L(t) = \frac{CU\omega}{\sin^2\alpha}\, e^{\sigma t} \sin(\omega t)\ . \tag{1.31}$$

d) Die Verläufe sind in Abb. 1.6 dargestellt.
e) Der Strom $i_L(t)$ kann nicht negativ werden, d.h. der Kondensator wird auf seine maximale negative Spannung umgeladen und behält diese dann.

1.2 Sprungantwort und Impulsantwort

Im folgenden soll kurz auf die Berechnung von Einschwingvorgängen mit beliebigen Anregungen im Zeitbereich eingegangen werden. Dies soll die Begriffe Sprungantwort und Impulsantwort wiederholen und als Einleitung und Motivation für die Berechnung von Netzwerken im Laplace-Bereich dienen.

1.2.1 Anregung mit Sprungfunktion oder Dirac-Impuls

Gegeben sei ein lineares Netzwerk mit einem Eingangstor und einem Ausgangstor. Unter der Sprungantwort $h(t)$ versteht man die Reaktion $y(t)$ eines

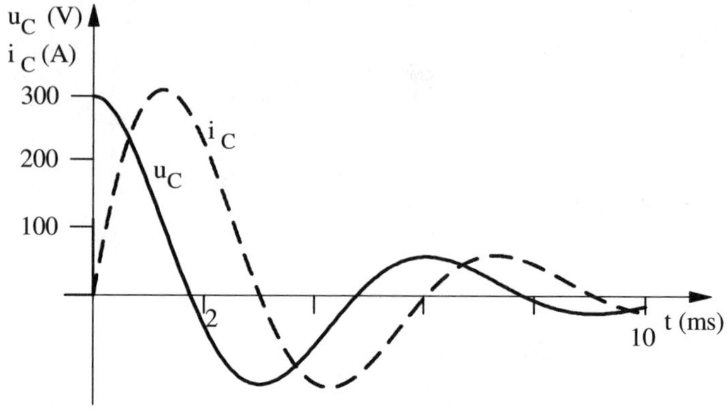

Abb. 1.6. Zeitverlauf der Spannung $u_C(t)$ und des Stroms $i_C(t)$

Systems am Ausgang auf eine Anregung mit der Sprungfunktion $x(t) = \varepsilon(t)$ am Eingang. Die Impulsantwort $g(t)$ ist entsprechend definiert als die Reaktion auf eine Anregung mit dem Dirac-Impuls $x(t) = \delta(t)$.

Gegeben ist das Netzwerk nach Abb. 1.7 (bei den Eingangs- und Ausgangssignalen handelt es sich hier um normierte Spannungen, im allgemeinen können es aber auch Ströme sein). Für die Sprungantwort des Netzwerkes gilt mit $\tau = RC$

$$x(t) = \varepsilon(t) \quad \Longrightarrow \quad y(t) = h(t) = (1 - e^{-t/\tau}) \,. \tag{1.32}$$

Gesucht ist nun die Impulsantwort. Da der Dirac-Impuls die zeitliche Ableitung der Sprungfunktion ist und das System als linear angenommen wird, erhält man die Impulsantwort durch Differenzieren der Sprungantwort

$$\delta(t) = \frac{d\varepsilon(t)}{dt} \quad \Longrightarrow \quad y(t) = g(t) = \frac{dh(t)}{dt} = \frac{1}{\tau}\, e^{-t/\tau} \,. \tag{1.33}$$

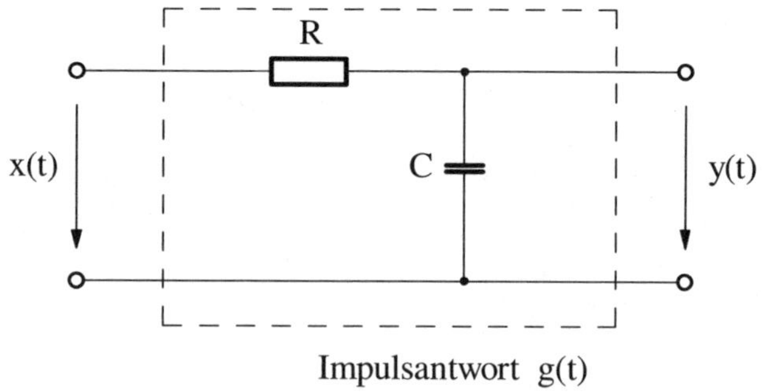

Abb. 1.7. RC-Netzwerk, welches durch seine Impulsantwort $g(t)$ beschrieben wird

1.2.2 Anregung mit beliebigen Zeitfunktionen

Wird ein lineares Netzwerk mit einer beliebigen Zeitfunktion $x(t)$ angeregt, so erhält man das Ausgangssignal durch Faltung des Eingangssignals mit der Impulsantwort

$$y(t) = g(t) * x(t) = \int_0^t g(\vartheta)x(t-\vartheta)d\vartheta \; . \tag{1.34}$$

Wir wollen nun wieder das Netzwerk nach Abb. 1.7 betrachten. Es soll durch eine zum Zeitpunkt $t = 0$ eingeschaltete Sinusfunktion angeregt werden

$$x(t) = \varepsilon(t) \cdot \sin\omega_0 t \; = \; \begin{cases} \sin\omega_0 t \text{ für } t \geq 0 \\ \quad 0 \quad\; \text{für } t < 0 \end{cases} . \tag{1.35}$$

Gesucht ist das Ausgangssignal $y(t)$. Die Auswertung des Faltungsintegrals ergibt

$$\begin{aligned} y(t) &= g(t) * x(t) \qquad (1.36) \\ &= \int_0^t \sin\omega_0\vartheta \; \frac{1}{\tau} \; e^{-(t-\vartheta)/\tau} \; d\vartheta \\ &= \frac{1}{\tau} \; e^{-t/\tau} \int_0^t \sin\omega_0\vartheta \; e^{\vartheta/\tau} \; d\vartheta \\ &= \frac{1}{\tau} \; e^{-t/\tau} \left[\frac{e^{\vartheta/\tau}}{(1/\tau)^2 + \omega_0^2} \left(\frac{1}{\tau} \sin\omega_0\vartheta \; - \omega_0 \cos\omega_0\vartheta \right) \right]_0^t \\ &= \frac{1}{\tau} \; e^{-t/\tau} \left[\frac{e^{t/\tau}}{(1/\tau)^2 + \omega_0^2} \left(\frac{1}{\tau} \sin\omega_0 t \; - \omega_0 \cos\omega_0 t \right) + \frac{\omega_0}{(1/\tau)^2 + \omega_0^2} \right] \\ &= \frac{1}{\tau} \; \frac{\omega_0}{(1/\tau)^2 + \omega_0^2} \left[\frac{1}{\tau\omega_0} \sin\omega_0 t \; - \cos\omega_0 t + e^{-t/\tau} \right] . \end{aligned}$$

1.3 Die Laplace-Transformation

Dieser Abschnitt soll eine Hilfestellung zum Umgang mit der Laplace-Transformation geben. Nach einer Darstellung der Transformationsgleichungen werden die elementaren Eigenschaften zusammengestellt und die Transformation der linearen Netzwerkelemente wiederholt. Es sei noch einmal darauf hingewiesen, daß alle zu transformierenden Zeitfunktionen als kausal zu betrachten sind, d. h. sie verschwinden für $t < 0$.

Die (einseitige) Laplace-Transformation wird mit folgender Gleichung beschrieben [6]

$$F(s) = \int_0^\infty f(t)e^{-st}dt \;, \tag{1.37}$$

wobei s die sog. komplexe Frequenz repräsentiert

$$s = \sigma + j\omega . \tag{1.38}$$

Entsprechend läßt sich die Rücktransformation folgendermaßen darstellen

$$f(t) = \frac{1}{2\pi j} \int_{s=\sigma-j\infty}^{s=\sigma+j\infty} F(s)e^{st}ds \;. \tag{1.39}$$

Zulässig sind alle kausalen Zeitfunktionen, die nicht schneller als eine geeignet gewählte Exponentialfunktion für $t \to \infty$ anwachsen und stückweise glatt sind (d.h. alle „vernünftigen" Funktionen).

1.3.1 Elementare Eigenschaften der Laplace-Transformation

Linearität

Aus den Grundgleichungen folgt unmittelbar die Linearitätseigenschaft der Laplace-Transformation. Wenn die Laplace-Transformierten zweier Zeitfunktionen $f_1(t)$ und $f_2(t)$ existieren

$$f_1(t) \circ\!\!-\!\!\bullet\; F_1(s) \tag{1.40}$$

$$f_2(t) \circ\!\!-\!\!\bullet\; F_2(s) \;, \tag{1.41}$$

so gilt für beliebige Konstanten c_1 und c_2

$$c_1 f_1(t) + c_2 f_2(t) \quad \circ\!\!-\!\!\bullet \quad c_1 F_1(s) + c_2 F_2(s) \;. \tag{1.42}$$

Integration

Wird eine Zeitfunktion $f(t)$ integriert, so muß die zugehörige Laplace-Transformierte mit $1/s$ multipliziert werden

$$\int_0^t f(\tau)\,dt \quad \circ\!\!-\!\!\bullet \quad \frac{1}{s}\,F(s) \;. \tag{1.43}$$

Differentiation

Die Differentiation soll hier noch einmal genauer betrachtet werden. Es sei $f(t)$ eine transformierbare Funktion und $\varepsilon(t)$ die Sprungfunktion. Zum besseren Verständnis werden in diesem Abschnitt die zu transformierenden Funktionen durch Multiplikation mit der Sprungfunktion zur Kausalität gezwungen. Speziell soll auf den Unterschied zwischen

$$\frac{d}{dt}[\varepsilon(t)f(t)] \tag{1.44}$$

und

$$\varepsilon(t)\frac{d}{dt}f(t) \tag{1.45}$$

hingewiesen werden. Betrachten wir den ersten Fall. Laut Gl. (1.39) gilt

$$\varepsilon(t) \cdot f(t) = \frac{1}{2\pi j}\int_{s=\sigma-j\infty}^{s=\sigma+j\infty} F(s)e^{st}ds \; . \tag{1.46}$$

Nach einer Differentiation beider Seiten erhält man

$$\frac{d}{dt}[\varepsilon(t) \cdot f(t)] = \frac{1}{2\pi j}\int_{s=\sigma-j\infty}^{s=\sigma+j\infty} sF(s)e^{st}ds \; . \tag{1.47}$$

Man sieht unmittelbar

$$\frac{d}{dt}[\varepsilon(t) \cdot f(t)] \quad \circ\!\!-\!\!\bullet \quad sF(s). \tag{1.48}$$

Um die Laplace-Transformierte zu $\varepsilon(t) \cdot \frac{d}{dt}f(t)$ zu erhalten, wenden wir die Produktregel der Differentiation an

$$\frac{d}{dt}[\varepsilon(t) \cdot f(t)] = \varepsilon(t)\frac{df}{dt} + \delta(t)f(t). \tag{1.49}$$

Wir beachten, daß der Dirac-Stoß den Funktionswert von f an der Stelle $t = 0$ ausschneidet, und erhalten

$$\varepsilon(t) \cdot \frac{df}{dt} = \frac{d}{dt}[\varepsilon(t) \cdot f(t)] - \delta(t)f(0). \tag{1.50}$$

Durch Transformation der rechten Seite erhalten wir

$$\varepsilon(t) \cdot \frac{df}{dt} \quad \circ\!\!-\!\!\bullet \quad sF(s) - f(0). \tag{1.51}$$

Faltung

Das *Faltungsintegral* zweier Zeitfunktionen $f_1(t)$ und $f_2(t)$ spielt in der Beschreibung und Analyse von Netzwerken eine wichtige Rolle (Gl. (1.34)). Die Faltung im Zeitbereich hat die angenehme Eigenschaft, daß sie einer Multiplikation im Frequenzbereich entspricht

$$f_1(t) * f_2(t) \quad \circ\!\!-\!\!\bullet \quad F_1(s) \cdot F_2(s) \; . \tag{1.52}$$

Man sieht, daß auch diese Operation, wie schon die Differentiation und die Integration, im Frequenzbereich leichter handzuhaben ist. Der Vollständigkeit halber sei erwähnt, daß umgekehrt dem Produkt zweier kausaler Zeitfunktionen eine Faltung ihrer Laplace-Transformierten entspricht. Die Berechnung dieser Faltung ist allerdings wegen des komplexen Integrals meist aufwendig.

Verschiebung im Zeitbereich

Die Verschiebung im Zeitbereich um ein (positives) t_0 entspricht einer Multiplikation im Frequenzbereich mit e^{-st_0}

$$f(t-t_0) \quad \circ\!\!-\!\!\bullet \quad F(s)e^{-st_0} \,. \tag{1.53}$$

Verschiebung im Frequenzbereich

Die Verschiebung im Frequenzbereich um eine (komplexe) Konstante s_0 entspricht einer Multiplikation im Zeitbereich mit $e^{s_0 t}$

$$f(t)e^{s_0 t} \quad \circ\!\!-\!\!\bullet \quad F(s-s_0) \,. \tag{1.54}$$

Dehnung und Stauchung

Eine Dehnung bzw. Stauchung im Zeitbereich wirkt sich als Stauchung bzw. Dehnung im Frequenzbereich aus. Der Zusammenhang lautet

$$f(ct) \circ\!\!-\!\!\bullet \frac{1}{c} F\left(\frac{s}{c}\right) , \tag{1.55}$$

wobei c eine positive Konstante ist. Eine solche Skalierung verwendet man beispielsweise zur Normierung der Frequenz bzw. der Zeit.

1.4 Anwendung des Heavisideschen Entwicklungssatzes

Besitzt die zu transformierende Funktion lediglich einfache, reelle Pole, so ist die Anwendung des Heavisideschen Entwicklungssatzes besonders elegant. Auch bei einfachen, konjugiert komplexen Polen ist dies leicht möglich. Die Grundaussage des Satzes lautet:

Hat die Laplace-Transformierte $F(s)$ nur einfache Pole bei $s_1 \cdots s_n$, dann ergibt sich die zugehörige Zeitfunktion $f(t)$ für $t > 0$ in der Form des sogenannten Heavisideschen Entwicklungssatzes

$$f(t) = \sum_{\nu=1}^{n} r_\nu = \sum_{\nu=1}^{n} \frac{Z(s_\nu)}{N'(s_\nu)} e^{s_\nu t} , \tag{1.56}$$

wobei $Z(s)$ den Zähler und $N(s)$ den Nenner von $F(s)$ bezeichnet. Das einem Pol zugehörige Residuum ist r_ν.

Für die numerische Auswertung der Entwicklung empfiehlt es sich, die zu Paaren von konjugiert komplexen Polstellen gehörenden Residuen zusammenzufassen, um unnötiges Rechnen mit komplexen Größen zu vermeiden.

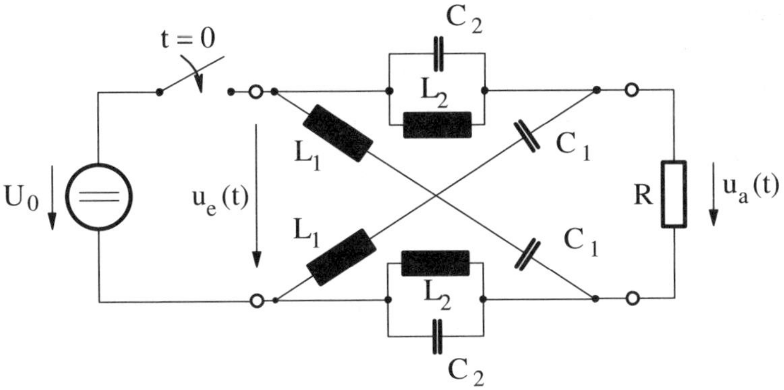

Abb. 1.8. Einschaltvorgang an einer symmetrischen X-Schaltung

1.4.1 Beispiel für die Anwendung des Heavisideschen Entwicklungssatzes

Als Beispiel für die Anwendung des Entwicklungssatzes betrachten wir die Schaltung in Abb. 1.8. Wegen ihres Aufbaus wird sie als X-Schaltung oder symmetrische Kreuzschaltung bezeichnet. Nachdem der Schalter lange Zeit geöffnet war, wird im Zeitnullpunkt eine Gleichspannung U_0 eingeschaltet.

Um den Einschwingvorgang zu berechnen, ermittelt man zunächst die Übertragungsfunktion $G(s) = U_a(s)/U_e(s)$. Bei dieser Schaltung empfiehlt

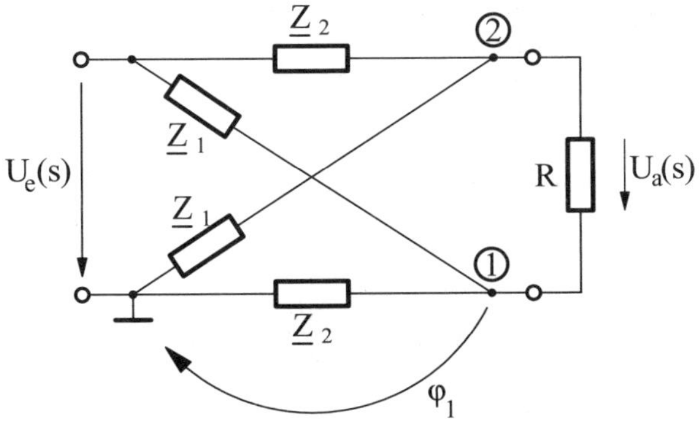

Abb. 1.9. Anwendung des Knotenpotentialverfahrens

sich die Anwendung des Knotenpotentialverfahrens [12]. In Abb. 1.9 ist die Schaltung im Laplace-Bereich unter Verwendung der Abkürzungen

$$\underline{Z}_1 = sL_1 + \frac{1}{sC_1} \quad \text{und} \quad \underline{Z}_2 = \frac{sL_2}{s^2C_2L_2 + 1} \tag{1.57}$$

dargestellt. Man erkennt, daß neben dem Masseknoten und der bekannten Eingangsspannung die beiden mit 1 und 2 bezeichneten Knotenpotentiale als unbekannt zu betrachten sind. Sie lassen sich durch φ_1 und U_a beschreiben. Man benötigt also zwei Gleichungen, die man durch Anwendung der Knotenregel auf die erwähnten Knoten gewinnt

$$I: \quad \frac{U_e - U_a - \varphi_1}{\underline{Z}_2} + \frac{-\varphi_1 - U_a}{\underline{Z}_1} - \frac{U_a}{R} = 0 \tag{1.58}$$

$$II: \quad -\frac{\varphi_1}{\underline{Z}_2} + \frac{U_e - \varphi_1}{\underline{Z}_1} + \frac{U_a}{R} = 0\,. \tag{1.59}$$

Eliminiert man aus diesen Gleichungen das Potential φ_1, so läßt sich die Übertragungsfunktion berechnen

$$G(s) = \frac{U_a(s)}{U_e(s)} = \frac{\underline{Z}_1 - \underline{Z}_2}{\underline{Z}_1 + \underline{Z}_2 + 2\underline{Z}_1\underline{Z}_2/R}\,. \tag{1.60}$$

Es sollen nun die Konstanten d und ω_0 definiert werden, wobei folgender Zusammenhang zwischen den Elementen der Schaltung (Abb. 1.8) und diesen Konstanten bestehen soll

$$2dL_1 = R \qquad\qquad 2dC_2 = \frac{1}{R} \tag{1.61}$$

$$\omega_0^2 L_1 C_1 = \omega_0^2 L_2 C_2 = 1\,. \tag{1.62}$$

Setzt man in Gl. (1.60) die komplexen Impedanzen aus Gl. (1.57) ein und verwendet man außerdem die gegebenen Zusammenhänge, so läßt sich die Übertragungsfunktion wie folgt ausdrücken

$$G(s) = \frac{s^4 + (2\omega_0^2 - 4d^2)s^2 + \omega_0^4}{s^4 + 4ds^3 + (2\omega_0^2 + 4d^2)s^2 + 4d\omega_0^2 s + \omega_0^4}\,. \tag{1.63}$$

Nach dem Kürzen zweier Pole und Nullstellen erhält man

$$G(s) = \frac{s^2 - 2ds + \omega_0^2}{s^2 + 2ds + \omega_0^2}\,. \tag{1.64}$$

Mit der oben definierten Eingangsspannung

$$u_e(t) = U_0 \cdot \varepsilon(t) \quad \circ\!\!-\!\!\bullet \quad U_e(s) = \frac{U_0}{s} \tag{1.65}$$

und unter Einführung einer normierten Ausgangsspannung $f(t)$

$$f(t) = \frac{u_2(t)}{U_0} \tag{1.66}$$

erhält man für die Laplace-Transformierte $F(s)$

$$F(s) = \frac{U_2(s)}{U_0} = \frac{s^2 - 2ds + \omega_0^2}{s(s^2 + 2ds + \omega_0^2)} \,. \tag{1.67}$$

$F(s)$ hat Pole bei den (im allgemeinen) komplexen Werten

$$s_{1,2} = -d \pm \sqrt{d^2 - \omega_0^2} \tag{1.68}$$

und bei

$$s_3 = 0 \,. \tag{1.69}$$

Geht man davon aus, daß $d \neq \omega_0$, so sind alle Polstellen voneinander verschieden und es lassen sich die Residuen nach Gl. (1.56) berechnen. Es gilt

$$Z(s_3) = \omega_0^2 \,, \qquad N'(s_3) = \omega_0^2 \,, \tag{1.70}$$

also

$$r_3 = 1 \,. \tag{1.71}$$

Für die Auswertung an den beiden anderen Polstellen schreiben wir $Z(s)$ und $N'(s)$ in der Form

$$Z(s) = (s^2 + 2ds + \omega_0^2) - 4ds \tag{1.72}$$

$$N'(s) = (s^2 + 2ds + \omega_0^2) + 2s(s + d) \,. \tag{1.73}$$

Bei s_1 und s_2 verschwindet jeweils der erste Summand. Es gilt also

$$r_1 = \frac{Z(s_1)}{N'(s_1)} e^{s_1 t} = \frac{-2d}{s_1 + d} e^{s_1 t} = \frac{-2d}{\sqrt{d^2 - \omega_0^2}} e^{s_1 t} \tag{1.74}$$

und

$$r_2 = \frac{Z(s_2)}{N'(s_2)} e^{s_2 t} = \frac{+2d}{\sqrt{d^2 - \omega_0^2}} e^{s_2 t} \,. \tag{1.75}$$

Wenn man im Exponenten die Hilfsgröße $\omega_r = \sqrt{d^2 - \omega_0^2}$ verwendet, folgt

$$f(t) = r_1 + r_2 + r_3 \tag{1.76}$$

$$f(t) = 1 - \frac{2d}{\sqrt{d^2 - \omega_0^2}} e^{-dt} (e^{\omega_r t} - e^{-\omega_r t}) \,. \tag{1.77}$$

Dieser Ausdruck läßt sich für $d^2 > \omega_0^2$ in der Form

$$f(t) = 1 - \frac{4d}{\sqrt{d^2 - \omega_0^2}} e^{-dt} \sinh(\sqrt{d^2 - \omega_0^2} t) \tag{1.78}$$

und für $d^2 < \omega_0^2$ in der Form

$$f(t) = 1 - \frac{4d}{\sqrt{\omega_0^2 - d^2}} e^{-dt} \sin(\sqrt{\omega_0^2 - d^2} t) \tag{1.79}$$

darstellen. Im aperiodischen Grenzfall $d^2 = \omega_0^2$ wird

$$f(t) = 1 - 4dte^{-dt} \,. \tag{1.80}$$

Abbildung 1.10 zeigt den Verlauf von $f(t)$ für $d/\omega_0 = 1/3$.

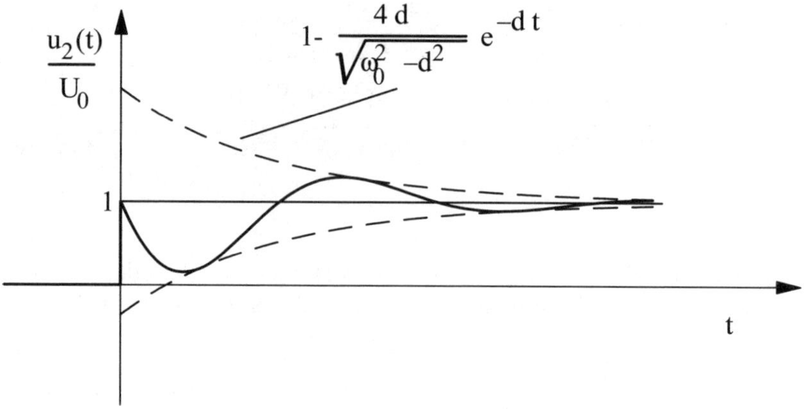

Abb. 1.10. Verlauf der Ausgangsspannung $u_2(t)$ für $d/\omega_0 = 1/3$ (Schaltung aus Abb. 1.8)

1.5 Beispiele zur Laplace-Transformation

Beispiel 1.2: *Verlustloses Netzwerk*

Als Anwendungsbeispiel für die Laplace-Transformation wollen wir den Einschwingvorgang des Netzwerkes nach Abb. 1.11 betrachten. Wenn der Schalter

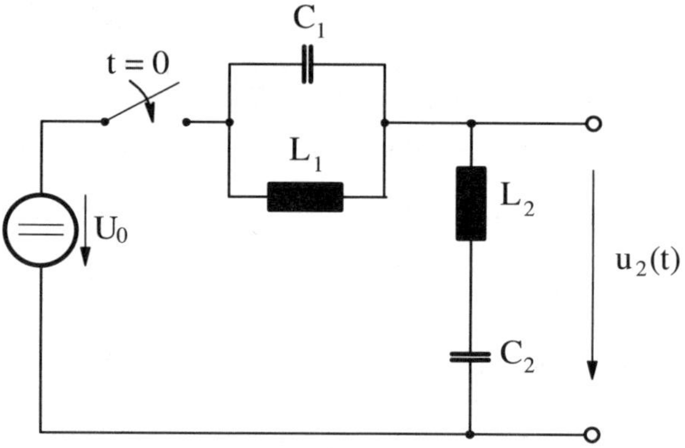

Abb. 1.11. Netzwerk mit zwei ungedämpften Schwingkreisen

zum Zeitpunkt $t = 0$ geschlossen wird, sollen die vier Energiespeicher entladen sein. Zunächst berechnen wir die Übertragungsfunktion $H(s)$ des Netzwerkes. Wenn wir die beiden ungedämpften Schwingkreise durch komplexe Impedanzen ersetzen, reduziert sich das Netzwerk zu einem Spannungsteiler

$$G(s) = \frac{U_2(s)}{U_1(s)} = \frac{Z_2(s)}{Z_2(s) + Z_1(s)} \tag{1.81}$$

mit

$$Z_1(s) = \frac{sL_1}{1 + s^2L_1C_1} \quad \text{und} \quad Z_2(s) = sL_2 + \frac{1}{sC_2}\,. \tag{1.82}$$

Damit läßt sich die Übertragungsfunktion unmittelbar angeben

$$G(s) = \frac{(1 + s^2L_1C_1)(1 + s^2L_2C_2)}{(1 + s^2L_1C_1)(1 + s^2L_2C_2) + s^2L_1C_2}\,. \tag{1.83}$$

Wir wollen nun einige Vereinfachungen durchführen. Zunächst sollen die beiden Kapazitäten gleich sein: $C_1 = C_2 = C$. Die restlichen Netzwerkelemente wollen wir mit der Eigenfrequenz des ersten Schwingkreises ω_0 und der dimensionslosen Variablen α beschreiben, welche eine Relation zwischen den beiden Eigenfrequenzen darstellt

$$L_1C = \frac{1}{\omega_0^2} \quad \text{und} \quad L_2C = \alpha\frac{1}{\omega_0^2}\,. \tag{1.84}$$

Die Übertragungsfunktion ergibt sich schließlich zu

$$G(s) = \frac{(1 + \frac{s^2}{\omega_0^2})(1 + \alpha s^2/\omega_0^2)}{\alpha\frac{s^4}{\omega_0^4} + (\frac{1}{\omega_0^2} + \alpha\frac{1}{\omega_0^2} + \frac{1}{\omega_0^2})s^2 + 1}\,. \tag{1.85}$$

Man sieht unmittelbar, daß sich die Einführung einer normierten Frequenz s_n anbietet

$$s_n = \frac{s}{\omega_0}\,. \tag{1.86}$$

Damit gewinnt die Darstellung der Übertragungsfunktion an Übersichtlichkeit

$$G(s_n) = \frac{(1 + s_n^2)(1 + \alpha s_n^2)}{\alpha s_n^4 + (2 + \alpha)s_n^2 + 1}\,. \tag{1.87}$$

Zur Berechnung der Ausgangsspannung muß noch die Eingangsspannung transformiert werden

$$\mathcal{L}\{u_1(t)\} = \mathcal{L}\{U_0 \cdot \varepsilon(t)\} = \frac{U_0}{s}\,. \tag{1.88}$$

Für die normierte Transformierte der Eingangsspannung ergibt sich

$$U_1(s_n) = U_0\frac{1}{s_n\omega_0}\,. \tag{1.89}$$

Die normierte Transformierte der Ausgangsspannung erhält man mit

$$U_2(s_n) = U_1(s_n) \cdot G(s_n) = \frac{U_0}{\omega_0}\,\frac{(1 + s_n^2)(1 + \alpha s_n^2)}{s_n[s_n^4 + (2 + \alpha)s_n^2 + 1]}\,. \tag{1.90}$$

Um zu einer Lösung im Zeitbereich zu gelangen, wollen wir zunächst die Möglichkeit der Partialbruchzerlegung in Erwägung ziehen. Als weitere Vereinfachung sollen zudem die beiden Eigenfrequenzen der Schwingkreise gleich sein, also $\alpha = 1$. Daraus folgt

$$U_2(s_n) = \frac{U_0}{\omega_0} \frac{(1+s_n^2)^2}{s_n[s_n^4 + 3s_n^2 + 1]} . \tag{1.91}$$

Man erhält folgende Polstellen

$$s_{n1} = 0 \quad \text{und} \quad s_{n2,3}^2 = -\frac{3}{2} \pm \frac{1}{2}\sqrt{5} . \tag{1.92}$$

Zur Übung sei die Partialbruchzerlegung im folgenden etwas ausführlicher dargestellt. Mit den bekannten Ansätzen aus der Mathematik [2, S. 298] erhält man

$$U_2(s_n) = U_0\omega_0 \left(\frac{A}{s_n} + \frac{Bs_n + C}{s_n^2 - s_{n,2}^2} + \frac{Ds_n + E}{s_n^2 - s_{n,3}^2} \right) . \tag{1.93}$$

Das Ausmultiplizieren der Brüche ermöglicht den folgenden Vergleich der Zähler von Gl. (1.93) und Gl. (1.91)

$$A(s_n^2 - s_{n,2}^2)(s_n^2 - s_{n,3}^2) + (Bs_n + C) \cdot s_n \cdot (s_n^2 - s_{n,3}^2) +$$

$$+(Ds_n + E) \cdot s_n \cdot (s_n^2 - s_{n,2}^2) = s_n^4 + 2s_n^2 + 1 . \tag{1.94}$$

Durch Betrachten der Terme mit s_n^3 und s_n erhält man sofort $C = 0$ und $E = 0$, des weiteren

$$s_n^4 : \quad A + B + D = 1 \tag{1.95}$$

$$s_n^2 : \quad A(-s_{n,2}^2 - s_{n,3}^2) + B(-s_{n,3}^2) + D(-s_{n,2}^2) = 2 \tag{1.96}$$

$$s_n^0 : \quad As_{n,2}^2 s_{n,3}^2 = 1 . \tag{1.97}$$

Daraus ergibt sich

$$A = 1, \quad B = -\sqrt{\frac{1}{5}}, \quad D = \sqrt{\frac{1}{5}} . \tag{1.98}$$

Durch Einsetzen in Gl. (1.93) erhält man die Lösung im Laplace-Bereich

$$U_2(s_n) = U_0\omega_0 \left(\frac{1}{s_n} + \frac{-\sqrt{\frac{1}{5}}s_n}{s_n^2 + \frac{3}{2} - \frac{1}{2}\sqrt{5}} + \frac{\sqrt{\frac{1}{5}}s_n}{s_n^2 + \frac{3}{2} + \frac{1}{2}\sqrt{\frac{1}{5}}} \right) . \tag{1.99}$$

Die Rücktransformation in den Zeitbereich ist jetzt einfach

$$U_2(t_n) = U_0 \, \omega_0 \, \varepsilon(t_n) \left(1 - \sqrt{\frac{1}{5}} \cos \sqrt{\frac{3}{2} - \frac{1}{2}\sqrt{5}} t_n + \sqrt{\frac{1}{5}} \cos \sqrt{\frac{3}{2} + \frac{1}{2}\sqrt{5}} t_n \right) . \tag{1.100}$$

Um die Normierung im Zeitbereich rückgängig zu machen, bemühen wir das Gesetz der Dehnung und Stauchung (Gl.(1.55))

$$\text{aus} \quad f(t) \circ\!\!-\!\!\bullet F(s) \text{ folgt} \quad \omega_0 f(\omega_o t) \circ\!\!-\!\!\bullet F\left(\frac{s}{\omega_0}\right) \tag{1.101}$$

$$\text{oder} \quad \omega_0 f(t_n) \circ\!\!-\!\!\bullet F(s_n) \; . \tag{1.102}$$

Damit erhält man

$$U_2(t) = U_0\varepsilon(t)\left(1 - \sqrt{\frac{1}{5}}\cos\sqrt{\frac{3}{2} - \frac{1}{2}\sqrt{5}}\,\omega_0 t + \sqrt{\frac{1}{5}}\cos\sqrt{\frac{3}{2} + \frac{1}{2}\sqrt{5}}\,\omega_0 t\right) \; . \tag{1.103}$$

Anmerkung: Interessant ist die Tatsache, daß das Ausgangssignal zwei Frequenzanteile s_2 und s_3 enthält, die beide nicht der Eigenfrequenz der Schwingkreise entsprechen. Allerdings gilt

$$s_3 \cdot s_4 = \omega_0^2 \; . \tag{1.104}$$

Beispiel 1.3: *Analyse eines Übertrager-Netzwerkes mittels Laplace-Transformation*

Gegeben ist ein Netzwerk, welches aus einem lose gekoppelten Übertrager,

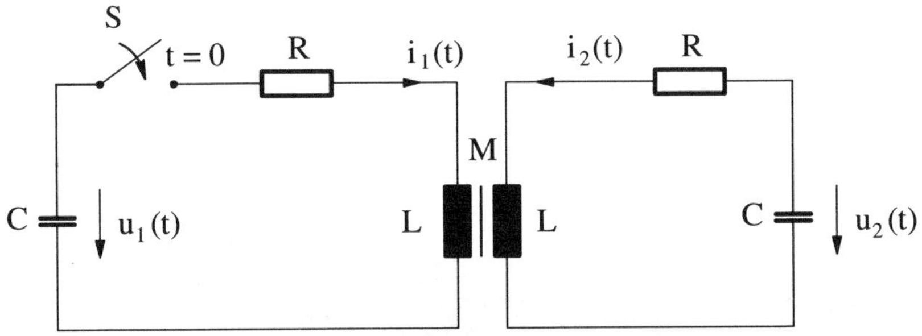

Abb. 1.12. Passives Netzwerk mit lose gekoppeltem Übertrager

zwei Widerständen, zwei Kapazitäten und einem Schalter aufgebaut ist. Bevor der Schalter zum Zeitpunk $t = 0$ geschlossen wird, sollen die primärseitige Kapazität auf die Spannung $u_1(t) = U$ aufgeladen und die restlichen Energiespeicher leer sein. Für den Übertrag wird der Fall fester Kopplung explizit ausgeschlossen, so daß der Kopplungsfaktor $\kappa = M/L$ im Intervall $-1 < \kappa < +1$ liegt.

Anmerkung: Die Übertragergleichungen im Laplace-Bereich für einen Übertrager mit der Primärinduktivität L_1, der Sekundärinduktivität L_2 und der

Koppelinduktivität M erhält man in Analogie zur Induktivität im Laplace-Bereich

$$U_1(s) = sL_1 I_1(s) + sMI_2(s) - L_1 i_1(0) - Mi_2(0) \tag{1.105}$$
$$U_2(s) = sMI_1(s) + sL_2 I_2(s) - Mi_1(0) - L_2 i_2(0) \tag{1.106}$$

mit den Anfangsbedingungen für den Strom auf der Primärseite $i_1(0)$ und den Strom auf der Sekundärseite $i_2(0)$.

a) Stellen Sie ein Gleichungssystem auf, welches das Netzwerk im Laplace-Bereich beschreibt.
b) Berechnen sie die Laplace-Transformierte $I_1(s)$ des Stromes $i_1(t)$.
c) Vereinfachen Sie $I_1(s)$ mit der Annahme $R = 0$ und normieren Sie auf die Frequenz mit $s_n = s\sqrt{LC}$.
d) Transformieren Sie $I_1(s_n)$ in den Zeitbereich zurück.

Musterlösung

a) Es werden die in Abb. 1.13 eingezeichneten Maschenströme verwendet. Für die Strom-Spannungs-Beziehung des Kondensators folgt

$$I_C = sC\left(U_C(s) - \frac{u_1(0)}{s}\right) = -I_1 \tag{1.107}$$

mit der Anfangsbedingung $u_1(0) = U$. Für die restlichen Anfangsbedingungen gilt $i_1(0) = i_2(0) = 0$. Man erhält die Maschengleichungen

$$\mathrm{I}: RI_1 + sLI_1 + sMI_2 + \left(\tfrac{I_1}{sC} - \tfrac{U}{s}\right) = 0 \tag{1.108}$$

$$\mathrm{II}: \quad RI_2 + sLI_2 + sMI_1 + \tfrac{I_2}{sC} = 0\,. \tag{1.109}$$

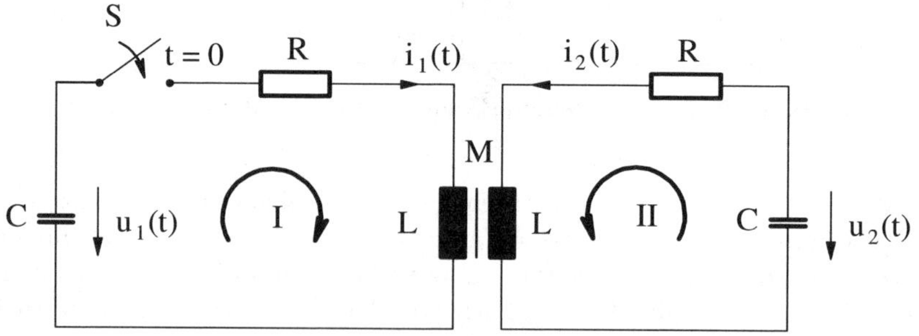

Abb. 1.13. Netzwerk mit eingezeichneten Maschenströmen

b) Aus Gl. (1.109) folgt

$$I_2 = I_1 \frac{-s^2MC}{s^2LC + sRC + 1} \tag{1.110}$$

Durch Einsetzen in Gl (1.108) erhält man

$$I_1(s) = \frac{U}{s\left(R + sL + \frac{1}{sC} - sM\frac{s^2MC}{s^2LC+sRC+1}\right)} . \tag{1.111}$$

Auf das Ausmultiplizieren dieser Gleichung wurde hier verzichtet, da sich im folgenden weitere Vereinfachungen ergeben.
c) Die Vereinfachung $R = 0$ und Ausmultiplizieren liefert

$$I_1(s) = UC\frac{s^2LC + 1}{(s^2LC + 1)^2 - s^4M^2C^2} . \tag{1.112}$$

Anschließend wird die Normierung $s_n = s\sqrt{LC}$ und der Zusammenhang $\kappa = M/L$ verwendet

$$I_1(s_n) = UC\frac{s_n^2 + 1}{(s_n^2 + 1)^2 - \kappa^2 s_n^4} . \tag{1.113}$$

d) Nach Substitution und Lösen des quadratischen Polynoms im Nenner erhält man die beiden konjugiert komplexen Polpaare

$$s_{n1,2} = \frac{\pm j}{\sqrt{1-\kappa}} \text{ und } s_{n3,4} = \frac{\pm j}{\sqrt{1+\kappa}} . \tag{1.114}$$

Damit läßt sich $I_1(s_n)$ schreiben als

$$I_1(s_n) = \frac{UC}{1-\kappa^2}\frac{s_n^2 + 1}{\left(s_n^2 + \frac{1}{1+\kappa}\right)\left(s_n^2 + \frac{1}{1-\kappa}\right)} . \tag{1.115}$$

Mithilfe einer Partialbruchzerlegung erhält man

$$I_1(s_n) = \frac{1}{2}UC\left(\frac{\frac{1}{1+\kappa}}{s_n^2 + \frac{1}{1+\kappa}} + \frac{\frac{1}{1-\kappa}}{s_n^2 + \frac{1}{1-\kappa}}\right) . \tag{1.116}$$

Die Rücktransformation in den Zeitbereich ergibt mit der normierten Zeit t_n.

$$i_1(t_n) = \frac{1}{2}UC\left(\frac{1}{\sqrt{1+\kappa}}\sin\frac{t_n}{\sqrt{1+\kappa}} + \frac{1}{\sqrt{1-\kappa}}\sin\frac{t_n}{\sqrt{1-\kappa}}\right) . \tag{1.117}$$

Nach einer Entnormierung folgt

$$i_1(t) = \frac{1}{2}U\sqrt{\frac{C}{L}}\left(\frac{1}{\sqrt{1+\kappa}}\sin\frac{t}{\sqrt{LC(1+\kappa)}} + \right. \tag{1.118}$$

$$\left. + \frac{1}{\sqrt{1-\kappa}}\sin\frac{t}{\sqrt{LC(1-\kappa)}}\right) .$$

Beispiel 1.4: *Netzwerk mit gesteuerter Quelle*

Gegeben sei ein Netzwerk mit einer spannungsgesteuerten Spannungsquelle

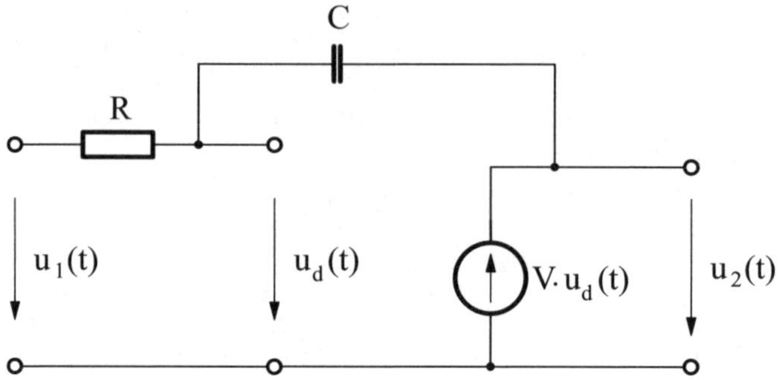

Abb. 1.14. Netzwerk mit gesteuerter Spannungsquelle

gemäß Abb. 1.14.

a) Berechnen Sie die Übertragungsfunktion $G(s) = U_2(s)/U_1(s)$ für beliebige Verstärkung V.
b) Für eine Anregung $u_1(t) = U_0\varepsilon(t)e^{-t/\tau}$ soll das Ausgangssignal $u_2(t)$ berechnet werden.
c) Berechnen Sie $u_2(t)$ und $G(s)$ für $V \to \infty$. Welche mathematische Operation wird durch das Netzwerk realisiert?

Musterlösung

a) Abbildung 1.15 zeigt das Netzwerk im Laplace-Bereich mit einer eingezeichneten Elementarmasche. Man erhält jeweils eine Gleichung für den Maschenstrom $I(s)$ sowie für die Steuerspannung $U_d(s)$

$$\text{I}: -U_1(s) + RI(s) + \tfrac{I(s)}{sC} - VU_d(s) = 0 \tag{1.119}$$

$$\text{II}: \qquad U_d(s) = -RI(s) + U_1(s)\ . \tag{1.120}$$

Eliminiert man den Maschenstrom $I(s)$ und setzt man $VU_d(s) = U_2(s)$, dann erhält man für die Übertragungsfunktion

$$G(s) = \frac{U_2(s)}{U_1(s)} = \frac{-V}{1 + (1+V)sRC}\ . \tag{1.121}$$

b) Die Laplace-Transformierte des Eingangssignals $u_1(t)$ lautet

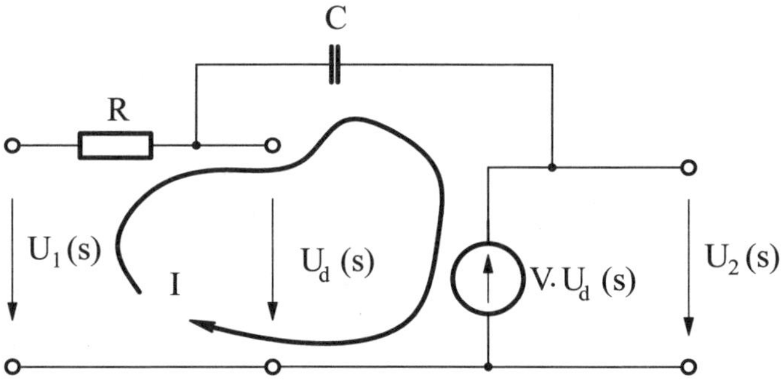

Abb. 1.15. Netzwerk mit einer Masche

$$U_1(s) = U_0 \frac{1}{s + 1/\tau} \; . \tag{1.122}$$

Nach dem Einsetzen in Gl. (1.121) erhält man für die Ausgangsspannung

$$U_2(s) = -U_0 \frac{1}{s + 1/\tau} \; \frac{V}{1 + (1 + V)sRC} \; . \tag{1.123}$$

Nach einer Partialbruchzerlegung läßt sich dieser Ausdruck schreiben als

$$U_2(s) = -U_0 \frac{V}{1 + (1 + V)RC/\tau} \left(\frac{1}{s + 1/\tau} - \frac{1}{s + \frac{1}{(1+V)RC}} \right) \; . \tag{1.124}$$

Die Rücktransformation in den Zeitbereich ergibt

$$u_2(t) = -U_0 \frac{V}{1 + (1 + V)RC/\tau} \left(e^{-t/\tau} - e^{\frac{-t}{(1+V)RC}} \right) \; . \tag{1.125}$$

c) Für $V \to \infty$ vereinfacht sich Gl. (1.125) zu

$$u_2(t) = -U_0 \frac{\tau}{RC} \left(e^{-t/\tau} - 1 \right) \tag{1.126}$$

und Gl (1.121) zu

$$G(s) = -\frac{1}{sRC} \; . \tag{1.127}$$

Der Division durch s im Laplace-Bereich entspricht das Integrieren im Zeitbereich. Bei der Schaltung handelt es sich also um einen „Integrierer". Die Spannung $u_2(t)$ entspricht dem Integral der Spannung $u_1(t)$ über die Zeit.

2

Nichtlineare Netzwerke

2.1 Beschreibung nichtlinearer Netzwerkelemente

Die bisher betrachteten Netzwerkelemente Widerstand, Spule und Kondensator zeichnen sich dadurch aus, daß die physikalischen Vorgänge durch lineare Beziehungen beschrieben werden können. Beim Widerstand besteht ein linearer Zusammenhang zwischen Strom i und Spannung u

$$u = R \cdot i \quad \text{bzw.} \quad i = G \cdot u \,, \tag{2.1}$$

der durch den konstanten Widerstandswert R bzw. seinen Kehrwert G (Leitwert) ausgedrückt wird. Bei der Spule ist man bisher von einem linearen Zusammenhang zwischen dem magnetischen Fluß Φ und dem Strom i ausgegangen, was durch die Gleichungen

$$\Phi = L \cdot i \quad \text{bzw.} \quad u = L\frac{di}{dt} \tag{2.2}$$

ausgedrückt wird (mit der konstanten Induktivität L). Beim Kondensator gilt analoges für den Zusammenhang zwischen der Ladung Q und der Spannung u

$$Q = C \cdot u \quad \text{bzw.} \quad i = C\frac{du}{dt} \tag{2.3}$$

mit der konstanten Kapazität C.

Bei den nichtlinearen Netzwerkelementen können diese Zusammenhänge nicht durch lineare Gleichungen mit konstanten Proportionalitätsfaktoren ausgedrückt werden. Sie werden vielmehr durch beliebige Funktionen modelliert. Beim nichtlinearen Widerstand lautet eine solche allgemeine Formulierung

$$u = f_R(i) \quad \text{bzw.} \quad i = f_G(u) \,. \tag{2.4}$$

Für die nichtlineare Spule schreibt man

$$\Phi = f_L(i) \quad \text{bzw.} \quad u = \frac{d\Phi}{dt} \tag{2.5}$$

und für die nichtlineare Kapazität analog

$$Q = f_C(u) \quad \text{bzw.} \quad i = \frac{dQ}{dt} \,. \tag{2.6}$$

2.2 Berechnung nichtlinearer Netzwerke

Die analytische Berechnung nichtlinearer Netzwerke ist nur in Spezialfällen möglich. Es sollen hier zwei Beispiele angeführt werden, bei denen dies möglich ist. Charakteristisch ist dabei, daß die Netzwerke jeweils nur einen (linearen) Energiespeicher und einen nichtlinearen Widerstand beinhalten. Die sich ergebenden nichtlinearen Differentialgleichungen können dann durch Integration gelöst werden.

Beispiel 2.1: *Entladevorgang an einem nichtlinearen Widerstand*

Abbildung 2.1 zeigt die Parallelschaltung einer linearen, normierten Kapazität

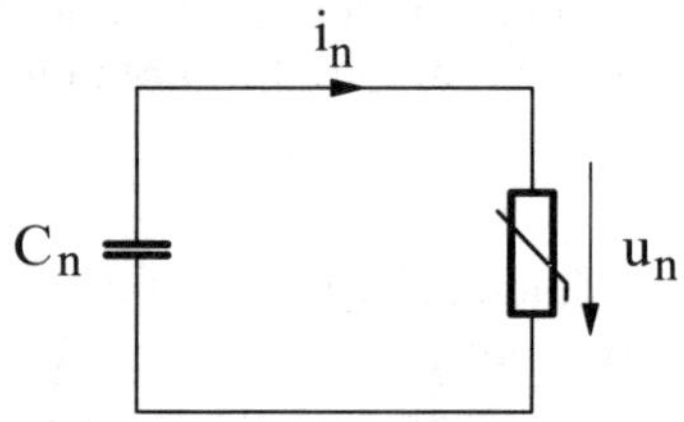

Abb. 2.1. Entladevorgang an einem nichtlinearen Widerstand

C_n und eines nichtlinearen Widerstandes. Die (normierte) Strom-Spannungs-Beziehung des Widerstandes sei für $u_n \geq 0$ durch

$$i_n(u_n) = u_n^3 - 6u_n^2 + 10u_n \tag{2.7}$$

gegeben. Im folgenden soll der Entladevorgang untersucht werden.

a) Stellen Sie die Strom-Spannungs-Beziehung des Widerstandes in der Form einer i-u-Kennlinie für $u_n \geq 0$ graphisch dar.
b) Geben Sie die Differentialgleichung für die Spannung $u_n(t)$ an und bestimmen Sie durch Integration die Zeitspanne von t_{n0} bis t_{n1}, während der die Kapazität C_n von der Anfangsspannung $u_n(t_{n0}) = 4$ auf die Spannung $u_n(t_{n1}) = 1$ entladen wird.
c) Man stelle die Entladezeit t_n, die seit Beginn der Kondensatorentladung zum Zeitpunkt t_{n0} vergangen ist, als Funktion der Kondensatorspannung u_n graphisch dar.
d) Welche Zeitspanne ist erforderlich, um den Kondensator völlig zu entladen?

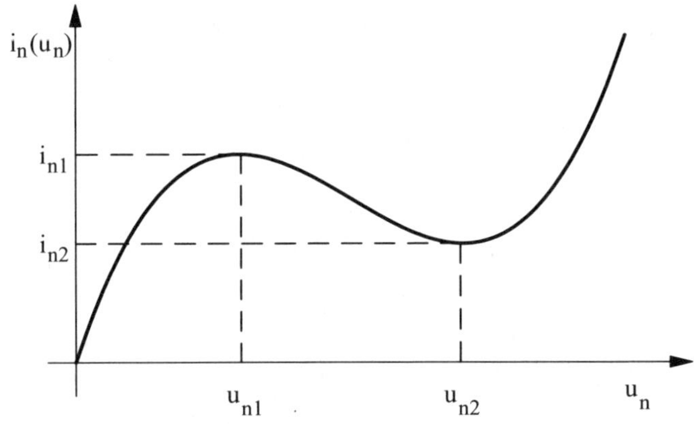

Abb. 2.2. Kennlinie des nichtlinearen Widerstands $i_n(u_n)$ nach Gl.(2.7)

Musterlösung

a) Die Ableitung der Strom-Spannungs-Beziehung lautet

$$\frac{di_n}{du_n} = 3u_n^2 - 12u_n + 10 \; . \tag{2.8}$$

Die Nullstellen der Ableitung liefern die Extrema der Funktion

$$u_{n1,2} = 2 \pm \frac{1}{3}\sqrt{6} \; . \tag{2.9}$$

Abbildung 2.2 zeigt den Verlauf $i_n(u_n)$.

b) Die Strom-Spannungs-Beziehung für den Kondensator lautet

$$-i_n = C_n \cdot \frac{du_n}{dt_n} \; . \tag{2.10}$$

Setzt man Gl. (2.7) ein, so erhält man die DGL

$$C_n \cdot \frac{du_n}{dt_n} = -u_n^3 + 6u_n^2 - 10u_n \; . \tag{2.11}$$

Man wendet die Methode der *Separation der Variablen* an und integriert beide Seiten

$$C_n \int_{u_n(t_0)=4}^{u_n(t_1)=1} \frac{1}{-u_n^3 + 6u_n^2 - 10u_n} \, du_n = \int_{t_{n0}}^{t_{n1}} dt_n \; . \tag{2.12}$$

Die gebrochen rationale Funktion auf der linken Seite hat einen Pol bei $u_n = 0$ und zwei weitere konjugiert komplexe Pole. Es empfiehlt sich daher eine Zerlegung der Funktion, beispielsweise in Partialbrüche. Nach einem Vertauschen der Seiten und einem Vertauschen der Integrationsgrenzen auf der rechten Seite erhält man

$$t_{n1} - t_{n0} = \frac{C_n}{10} \int_1^4 \left(\frac{1}{u_n} + \frac{-u_n + 6}{u_n^2 - 6u_n + 10} \right) du_n \; . \tag{2.13}$$

Um diesen Ausdruck zu integrieren, wendet man den Zusammenhang

$$\int \frac{f'(u_n)}{f(u_n)} du_n = \ln |f(u_n)| \tag{2.14}$$

mit $f(u_n) = u_n^2 - 6u_n + 10$ an. Dazu zerlegt man den zweiten Summanden so, daß sich ein Bruch $f'(u_n)/f(u_n)$ ergibt und ein weiterer Bruch mit konstantem Zähler übrig bleibt

$$t_{n1} - t_{n0} = \frac{C_n}{10} \int_1^4 \left(\frac{1}{u_n} - \frac{1}{2} \frac{2u_n - 6}{u_n^2 - 6u_n + 10} + 3 \frac{1}{u_n^2 - 6u_n + 10} \right) du_n \; . \tag{2.15}$$

Durch Integrieren folgt

$$\begin{aligned} t_{n1} - t_{n0} &= \frac{C_n}{10} \left[\ln |u_n| - \frac{1}{2} \ln |u_n^2 - 6u_n + 10| + 3 \arctan(u_n - 3) \right]_1^4 \\ &= \frac{C_n}{20} \left(\ln 40 + \frac{3\pi}{2} + 6 \arctan 2 \right) \approx 0{,}752 \cdot C_n \; . \end{aligned} \tag{2.16}$$

c) Man wählt ein variables u_n als obere Grenze der Integration (Gl. (2.12)) und erhält

$$t_n(u_n) = \frac{C_n}{20} \left[\ln 8 + \frac{3\pi}{2} - \ln \frac{u_n^2}{|u_n^2 - 6u_n + 10|} - 6 \arctan(u_n - 3) \right] \; . \tag{2.17}$$

Die Kennlinie ist in Abb. 2.3 dargestellt. Man beachte, daß es schon bei dieser relativ einfachen Konfiguration nicht mehr möglich ist, wie gewohnt nach der Spannung $u_n(t_n)$ aufzulösen; daher wird die ungewöhnliche Darstellung $t_n(u_n)$ angewendet.

d) Für $u_n \to 0$ muß $t_n \to \infty$ gehen. Dies folgt unmittelbar aus der Tatsache, daß der differentielle Widerstand für $u_n \to 0$ endlich bleibt. Alternativ kann man auch $u_n \to 0$ in Gl. (2.17) einsetzen, was zu demselben Ergebnis führt.

Beispiel 2.2: *Netzwerk mit Tunneldiode — Sprungphänomen*

Abbildung 2.4 zeigt die Serienschaltung einer Induktivität und einer Tunneldiode, welche als nichtlinearer Widerstand modelliert wird. Die Strom-Spannungs-Beziehung des nichtlinearen Widerstandes sei

$$i_n(u_n) = u_n^3 - 6u_n^2 + 9u_n \; . \tag{2.18}$$

Es wurden die Normierungen $i_n = i/I_0$, $u_n = u/U_0$ eingeführt. Weiterhin gilt $U = 2U_0$.

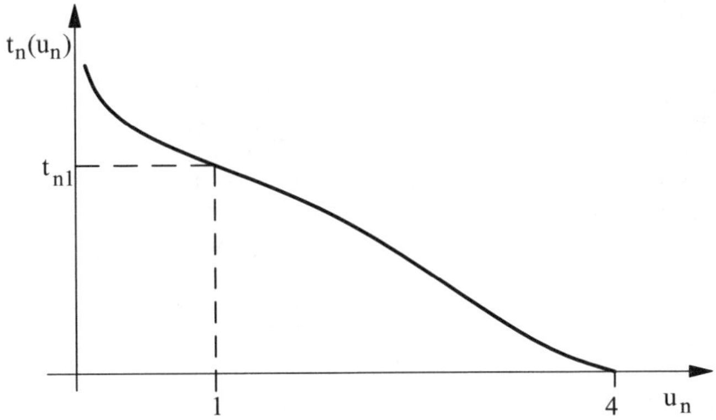

Abb. 2.3. Funktion $t_n(u_n)$, welche die Entladung des Kondensators über den nichtlinearen Widerstand beschreibt

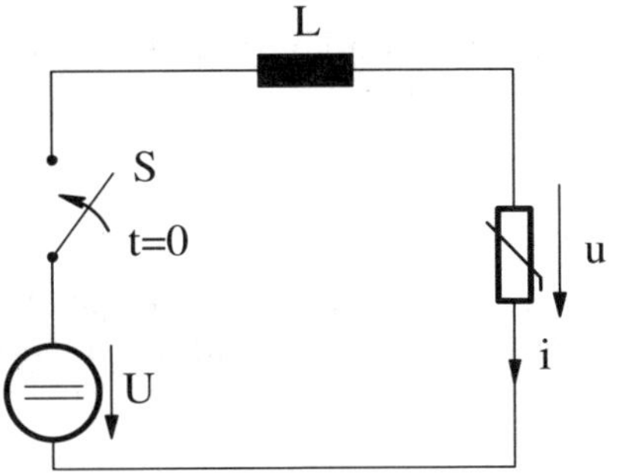

Abb. 2.4. Zweipol mit einem nichtlinearen Widerstand

a) Berechnen Sie die Nullstellen und Extrema der Kennlinie des Widerstandes und stellen Sie diese graphisch dar.
b) Unter Verwendung der normierten Zeit

$$t_n = \frac{2U_0}{3LI_0}t \tag{2.19}$$

stelle man für das Netzwerk eine Differentialgleichung in u_n auf und löse diese durch Integration mit der Anfangsbedingung $u_n(t_{n,a}) = u_{n,a}$.
c) Man gebe für den Anfangszeitpunkt $t = 0$ die normierten Anfangswerte $t_{n,a}$, $u_{n,a}$ und $i_{n,a}$ an. Da die Zeit bei Änderung von u_n nur monoton wachsen kann, kann sich u_n nur in eine Richtung ändern. Man gebe das von $u_n = u_{n,a}$ ausgehende, zusammenhängende und von u_n monoton durchlaufene Intervall an. Wo und wann endet dieses Intervall und was passiert danach?
d) Man berechne die gesamte Zeit, die vergeht, bis der Strom i_n den Wert Null zum zweiten Mal erreicht.

Lösung

a) Es existieren zwei Nullstellen bei $u_1 = 0$ und $u_2 = 3$, wobei bei der zweiten Nullstelle auch das Minimum liegt. Das Maximum befindet sich bei $u_3 = 1$; $i_3 = 4$. Die Kennlinie ist in Abb. 2.5 dargestellt.

b) Die DGL in der normierten Spannung für das Netzwerk aus Abb. 2.4 lautet

$$\frac{du_n}{dt_n} = \frac{2 - u_n}{2u_n^2 - 8u_n + 6} . \tag{2.20}$$

Mit der Anfangsbedingung $u_{n,a}$ zum Zeitpunkt $t_{n,a}$ erhält man für $t_n(u_n)$

$$t_n(u_n) = t_{n,a} + u_{n,a}^2 - u_n^2 - 4(u_{n,a} - u_n) - 2\ln\left|\frac{u_{n,a} - 2}{u_n - 2}\right| . \tag{2.21}$$

c) Es ist $t_{n,a} = 0$. Da der Strom durch die Induktivität nicht springen kann, gilt außerdem $i_{n,a} = 0$ und damit $u_{n,a} = 0$. Gleichung (2.21) vereinfacht sich damit zu

$$t_n(u_n) = -u_n^2 + 4u_n + 2\ln\left(-\frac{1}{2}u_n + 1\right) . \tag{2.22}$$

Die Zeit t_n ändert sich selbstverständlich nur in positiver Richtung. Man erkennt mit Hilfe der Ableitung dt_n/du_n, daß u_n zunächst wächst. Allerdings hat die Funktion $t_n(u_n)$ bei $u_n = 1$ ein Maximum

$$t_{n,1} = t_n(u_n = 1) = 3 - 2\ln 2 , \tag{2.23}$$

so daß die Gl. (2.22) nicht weiter gelten kann. Betrachtet man die Kennlinie und berücksichtigt wiederum die Tatsache, daß der Strom nicht springt, so kommt man zu dem Schluß, daß das Netzwerk zum Zeitpunkt $t_{n,1}$ vom Punkt $u_n = 1$; $i_n = 4$ in den Punkt $u_n = 4$; $i_n = 4$ springt und die Kennlinie von

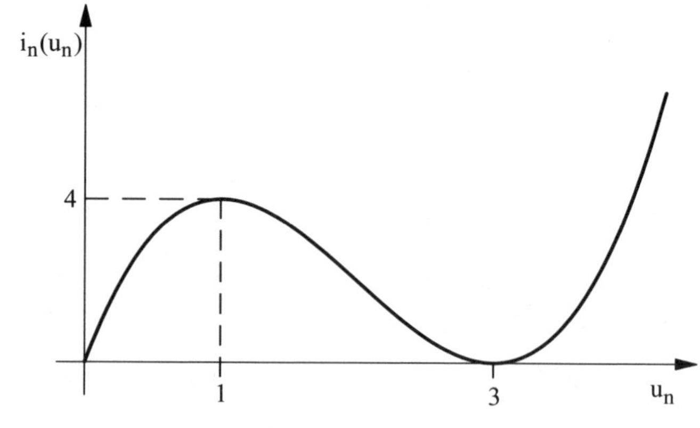

Abb. 2.5. Kennlinie des nichtlinearen Widerstands

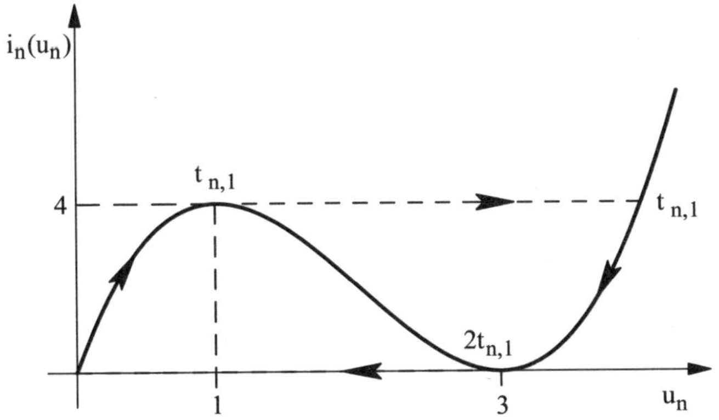

Abb. 2.6. Zeitliches Durchlaufen der Kennlinie mit Sprung zum Zeitpunkt $t_{n,1}$

dort aus weiter durchlaufen werden muß (Siehe Abb. 2.6).
d) Löst man die DGL für die neuen Anfangswerte $t_{n,a} = t_{n,1}$, $u_{n,a} = 4$ und $i_{n,a} = 4$, so erhält man

$$t_n(u_n) = t_{n,1} - u_n^2 + 4u_n + 2\ln\left(\frac{1}{2}u_n - 1\right) . \qquad (2.24)$$

Entsprechend dieser Funktion wird die Kennlinie solange durchlaufen bis sie $u_n = 3$ zum Zeitpunkt $t_n(u_n = 3) = 2t_{n,1}$ erreicht. Danach erfolgt ein Sprung zurück in den Ursprung.

3

Meßfehler

3.1 Grundlagen der Meßfehler

Ein Meßvorgang setzt sich aus den folgenden drei Teilaufgaben zusammen:

- Messung der physikalischen Größe(n)
- Bestimmung der Meßfehler
- Angabe des Meßergebnisses.

Der *absolute Meßfehler* F ist als Differenz zwischen angezeigtem Meßwert A und wahrem Wert W definiert

$$F = A - W\,. \tag{3.1}$$

Der *relative Meßfehler* f gibt den absoluten Meßfehler bezogen auf den wahren Wert an

$$f = \frac{F}{W}\,100\,\%\,. \tag{3.2}$$

Da der wahre Wert W in der Regel nicht bekannt ist, kann man diesen unter der Voraussetzung $|F| \ll |A|$ durch den Anzeigewert A ersetzen

$$f \approx \frac{F}{A}\,100\,\%\,. \tag{3.3}$$

Die bei einer Messung auftretenden Fehler unterteilt man in:

- *Systematische Fehler:* Diese Fehler werden durch **erfaßbare** Unvollkommenheiten des Meßgerätes sowie der Meßschaltung (z. B. Innenwiderstand) verursacht. Sie sind dadurch gekennzeichnet, daß sie einen festen Wert sowie ein definiertes Vorzeichen besitzen und sich bei Wiederholungen des Meßvorganges nicht ändern. Damit sind Fehler dieser Klasse **korrigierbar**.
- *Zufällige Fehler:* Diese Fehler entstehen aufgrund **nicht erfaßbarer** Änderungen der Meßgröße, des Meßgerätes oder von Umwelteinflüssen. Betrag

und Vorzeichen dieser Fehler sind statistisch verteilt, woraufhin deren Beschreibung nur mit Hilfe von Wahrscheinlichkeitsaussagen möglich ist. Zur Beurteilung sind mehrere Messungen notwendig (je mehr desto besser). Damit sind Fehler dieser Klasse **nicht korrigierbar** - man kann nur Grenzen angeben, innerhalb derer sich ein Meßwert mit einer gewissen statistischen Sicherheit (Wahrscheinlichkeit) befindet.

Systematische Fehler

Setzt sich ein Meßergebnis y aus einzelnen Meßgrößen x_1 bis x_n zusammen, also $y = f(x_1, .., x_\mathrm{n})$, so berechnet sich der absolute systematische Fehler Δy entsprechend nachfolgender Gleichung

$$\Delta y \approx \sum_{i=1}^{n} \frac{\partial f}{\partial x_i} \Delta x_i, \tag{3.4}$$

wobei Δx_i den absoluten Meßfehler der Einzelmeßgröße x_i bezeichnet. Allgemein lassen sich folgende Regeln für die Fortpflanzung systematischer Fehler angeben [6]:

- Bei der *Addition* von Meßgrößen werden die *absoluten* Fehler *addiert.*
- Bei der *Subtraktion* von Meßgrößen werden die *absoluten* Fehler *subtrahiert.*
- Bei der *Multiplikation* von Meßgrößen werden die *relativen* Fehler *addiert.*
- Bei der *Division* von Meßgrößen werden die *relativen* Fehler *subtrahiert.*

Zufällige Fehler

Für die Beschreibung zufälliger Fehler benötigt man die beiden Kenngrößen *Mittelwert* μ (wird auch als Erwartungswert oder wahrer Wert x_w bezeichnet)

$$\mu = x_\mathrm{w} = \lim_{N \to \infty} \frac{1}{N} \sum_{i=1}^{N} x_i \tag{3.5}$$

und *Standardabweichung* σ

$$\sigma = \sqrt{\lim_{N \to \infty} \frac{1}{N} \sum_{i=1}^{N} (x_i - \mu)^2}\,. \tag{3.6}$$

Da in der Praxis die Anzahl der Meßwerte N stets endlich ist, kann anstelle des Mittelwertes μ nur ein Schätzwert $\tilde{x}$ (in der Praxis auch als Nominalwert bezeichnet)

$$\tilde{x} = \frac{1}{N} \sum_{i=1}^{N} x_i \tag{3.7}$$

und anstelle der Standardabweichung σ nur die Schwankung s

$$s = \sqrt{\frac{1}{N-1}\sum_{i=1}^{N}(x_i - \tilde{x})^2} \tag{3.8}$$

angegeben werden.

Tabelle 3.1. Abhängigkeit des Vertrauensfaktors t von der Anzahl der Messungen N bei verschiedener statistischer Sicherheit P

	$P = 68{,}3\% \hat{=} 1{,}0\sigma$		$P = 95\% \hat{=} 1{,}96\sigma$		$P = 99\% \hat{=} 2{,}58\sigma$		$P = 99{,}73\% \hat{=} 3{,}0\sigma$	
N	t	$t/\sqrt{N}$	t	$t/\sqrt{N}$	t	$t/\sqrt{N}$	t	$t/\sqrt{N}$
2	1,84	1,30	12,71	8,99	63,66	45,01	235,8	166,7
3	1,32	0,76	4,30	2,48	9,9	5,70	19,2	11,10
4	1,20	0,60	3,20	1,60	5,8	2,90	9,2	4,60
6	1,11	0,45	2,60	1,06	4,0	1,63	5,5	2,25
10	1,06	0,34	2,30	0,73	3,2	1,01	4,1	1,30
20	1,03	0,23	2,10	0,47	2,9	0,65	3,4	0,76
50	1,01	0,14	2,00	0,28	2,7	0,38	3,1	0,44
100	1,00	0,10	1,97	0,20	2,6	0,26	3,04	0,30
200	1,00	0,07	1,96	0,14	2,58	0,18	3,0	0,21
> 200	1,00	$\frac{1{,}00}{\sqrt{N}} \approx 0$	1,96	$\frac{1{,}96}{\sqrt{N}} \approx 0$	2,58	$\frac{2{,}58}{\sqrt{N}} \approx 0$	3,0	$\frac{3{,}00}{\sqrt{N}} \approx 0$

Setzt sich ein Meßergebnis aus mehreren Einzelmeßgrößen zusammen

$$y = f(x_1, .., x_\mathrm{n})\,, \tag{3.9}$$

so gilt für den Mittelwert y_w

$$y_\mathrm{w} = f(\mu_1, \mu_2, .., \mu_\mathrm{n})\,. \tag{3.10}$$

Die Standardabweichung berechnet sich nach dem *Gaußschen Fehlerfortpflanzungsgesetz* zu

$$\sigma_\mathrm{y} = \sqrt{\sum_{i=1}^{n}\left(\frac{\partial f}{\partial x_i}\right)^2\Bigg|_{(\mu_1,..,\mu_\mathrm{n})} \sigma_i^2}\,, \tag{3.11}$$

wobei σ_i die Standardabweichung der Einzelmeßgröße x_i bedeutet. Für eine endliche Anzahl von Meßwerten ändern sich diese beiden Größen in

$$\tilde{y} = f(\tilde{x}_1, .., \tilde{x}_\mathrm{n}) \tag{3.12}$$

und

$$s_{\tilde{\mathrm{y}}} = \sqrt{\sum_{i=1}^{n}\left(\frac{\partial f}{\partial x_i}\right)^2\Bigg|_{(\tilde{x}_1,..,\tilde{x}_\mathrm{n})} s_i^2}\,. \tag{3.13}$$

Mit der Schwankung $s_{\tilde{\mathrm{y}}}$ läßt sich der sog. *Vertrauensbereich* wie folgt definieren

$$V = \pm \frac{s_{\tilde{y}}\, t}{\sqrt{N}} \,. \tag{3.14}$$

Dabei ist t der sogenannte Vertrauensfaktor (siehe Tabelle 3.1), der sowohl eine Funktion der statistischen Sicherheit P als auch der Anzahl der Meßwerte N ist. Die statistische Sicherheit gibt an, mit welcher Wahrscheinlichkeit ein Meßwert innerhalb des Vertrauensbereiches V liegt.

Die Auswertung eines Meßergebnisses erfolgt in drei Schritten:

- *Korrektur* von systematischen Fehlern
- *Berechnung* des Schätzwertes $\tilde{y}$ und des Vertrauensbereiches V
- *Angabe* des Meßergebnisses in der Form $y = \tilde{y} \pm V$.

Bei Meßgeräten wird meistens die *Klassengenauigkeit* spezifiziert, die den Betrag des maximal möglichen absoluten Fehlers Δx – bezogen auf den Meßbereichsendwert oder den Meßbereichsumfang (Spanne) x_{end} – angibt

$$G = \left| \frac{\Delta x}{x_{\mathrm{end}}} \right| 100\% \,. \tag{3.15}$$

Nach VDE 0410 sind folgende *Genauigkeitsklassen* genormt:

- *Betriebsmeßgeräte*: 1, 1,5, 2,5, 5,0
- *Feinmeßgeräte*: 0,05, 0,1, 0,2, 0,5.

3.2 Systematische Meßfehler

Beispiel 3.1: *Fehlerfortpflanzungsgesetz für systematische Fehler*

Leiten Sie die Formel für die Fortpflanzung systematischer Fehler her, indem Sie das fehlerbehaftete Meßergebnis $y(x_1 + \Delta x_1, .., x_{\mathrm{n}} + \Delta x_{\mathrm{n}})$ in eine Taylorreihe entwickeln und diese nach den linearen Gliedern abbrechen. Unter welchen Voraussetzungen gilt diese Formel?

Musterlösung:

Das Meßergebnis y ist eine Funktion der einzelnen Meßgrößen x_i, also $y = f(x_1, .., x_{\mathrm{n}})$. Ist nun jede einzelne Meßgröße x_i mit einem absoluten Fehler Δx_i behaftet, läßt sich der absolute Meßfehler Δy des Meßergebnisses y folgendermaßen angeben

$$\Delta y = f(x_{1\mathrm{w}} + \Delta x_1, .., x_{\mathrm{nw}} + \Delta x_{\mathrm{n}}) - f(x_{1\mathrm{w}}, .., x_{\mathrm{nw}}) \,. \tag{3.16}$$

Dabei bezeichnet $x_{i\mathrm{w}}$ den wahren Wert der i-ten Meßgröße. Die Taylorreihenentwicklung des Meßfehlers Δy lautet

$$\begin{aligned}\Delta y = {} & f(x_{1\mathrm{w}}, .., x_{\mathrm{nw}}) + \left.\frac{\partial f}{\partial x_1}\right|_{(x_{1\mathrm{w}}, .., x_{\mathrm{nw}})} \Delta x_1 + \text{Terme höherer Ordnung} \\ & + ... + \left.\frac{\partial f}{\partial x_\mathrm{n}}\right|_{(x_{1\mathrm{w}}, .., x_{\mathrm{nw}})} \Delta x_\mathrm{n} + \text{Terme höherer Ordnung} \\ & - f(x_{1\mathrm{w}}, .., x_{\mathrm{nw}}) \\ \approx {} & \sum_{i=1}^{n} \left.\frac{\partial f}{\partial x_i}\right|_{(x_{1\mathrm{w}}, .., x_{\mathrm{nw}})} \Delta x_i\,. \end{aligned} \tag{3.17}$$

Mit der in Gl. (3.17) durchgeführten Näherung wurden folgende *Voraussetzungen* für die Anwendung des Fehlerfortpflanzungsgesetzes für systematische Fehler getroffen:

- Die absoluten Fehler Δx_i sind klein gegenüber dem jeweiligen Meßwert x_i.
- Die Approximation der Funktion $f(x_1, .., x_\mathrm{n})$ durch ihre Taylorreihe erster Ordnung ist hinreichend genau.

Da in der Praxis der wahre Wert einer Meßgröße nicht bekannt ist, wird anstelle des wahren Wertes $x_{i\mathrm{w}}$ der gemessene Wert x_i eingesetzt

$$\Delta y \approx \sum_{i=1}^{n} \left.\frac{\partial f}{\partial x_i}\right|_{(x_1, .., x_\mathrm{n})} \Delta x_i\,. \tag{3.18}$$

Beispiel 3.2: *Systematischer Fehler bei einer Widerstandsmessung*

Es wird der Wert eines ohmschen Widerstandes mittels einer Strom-Spannungsmessung ermittelt.

F_I	$= 15\,\mathrm{mA}$	absoluter Fehler des Amperemeters
F_U	$= 100\,\mathrm{mV}$	absoluter Fehler des Voltmeters
I_m	$= 0{,}7\,\mathrm{A}$	gemessener Strom
U_m	$= 8\,\mathrm{V}$	gemessene Spannung

a) Wie groß ist der maximale absolute systematische Fehler bei dieser Meßmethode?
b) Bestimmen Sie den Fehler mit der Regel: *Bei der Division von Meßgrößen werden deren relative Fehler subtrahiert.* Zeigen Sie, daß der so ermittelte Fehler mit dem unter Punkt a) berechneten Fehler übereinstimmt.

Musterlösung:

a) Der absolute Meßfehler für den Widerstand ergibt sich mit Hilfe des Fehlerfortpflanzungsgesetzes. Entsprechend dem Ohmschen Gesetz

$$R = UI^{-1} \tag{3.19}$$

berechnen sich die beiden partiellen Ableitungen des Widerstandes R nach der Spannung U und dem Strom I zu

$$\frac{\partial R}{\partial U} = I^{-1} \tag{3.20}$$

$$\frac{\partial R}{\partial I} = -UI^{-2}\,. \tag{3.21}$$

Setzt man diese Ergebnisse in Gl. (3.4) ein, so erhält man den gesuchten absoluten Fehler ΔR

$$\begin{aligned}\Delta R &= \sum_{i=1}^{2} \left.\frac{\partial R}{\partial x_i}\right|_{(U_\mathrm{m},I_\mathrm{m})} \Delta x_i \\ &= I_\mathrm{m}^{-1}\Delta U - U_\mathrm{m} I_\mathrm{m}^{-2}\Delta I\,.\end{aligned} \tag{3.22}$$

Mit den angegeben Werten ergibt sich

$$F_R = I_\mathrm{m}^{-1} F_\mathrm{U} - U_\mathrm{m} I_\mathrm{m}^{-2} F_\mathrm{I} = -0{,}102\,\Omega\,. \tag{3.23}$$

b) Gleichung (3.22) kann wie folgt umgeformt werden

$$\begin{aligned}F_R &= I_\mathrm{m}^{-1}\Delta U - U_\mathrm{m} I_\mathrm{m}^{-2}\Delta I \\ &= \underbrace{\frac{U_\mathrm{m}}{I_\mathrm{m}}}_{R}\frac{\Delta U}{U_\mathrm{m}} - \underbrace{\frac{U_\mathrm{m}}{I_\mathrm{m}}}_{R}\frac{\Delta I}{I_\mathrm{m}}\,.\end{aligned} \tag{3.24}$$

Dividiert man nun die soeben erhaltene Gleichung durch den Absolutwert des Widerstandes R, so ergibt sich der relative Fehler f_R

$$\begin{aligned}f_R = \frac{F_R}{R} &= \frac{\Delta U}{U_\mathrm{m}} - \frac{\Delta I}{I_\mathrm{m}} \\ &= f_U - f_I\,.\end{aligned} \tag{3.25}$$

Gleichung (3.25) bestätigt die Regel: *Bei der Division von zwei Meßgrößen werden deren relative Fehler subtrahiert.*

Es sollte jedoch beachtet werden, daß meistens die absoluten und relativen Fehler ohne Vorzeichen angegeben werden. In diesen Fällen sind zur Ermittlung des maximalen Fehlers die Beträge der relativen Fehler der einzelnen Meßgrößen *stets* zu addieren.

3.3 Zufällige Meßfehler

Beispiel 3.3: *Formeln zur Berechnung zufälliger Fehler*

a) Leiten Sie die Formel zur Berechnung des Mittelwertes für ein aus mehreren Einzelmeßgrößen zusammengesetztes Meßergebnis $y = f(x_1, .., x_\mathrm{n})$ her. Setzen Sie dabei voraus, daß die einzelnen Meßwerte *gaußverteilt* sind und die Taylorreihe bei Abbruch nach den linearen Gliedern ausreichend genau ist.
b) Für die Berechnung der Standardabweichung σ eines Meßergebnisses, das sich nach dem Aufgabengesetz $y = f(x_1, ..., x_\mathrm{n})$ aus mehreren Einzelmeßgrößen zusammensetzt, gilt das *Gaußsche Fehlerfortpflanzungsgesetz* (Gl. (3.11)). Beweisen Sie die Richtigkeit dieser Formel mit den selben Annahmen wie unter Punkt a).

Musterlösung:

a) Ein einzelner Wert y_i des Meßergebnisses, der sich aus den Meßgrößen x_{1i} bis $x_{\mathrm{n}i}$ berechnet

$$y_i = f(x_{1i}, ..., x_{\mathrm{n}i}) = f(x_{1\mathrm{w}} + \Delta x_{1i}, ..., x_{\mathrm{nw}} + \Delta x_{\mathrm{n}i}) \,, \tag{3.26}$$

kann mit Hilfe einer Taylorreihenentwicklung bei Abbruch nach den linearen Gliedern wie folgt dargestellt werden

$$y_i \approx f(x_{1\mathrm{w}}, .., x_{\mathrm{nw}}) + \left.\frac{\partial f}{\partial x_1}\right|_{(x_{1\mathrm{w}}, ..., x_{\mathrm{nw}})} \Delta x_{1i} + .. + \left.\frac{\partial f}{\partial x_\mathrm{n}}\right|_{(x_{1\mathrm{w}}, ..., x_{\mathrm{nw}})} \Delta x_{\mathrm{n}i} \,. \tag{3.27}$$

Werden nun theoretisch unendlich viele Messungen (N $\rightarrow \infty$) durchgeführt, so läßt sich der Mittelwert y_w nach Gl. (3.5) berechnen

$$y_\mathrm{w} = \lim_{N\to\infty} \frac{1}{N} \sum_{i=1}^{N} y_i \tag{3.28}$$

$$\approx \lim_{N\to\infty} \frac{1}{N} \sum_{i=1}^{N} \left[f(x_{1\mathrm{w}}, .., x_{\mathrm{nw}}) + \left.\frac{\partial f}{\partial x_1}\right|_{(x_{1\mathrm{w}}, .., x_{\mathrm{nw}})} \Delta x_{1i} \right.$$

$$\left. + \left.\frac{\partial f}{\partial x_2}\right|_{(x_{1\mathrm{w}}, .., x_{\mathrm{nw}})} \Delta x_{2i} + \; .... \; + \left.\frac{\partial f}{\partial x_\mathrm{n}}\right|_{(x_{1\mathrm{w}}, .., x_{\mathrm{nw}})} \Delta x_{\mathrm{n}i} \right] \tag{3.29}$$

$$= f(x_{1\mathrm{w}}, .., x_{\mathrm{nw}}) + \left.\frac{\partial f}{\partial x_1}\right|_{(x_{1\mathrm{w}}, .., x_{\mathrm{nw}})} \lim_{N\to\infty} \frac{1}{N} \sum_{i=1}^{N} \Delta x_{1i} + \; ....$$

$$+ \left.\frac{\partial f}{\partial x_\mathrm{n}}\right|_{(x_{1\mathrm{w}},..,x_{\mathrm{nw}})} \lim_{N\to\infty} \frac{1}{N}\sum_{i=1}^{N} \Delta x_{\mathrm{n}i} \,. \tag{3.30}$$

Geht man nun davon aus, daß die einzelnen Meßwerte der Meßgrößen x_1 bis x_n gaußverteilt sind, dann sind die jeweiligen Summen

$$\lim_{N\to\infty} \frac{1}{N}\sum_{i=1}^{N} \Delta x_{1i} \;, \;\ldots.\;, \lim_{N\to\infty} \frac{1}{N}\sum_{i=1}^{N} \Delta x_{\mathrm{n}i} \tag{3.31}$$

Null, und man erhält das bekannte Ergebnis

$$y_\mathrm{w} = f(x_{1\mathrm{w}},..,x_{\mathrm{nw}}). \tag{3.32}$$

Abschließend sei noch angemerkt, daß in der Praxis die Anzahl der Meßwerte N stets endlich ist. Daher sind anstelle der wahren Werte $x_{1\mathrm{w}},..,x_{\mathrm{nw}}$ nur die Schätzwerte $\tilde{x}_1,..,\tilde{x}_\mathrm{n}$ bekannt und Gl. (3.32) ändert sich in

$$\tilde{y} = f(\tilde{x}_1,..,\tilde{x}_\mathrm{n}) \,. \tag{3.33}$$

b) Aus der Definition der Standardabweichung σ nach Gl. (3.6) ergibt sich unter Berücksichtigung der Tatsache, daß sich das Einzelmeßergebnis aus n Meßgrößen zusammensetzt, also $y = f(x_1,..,x_\mathrm{n})$ gilt, zunächst folgender Zusammenhang

$$\sigma_\mathrm{y} = \sqrt{\lim_{N\to\infty} \frac{1}{N}\sum_{i=1}^{N} [\underbrace{f(x_{1i},....,x_{\mathrm{n}i}) - f(x_{1\mathrm{w}},...,x_{\mathrm{nw}})}_{a}]^2} \,. \tag{3.34}$$

Entwickelt man nun die Funktion $f(x_{1\mathrm{w}} + \Delta x_{1i},...,x_{\mathrm{nw}} + \Delta x_{\mathrm{n}i})$ in ihre Taylorreihe, so ergibt sich folgende Darstellung für den Term a

$$\begin{aligned} a &= f(x_{1\mathrm{w}} + \Delta x_{1i},...,x_{\mathrm{nw}} + \Delta x_{\mathrm{n}i}) - f(x_{1\mathrm{w}},...,x_{\mathrm{nw}}) \\ &= f(x_{1\mathrm{w}},...,x_{\mathrm{nw}}) + \left.\frac{\partial f}{\partial x_1}\right|_{(x_{1\mathrm{w}},...,x_{\mathrm{nw}})} \Delta x_{1i} + ... + \left.\frac{\partial f}{\partial x_\mathrm{n}}\right|_{(x_{1\mathrm{w}},...,x_{\mathrm{nw}})} \Delta x_{\mathrm{n}i} + \\ &\quad \text{Terme höherer Ordnung } - f(x_{1\mathrm{w}},...,x_{\mathrm{nw}}) \\ &\approx \left.\frac{\partial f}{\partial x_1}\right|_{(x_{1\mathrm{w}},...,x_{\mathrm{nw}})} \Delta x_{1i} + ... + \left.\frac{\partial f}{\partial x_\mathrm{n}}\right|_{(x_{1\mathrm{w}},...,x_{\mathrm{nw}})} \Delta x_{\mathrm{n}i} \,. \end{aligned} \tag{3.35}$$

Die in Gl. (3.35) eingeführte Näherung und die zusätzliche Voraussetzung, daß die Meßwerte gaußverteilt sind, vereinfacht die Berechnung des Termes a^2

$$a^2 = \left(\frac{\partial f}{\partial x_1}\right)^2 (x_{1i} - x_{1\mathrm{w}})^2 + ... + \left(\frac{\partial f}{\partial x_\mathrm{n}}\right)^2 (x_{\mathrm{n}i} - x_{\mathrm{nw}})^2$$

$$\left.\begin{array}{l} +2(\frac{\partial f}{\partial x_1})(\frac{\partial f}{\partial x_2})(x_{1i} - x_{1\mathrm{w}})(x_{2i} - x_{2\mathrm{w}}) \\ \\ +2(\frac{\partial f}{\partial x_1})(\frac{\partial f}{\partial x_3})(x_{1i} - x_{1\mathrm{w}})(x_{3i} - x_{3\mathrm{w}}) \\ \\ +.. \end{array}\right\} = b\,. \tag{3.36}$$

Da bei einer Gaußverteilung der Meßwerte diese symmetrisch um den Mittelwert liegen, gilt

$$\lim_{N\to\infty} \frac{1}{N} \sum_{i=1}^{N} b = 0\,. \tag{3.37}$$

Dieses Ergebnis ist nun noch in die Definitionsgleichung für die Standardabweichung σ_y (Gl. (3.34)) einzusetzen

$$\sigma_\mathrm{y} = \sqrt{\lim_{N\to\infty} \frac{1}{N} \sum_{i=1}^{N} \left[\left(\frac{\partial f}{\partial x_1}\right)^2 (x_{1i} - x_{1\mathrm{w}})^2 + ... + \left(\frac{\partial f}{\partial x_\mathrm{n}}\right)^2 (x_{\mathrm{n}i} - x_{\mathrm{nw}})^2\right]}$$

$$= \sqrt{\left(\frac{\partial f}{\partial x_1}\right)^2 \underbrace{\lim_{N\to\infty} \frac{1}{N} \sum_{i=1}^{N} (x_{1i} - x_{1\mathrm{w}})^2}_{\sigma_1^2} + ...}$$

$$= \sqrt{\sum_{i=1}^{n} \left(\frac{\partial f}{\partial x_i}\right)^2 \Bigg|_{(x_{1\mathrm{w}},..,x_{\mathrm{nw}})} \sigma_i^2}\,. \tag{3.38}$$

Bei endlich vielen Meßwerten N ist anstelle des wahren Wertes $x_{i\mathrm{w}}$ der Schätzwert $\tilde{x}_i$ und anstelle der Standardabweichung σ_i die Schwankung s_i in die Formel einzusetzen

$$s_{\tilde{\mathrm{y}}} = \sqrt{\sum_{i=1}^{n} \left(\frac{\partial f}{\partial x_i}\right)\Bigg|_{(\tilde{x}_1,..,\tilde{x}_\mathrm{n})} s_i^2}\,. \tag{3.39}$$

Beispiel 3.4: *Kontaktwiderstandsmessung*

Zur Ermittlung des Kontaktwiderstandes eines Reedrelais wurde eine Strom-Spannungsmessung an der in Abb. 3.1 gezeigten Schaltung durchgeführt. Dabei wurden die folgenden Meßwerte aufgenommen:

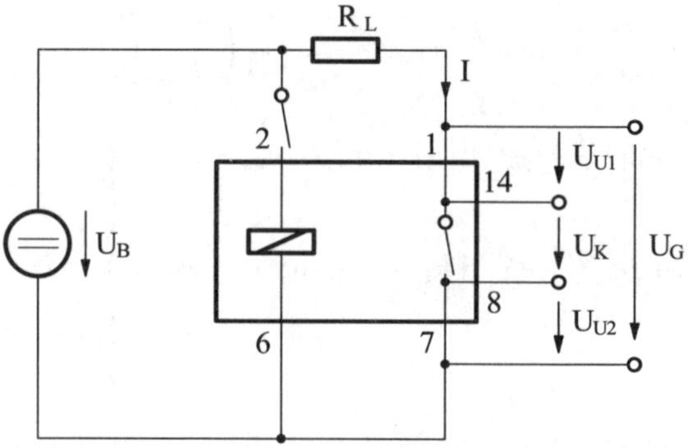

Abb. 3.1. Reedrelais mit Meßanordnung

Messung	1	2	3	4	5	6	7	8
$U_{\mathrm{G}}/(\mathrm{mV})$	4,29	4,18	4,29	4,23	4,28	4,22	4,26	4,31
$I/(\mathrm{mA})$	40,56	40,35	40,58	40,71	40,43	40,61	40,82	40,53

Messung	9	10	11	12	13	14	15	16
$U_{\mathrm{G}}/(\mathrm{mV})$	4,29	4,19	4,25	4,20	4,28	4,23	4,32	4,33
$I/(\mathrm{mA})$	40,76	40,39	40,48	40,43	40,53	40,75	40,72	40,63

Bei dieser Zweidrahtmessung wird mit U_{G} der gesamte Spannungsabfall gemessen, also sowohl jener am Kontaktwiderstand R_{K} (zwischen Klemmen 14 und 8) als auch der an den Übergangswiderständen R_{U1} (von der Klemme 1 zur Klemme 14) und R_{U2} (von der Klemme 8 zur Klemme 7). Der Wert des Übergangswiderstandes R_{U1} beträgt $35,1\,\mathrm{m}\Omega$, jener des Übergangswiderstandes R_{U2} $33,8\,\mathrm{m}\Omega$. Berechnen Sie:

a) den Schätzwert für den Kontaktwiderstand R_{K},
b) die Schwankung s_{RK}, mit der die Meßwerte behaftet sind,
c) die Vertrauensgrenzen V des Meßergebnisses für eine statistische Sicherheit von $P = 95\,\%$.

Musterlösung:

a) Bevor man die Kenngrößen zufälliger Fehler berechnet, sind die Meßwerte zunächst bezüglich ihrer systematischen Meßfehler zu korrigieren. Da bei der Messung auch der Spannungsabfall an den bekannten Übergangswiderständen R_{U1} und R_{U2} gemessen wurde, lassen sich die Spannungswerte $U_{\mathrm{K}i}$ durch Subtraktion dieses Spannungsabfalles berichtigen

$$U_{\mathrm{K}i} = U_{\mathrm{G}i} - I_i(R_{\mathrm{U1}} + R_{\mathrm{U2}})\,. \tag{3.40}$$

Die Anwendung von Gl. (3.40) auf die Meßwerte ergibt die folgende korrigierte Meßreihe:

Messung	1	2	3	4	5	6	7	8
$U_K/(\mathrm{mV})$	1,495	1,40	1,494	1,425	1,494	1,422	1,448	1,517
$I/(\mathrm{mA})$	40,56	40,35	40,58	40,71	40,43	40,61	40,82	40,53

Messung	9	10	11	12	13	14	15	16
$U_K/(\mathrm{mV})$	1,482	1,407	1,461	1,414	1,487	1,422	1,514	1,531
$I/(\mathrm{mA})$	40,76	40,39	40,48	40,43	40,53	40,75	40,72	40,63

Mit den korrigierten Meßwerten berechnen sich die Schätzwerte für die Spannung und den Strom zu

$$\tilde{U}_K = \frac{1}{16}\sum_{i=1}^{16} U_{Ki} = 1,463\,\mathrm{mV} \tag{3.41}$$

$$\tilde{I} = \frac{1}{16}\sum_{i=1}^{16} I_i = 40,58\,\mathrm{mA}\,. \tag{3.42}$$

Mit Gl. (3.12) folgt der Schätzwert für den Kontaktwiderstand

$$\tilde{R}_K = f(\tilde{U}_K, \tilde{I}) = \frac{\tilde{U}_K}{\tilde{I}} = 36,06\,\mathrm{m}\Omega\,. \tag{3.43}$$

b) Die einzelnen Schwankungen, mit denen die Meßwerte der Meßgrößen U_{Ki} und I_i behaftet sind, berechnen sich mit Hilfe von Gl. (3.8)

$$s_{\mathrm{UK}} = \sqrt{\frac{1}{\mathrm{N}-1}\sum_{i=1}^{16}(U_{Ki} - \tilde{U}_K)^2} = 4,367 \cdot 10^{-2}\,\mathrm{mV} \tag{3.44}$$

$$s_{\mathrm{I}} = \sqrt{\frac{1}{\mathrm{N}-1}\sum_{i=1}^{16}(I_i - \tilde{I})^2} = 0,14334\,\mathrm{mA}. \tag{3.45}$$

Die Schwankung s_{RK} des Kontaktwiderstandswertes ergibt sich aus dem Gaußschen Fehlerfortpflanzungsgesetz. Mit dem Ohmschen Gesetz

$$R = UI^{-1} \tag{3.46}$$

erhält man die beiden partiellen Ableitungen

$$\frac{\partial R}{\partial U} = I^{-1} \tag{3.47}$$

$$\frac{\partial R}{\partial I} = -UI^{-2} \tag{3.48}$$

und damit die gesuchte Größe s_{RK}

$$s_{\mathrm{RK}} = \sqrt{\sum_{i=1}^{2} \left(\frac{\partial R_{\mathrm{K}}}{\partial x_i}\right)^2 s_i^2}$$

$$= \sqrt{\tilde{I}^{-2} s_{\mathrm{UK}}^2 + \tilde{U}_{\mathrm{K}}^2 \tilde{I}^{-4} s_{\mathrm{I}}^2} = 1{,}084\,\mathrm{m}\Omega\,. \qquad (3.49)$$

c) Für eine statistische Sicherheit von $P = 95\,\%$ und eine Meßwertanzahl von $N = 16$ läßt sich anhand von Tabelle 3.1 durch Interpolation zwischen den entsprechenden Werten ein Vertrauensfaktor von $t = 2{,}18$ ermitteln. Die Vertrauensgrenzen sind somit

$$V = \pm \frac{t\, s_{\mathrm{RK}}}{\sqrt{16}} = \pm 0{,}5908\,\mathrm{m}\Omega. \qquad (3.50)$$

Das Meßergebnis wird daher in folgender Form angegeben

$$R_{\mathrm{K}} = \tilde{R}_{\mathrm{K}} \pm \frac{t\, s_{\mathrm{RK}}}{\sqrt{\mathrm{N}}}$$

$$= 36{,}06 \pm 0{,}5908\ \mathrm{m}\Omega\,. \qquad (3.51)$$

Aufgabe 3.1: *Klassengenauigkeit*

Die in Abb. 3.2 gezeigte Schaltung wird zur Widerstandsmessung verwen-

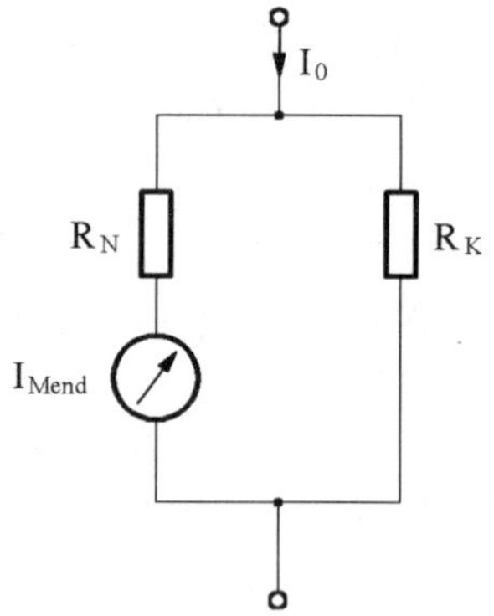

Abb. 3.2. Meßanordnung zur Widerstandsmessung

det. Das verwendete Strommeßgerät hat eine Genauigkeitsklasse von 1 %, einen Bereichsendwert $I_{\mathrm{Mend}} = 1\,\mathrm{mA}$ und zeigt einen Strom von $0{,}3\,\mathrm{mA}$ an. Mit welcher Genauigkeit kann der Widerstand R_{K} bestimmt werden, wenn die Werte für den Strom $I_0 = 1\,\text{mA}(1 \pm 0,01)$ sowie den Widerstand $R_\text{N} = 10\,\text{k}\Omega(1 \pm 0,01)$ bekannt sind? Geben Sie den Widerstand R_K in der Form

$$R_\text{K} = R_\text{Knom}(1 \pm f_\text{RK})$$

an, wobei f_RK den relativen Fehler von R_K bezeichnet.

Lösung:

Der Wert des gesuchten Widerstandes ergibt sich zu

$$R_\text{K} = 4,286\,\text{k}\Omega(1 \pm 0,0719)\,.$$

4

Analoges Messen

4.1 Grundlagen elektromechanischer Meßwerke

Grundgleichungen zur Berechnung von elektromechanischen Meßwerken

Analog arbeitende Meßgeräte beruhen im allgemeinen darauf, daß einer zu messenden elektrischen Größe (Strom, Spannung) mit Hilfe eines geeigneten elektromechanischen Wandlungsprinzips eine Kraftwirkung zugeordnet wird. Einer der wichtigsten physikalischen Effekte, der für diese Umformung Verwendung findet, ist die Lorentzkraft

$$\vec{F} = q\,\vec{v} \times \vec{B}\,. \tag{4.1}$$

Die Lorentzkraft ist die mechanische Kraft, die auf eine sich mit der Geschwindigkeit $\vec{v}$ in einem Magnetfeld $\vec{B}$ bewegende Ladung q wirkt. Diese Kraft kann für den Spezialfall eines stromdurchflossenen Leiters in Form folgender Gleichung angegeben werden [5]

$$d\vec{F} = I\,d\vec{s} \times \vec{B}\,. \tag{4.2}$$

Gleichung (4.2) beschreibt jene Kraft $d\vec{F}$, welche auf ein Leiterstück der Länge ds eines vom Strom I durchflossenen Leiters in einem Magnetfeld $\vec{B}$ ausgeübt wird, wobei das Wegelement $d\vec{s}$ in Richtung des Stromflusses zeigt. Die Gesamtkraft auf einen beliebigen stromdurchflossenen Leiter ergibt sich daher aus der Integration von Gl. (4.2) über die gesamte Leiterlänge S

$$\vec{F}_{\text{ges}} = \int_S I\,d\vec{s} \times \vec{B} = I \int_S d\vec{s} \times \vec{B}\,. \tag{4.3}$$

Elektromechanische Meßgeräte werden konstruktiv meist so ausgeführt, daß zur Anzeige der Meßgröße ein Zeiger verwendet wird, dessen Ausschlagwinkel ein Maß für die zu messende Größe darstellt. Um dies zu erreichen, müssen der stromdurchflossene Leiter (Spule) und das Magnetfeld $\vec{B}$ so gestaltet werden, daß die an der Spule angreifende Kraft (Gl. (4.3)) auf diese ein Drehmoment ausübt. Die Spule ist daher um eine ortsfeste Achse drehbar gelagert und mit dem Zeiger verbunden. Das Drehmoment auf die Spule in Richtung der Drehachse ergibt sich zu

$$\begin{aligned} M_{\mathrm{el}}\,\vec{e}_{\mathrm{a}} &= \left(\vec{e}_{\mathrm{a}} \cdot \int_S \vec{r} \times d\vec{F}\right)\vec{e}_{\mathrm{a}} = \left(\int_S \vec{e}_{\mathrm{a}} \cdot (\vec{r} \times d\vec{F})\right)\vec{e}_{\mathrm{a}} \\ &= \left(\int_S (\vec{e}_{\mathrm{a}} \times \vec{r}) \cdot d\vec{F}\right)\vec{e}_{\mathrm{a}} = \left(I \int_S (\vec{e}_{\mathrm{a}} \times \vec{r}) \cdot (d\vec{s} \times \vec{B})\right)\vec{e}_{\mathrm{a}}\,. \end{aligned} \tag{4.4}$$

In Gl. (4.4) bezeichnen $\vec{r}$ den Ortsvektor von einem beliebigen Punkt auf der Drehachse zum Wegelement $d\vec{s}$ und $\vec{e}_{\mathrm{a}}$ den Einheitsvektor in Richtung der Drehachse. Der Betrag von $\vec{e}_{\mathrm{a}} \times \vec{r}$ entspricht dem Normalabstand von $d\vec{s}$ zur Drehachse. Für das dynamische Verhalten des drehbaren Teiles erhält man unter Verwendung des Drallsatzes [8]

$$\Theta\dot{\omega}\,\vec{e}_{\mathrm{a}} = \Theta\ddot{\alpha}\,\vec{e}_{\mathrm{a}} = M_{\mathrm{ges}}\,\vec{e}_{\mathrm{a}}\,, \tag{4.5}$$

wobei Θ das Massenträgheitsmoment des beweglichen Teiles und α den Drehwinkel bezeichnen. M_{ges} ist die Summe der am drehbaren Teil angreifenden Drehmomente. Folgende Drehmomente treten auf:

- Antriebsmoment M_{el} aufgrund einer stromdurchflossenen Spule im Magnetfeld
- Dämpfungsmoment M_{d} aufgrund von Dämpfung
- Rückstellmoment M_{mech} aufgrund einer Drehfeder.

Zur Dämpfung von elektromechanischen Meßgeräten wird oft die sogenannte Rahmendämpfung verwendet. Diese Art der Dämpfung beruht auf der Induktion eines Stromes in einer Kurzschlußwindung infolge der Drehbewegung der Spule. Auf diese Kurzschlußwindung wirkt dann entsprechend Gl. (4.4) ein Drehmoment, welches der momentanen Bewegung entgegenwirkt (Lenzsche Regel) und somit die Dämpfung bewirkt. Der Name *Rahmendämpfung* leitet sich aus der Tatsache her, daß als Kurzschlußwindung der Rahmen verwendet wird, welcher zur Aufnahme der Wicklung dient. Das Induktionsgesetz für eine bewegte und geschlossene Leiterschleife kann in seiner allgemeinen Form folgendermaßen dargestellt werden [5]

$$\oint_S \vec{E} \cdot d\vec{s} = \underbrace{-\int_A \frac{\partial \vec{B}}{\partial t} \cdot d\vec{A}}_{\text{Ruheinduktion}} + \underbrace{\oint_S (\vec{v} \times \vec{B}) \cdot d\vec{s}}_{\text{Bewegungsinduktion}}\ . \tag{4.6}$$

Der erste Term auf der rechten Seite von Gl. (4.6) ist jener Anteil der Induktionsspannung, der durch die zeitliche Änderung des Magnetfeldes hervorgerufen wird, während der zweite Term von Gl. (4.6) den durch die Bewegung eines Leiters im Magnetfeld erzeugten Anteil der Induktionsspannung beschreibt.

Grundgleichungen zur Berechnung von Magnetkreisen

Das elektromagnetische Feld wird mit Hilfe der Maxwellschen Gleichungen [10] eindeutig und vollständig beschrieben. Im Rahmen dieses Abschnittes werden zunächst die Gleichungen der Stetigkeitsbedingungen für das magnetische Feld abgeleitet. Danach wird gezeigt, wie die Berechnung der magnetischen Feldgrößen eines linearen Magnetkreises mit Hilfe der linearen elektrischen Netzwerktheorie erfolgen kann.
Die Maxwellsche Gleichung

$$\mathrm{div}\vec{B} = 0 \tag{4.7}$$

bringt zum Ausdruck, daß die Quelldichte des magnetischen Feldes Null und damit das magnetische Feld ein Wirbelfeld (Feld mit in sich geschlossenen Feldlinien) ist. Integriert man Gl. (4.7) über das Volumen V

$$\int_V \mathrm{div}\vec{B}\, dV = 0 \tag{4.8}$$

und verwendet den Gaußschen Integralsatz [4], so erhält man das Oberflächenintegral

$$\oint_A \vec{B} \cdot d\vec{A} = 0. \tag{4.9}$$

An einer Grenzfläche zweier Medien mit verschiedenen Permeabilitäten ist dieses Oberflächenintegral entsprechend Abb. 4.1 für $b \to 0$ auszuwerten

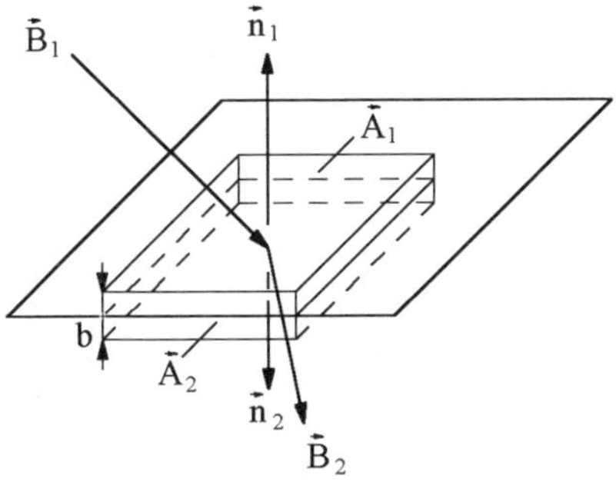

Abb. 4.1. Stetigkeitsbedingung für die Normalkomponente der magnetischen Flußdichte $\vec{B}$

$$\lim_{b \to 0} \oint_A \vec{B} \cdot d\vec{A} = \vec{B}_1 \cdot \vec{A}_1 + \vec{B}_2 \cdot \vec{A}_2 = 0$$

$$\vec{B}_1 \cdot \vec{n}_1 - \vec{B}_2 \cdot \vec{n}_1 = 0$$

$$\vec{n}_1 \cdot (\vec{B}_1 - \vec{B}_2) = 0$$

$$B_{1\mathrm{n}} = B_{2\mathrm{n}} \,. \tag{4.10}$$

Anhand von Gl. (4.10) erkennt man, daß die *Normalkomponente* der magnetischen Flußdichte immer *stetig* von einem Medium mit der Permeabilität μ_1 zu einem Medium mit der Permeabilität μ_2 übergeht. Mit der Materialgleichung (isotropes lineares Medium)

$$\vec{B} = \mu \vec{H} \tag{4.11}$$

erhält man den Zusammenhang zwischen den entsprechenden Normalkomponenten der magnetischen Feldstärke $\vec{H}$

$$\mu_1 H_{1\mathrm{n}} = \mu_2 H_{2\mathrm{n}} \,. \tag{4.12}$$

Die Maxwellsche Gleichung

$$\mathrm{rot}\vec{H} = \vec{J} \tag{4.13}$$

besagt, daß eine elektrische Stromdichte $\vec{J}$ und damit ein elektrischer Strom I stets von einem Magnetfeld der Feldstärke $\vec{H}$ begleitet ist. Wird Gl. (4.13) über die Querschnittsfläche $\vec{A}$ integriert

$$\int_A \mathrm{rot}\vec{H} \cdot d\vec{A} = \int_A \vec{J} \cdot d\vec{A} \,, \tag{4.14}$$

erhält man unter Anwendung des Stokesschen Integralsatzes [4] den Durchflutungssatz

$$\oint \vec{H} \cdot d\vec{s} = NI \,. \tag{4.15}$$

An einer Grenzfläche zweier Medien mit verschiedenen Permeabilitäten und verschwindender Flächenstromdichte ergibt sich aus dem Ringintegral nach Gl. (4.15) für $b \to 0$ der folgende Zusammenhang (Abb. 4.2)

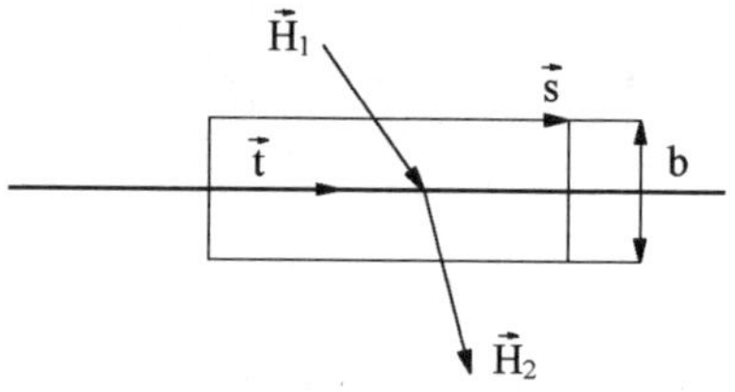

Abb. 4.2. Stetigkeitsbedingung für die Tangentialkomponente der magnetischen Feldstärke $\vec{H}$

$$\lim_{b \to 0} \oint \vec{H} \cdot d\vec{s} = 0$$

$$\vec{H}_1 \cdot \vec{s} - \vec{H}_2 \cdot \vec{s} = 0$$

$$s\vec{t} \cdot (\vec{H}_1 - \vec{H}_2) = 0$$

$$H_{1\mathrm{t}} = H_{2\mathrm{t}} \tag{4.16}$$

$$\frac{B_{1t}}{\mu_1} = \frac{B_{2t}}{\mu_2}\,. \tag{4.17}$$

Damit geht die *Tangentialkomponente* der magnetischen Feldstärke $\vec{H}$ immer *stetig* von einem Medium mit der Permeabilität μ_1 zu einem Medium mit der Permeabilität μ_2 über. Der in Gl. (4.15) auftretende Term

$$NI = \Theta \tag{4.18}$$

wird *Durchflutung* genannt. Das Ringintegral aus Gl. (4.15) wird oft näherungsweise durch eine Summe ersetzt

$$\sum_{i=1}^{n} H_i l_i = IN = \Theta, \tag{4.19}$$

wobei der Ausdruck $H_i l_i$ als magnetische Spannung V_i des betreffenden Abschnitts eines Magnetkreises bezeichnet wird. Für die Länge l_i der jeweiligen Abschnitte nimmt man den mittleren geometrischen Weg entlang der magnetischen Feldlinien. Mit dem Querschnitt A_i gilt der Zusammenhang zwischen dem magnetischen Fluß ϕ_i und der magnetischen Flußdichte B_i

$$\phi_i = B_i A_i\,. \tag{4.20}$$

Vernachlässigt man nun magnetische Streuflüsse in den einzelnen Teilabschnitten des Magnetkreises, d. h.

$$\phi_1 = \phi_2 = \ \ldots\ = \phi_\mathrm{n} = \phi\,, \tag{4.21}$$

so erhält man mit den Gln. (4.19) und Gl. (4.20) aus

$$\sum_{i=1}^{n} \underbrace{H_i l_i}_{V_i..\text{magnetische Teilspannung}} = \sum_{i=1}^{n} \phi_i \underbrace{\frac{l_i}{\mu_i A_i}}_{R_{\mathrm{m}i}..\text{magnetischer Teilwiderstand}} = \Theta \tag{4.22}$$

das *Ohmsche Gesetz* für den Magnetkreis

$$\underbrace{\Theta}_{\hat{=}\,\text{elektrische Spannung}} = \underbrace{\phi}_{\hat{=}\,\text{elektrischer Strom}} \sum_{i=1}^{n} R_{\mathrm{m}i}\,. \tag{4.23}$$

Analog zum elektrischen Netzwerk entspricht die magnetische Durchflutung Θ der elektrischen Spannung U, der magnetische Fluß ϕ dem elektrischen Strom I und der magnetische Widerstand R_m dem elektrischen Widerstand R. Auf der Basis dieser Analogie lassen sich Magnetkreise mit den gleichen Methoden berechnen wie aus ohmschen Widerständen und elektrischen Quellen aufgebaute lineare Netzwerke.

4.2 Meßbereichserweiterung von Meßwerken

Da elektromechanische Meßwerke von ihrer Konzeption her nur einen Meßbereich aufweisen, werden diese durch eine entsprechende Beschaltung mit passiven elektrischen Bauelementen (meist ohmsche Widerstände) um zusätzliche Meßbereiche erweitert und können unter Verwendung von Schaltern sogar zu Vielfachmeßgeräten ausgebaut werden. Die Basis für die Meßbereichserweiterungen bilden Spannungs- bzw. Stromteiler, deren Berechnung im Anschluß kurz dargelegt wird.

Spannungsteilerregel

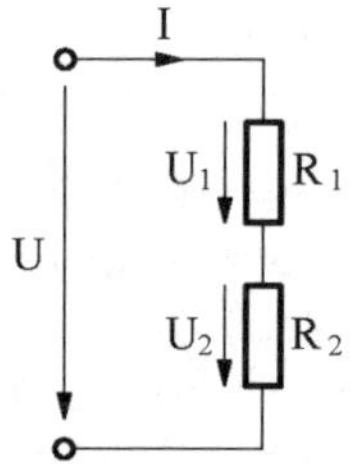

Abb. 4.3. Schaltung zur Spannungsteilerregel

Fließt durch die Widerstände R_1 und R_2 (Abb. 4.3) der gleiche Strom I (unbelasteter Spannungsteiler), so verhalten sich die Spannungsabfälle wie die entsprechenden Widerstandswerte

$$\frac{U_1}{U_2} = \frac{R_1}{R_2} \tag{4.24}$$

$$\frac{U_1}{U} = \frac{R_1}{R_1 + R_2} \tag{4.25}$$

$$\frac{U_2}{U} = \frac{R_2}{R_1 + R_2} . \tag{4.26}$$

Stromteilerregel

Die Ströme I_1 und I_2 in den beiden an der gleichen Spannung U liegenden Zweigen (Abb. 4.4) verhalten sich umgekehrt zu den Widerstandswerten R_1 und R_2 in den Zweigen

$$\frac{I_1}{I_2} = \frac{R_2}{R_1} \tag{4.27}$$

$$\frac{I_1}{I} = \frac{R_2}{R_1 + R_2} \tag{4.28}$$

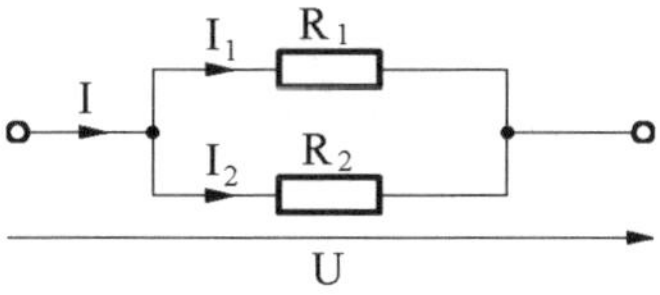

Abb. 4.4. Schaltung zur Stromteilerregel

$$\frac{I_2}{I} = \frac{R_1}{R_1 + R_2} . \tag{4.29}$$

Bei analogen Spannungsmeßgeräten mit mehreren Meßbereichen ist es üblich, zur Angabe des Eingangswiderstandes einen auf den Meßbereich bezogenen Eingangswiderstand R'_{Vber} (Einheit (Ω/V)) zu verwenden. Da die Meßbereichserweiterung eines Spannungsmeßgerätes durch Vorschaltwiderstände erfolgt, zeigt folgende Gleichung

$$R'_{\text{Vber}} = \frac{R_{\text{E}}}{U_{\text{ber}}} = \frac{1}{I_{\text{Eend}}} , \tag{4.30}$$

in der R_{E} den Eingangswiderstand im Spannungsbereich U_{ber} und I_{Eend} den für den Endausschlag notwendigen Eingangsstrom bezeichnen, daß R'_{Vber} für das jeweilige Meßgerät konstant ist. Der tatsächliche Eingangswiderstand R_{E1} des Meßgerätes berechnet sich daher für einen Meßbereichsendwert U_{ber1} zu

$$R_{\text{E1}} = R'_{\text{Vber}} U_{\text{ber1}} . \tag{4.31}$$

4.3 Grundlagen zur Messung elektrischer Wechselgrößen

Bei der Messung von Wechselspannung und Wechselstrom ist man an der Ermittlung der im folgenden beschriebenen Kenngrößen interessiert.

Kenngrößen von elektrischen Wechselgrößen

Die folgenden Begriffe, die gleichermaßen für die elektrische Spannung $u(t)$ und den elektrischen Strom $i(t)$ gelten, werden am Beispiel der elektrischen Spannung erläutert. Eine periodische Spannung $u(t)$ wird durch

$$u(t + kT) = u(t) \tag{4.32}$$

beschrieben, wobei k eine beliebige ganze Zahl und T die Periodendauer bezeichnen. Durch die Beziehung

$$f = \frac{1}{T} = \frac{\omega}{2\pi} \tag{4.33}$$

ist die Frequenz (Wiederholfrequenz bestimmter, zeitlich wiederkehrender Merkmale) von $u(t)$ festgelegt. Außerdem kann $u(t)$ in die folgende Fourierreihe entwickelt werden [3]

$$u(t) = \overline{u} + \sum_{n=1}^{\infty} \hat{U}_n \sin(n\omega t + \varphi_n) = \overline{u} + \sum_{n=1}^{\infty} \sqrt{2}\, U_{n\text{eff}} \sin(n\omega t + \varphi_n) \,. \tag{4.34}$$

Die in dieser Reihe enthaltenen Fourierkoeffizienten $U_{n\text{eff}}$ werden zur Berechnung bestimmter Kenngrößen, z. B. dem Klirrfaktor, benötigt.

- **Arithmetischer Mittelwert**

$$\overline{u} = \frac{1}{T} \int_0^T u(t)\, dt \tag{4.35}$$

- **Gleichrichtwert**

$$\overline{|u|} = \frac{1}{T} \int_0^T |u(t)|\, dt \tag{4.36}$$

- **Effektivwert**

$$U_{\text{eff}} = \sqrt{\frac{1}{T} \int_0^T u^2(t)\, dt} \tag{4.37}$$

  Wenn $u(t)$ als Fourierreihe vorliegt, gilt außerdem

$$U_{\text{eff}} = \sqrt{\overline{u}^2 + \sum_{n=1}^{\infty} U_{n\text{eff}}^2} \,. \tag{4.38}$$

Im weiteren wird zwischen reinen Wechselspannungen, die durch $\overline{u} = 0$ gekennzeichnet sind, und Mischspannungen der Form

$$u(t) = \overline{u} + u_{\sim}(t) \text{mit} \quad \int_0^T u_{\sim}(t)\, dt = 0 \tag{4.39}$$

unterschieden. Für den Effektivwert U_{eff} von Mischspannungen gilt

$$U_{\sim\text{eff}} = \sqrt{\frac{1}{T} \int_0^T u_{\sim}^2(t)\, dt} \,, \tag{4.40}$$

$$U_{\text{eff}} = \sqrt{\overline{u}^2 + U_{\sim\text{eff}}^2} \,. \tag{4.41}$$

Die folgenden drei Kenngrößen sind nur für reine Wechselspannungen definiert:

- **Scheitelfaktor**

$$\mathrm{C} = \frac{\hat{U}}{U_{\text{eff}}} \quad \text{mit} \quad \hat{U} = \max_{0 \leq t \leq T} |u(t)| \tag{4.42}$$

- **Formfaktor**

$$\mathrm{F} = \frac{U_{\text{eff}}}{\overline{|u|}} \tag{4.43}$$

Der Formfaktor für sinusförmige Größen beträgt

$$\mathrm{F_S} = \frac{\frac{\hat{U}}{\sqrt{2}}}{\frac{2}{T}\int\limits_0^{\frac{T}{2}} \hat{U} \sin \omega t \, dt} = \frac{\pi}{2\sqrt{2}} = 1,11\,. \tag{4.44}$$

- **Klirrfaktor**

$$k = \frac{\sqrt{\sum\limits_{n=2}^{\infty} U_{n\text{eff}}^2}}{U_{\text{eff}}} = \frac{\sqrt{U_{\text{eff}}^2 - U_{1\text{eff}}^2}}{U_{\text{eff}}}\,. \tag{4.45}$$

Gleichrichtung

Um die im letzten Abschnitt behandelten Wechselgrößen mit den in der Meßtechnik bevorzugt eingesetzen Meßwerken messen zu können, werden Schaltungen zur Gleichrichtung des Meßstromes bzw. der Meßspannung benötigt. Diese Schaltungen basieren auf den speziellen Eigenschaften von Halbleiterdioden und werden entsprechend ihrer Gleichrichterwirkung in Einweg- und Zweiweggleichrichter (Vollweg-Gleichrichter) unterteilt.

Bei der Einweggleichrichtung wird nur eine der beiden Halbwellen der Wechselgröße zum Meßwerk geleitet. In Abb. 4.5 wird eine entsprechende Schaltung zur Gleichrichtung der positiven Halbwelle einer Meßspannung gezeigt. Der Vorteil der Einweggleichrichtung ist, daß nur eine Diode benötigt wird und somit die am Meßwerk anliegende Spannung nur um eine Diodenschwellspannung vermindert wird. Da bei der Einweggleichrichtung jeweils eine der beiden Halbwellen pro Periode verloren geht, müssen im Vergleich zur Zweiweggleichrichtung entsprechend empfindlichere Meßwerke zur Anzeige verwendet werden. Um diesen Nachteil zu vermeiden, wird der in Abb 4.6 dargestellte *Graetz*-Gleichrichter (Brückengleichrichter) eingesetzt. Seine Funktionsweise beruht darauf, daß je nach Vorzeichen (Halbwelle) der Eingangsspannung jeweils zwei diagonal gegenüberliegende Dioden leiten und dadurch die Meßspannung (vermindert um zwei Diodenschwellspannungen) vorzeichenrichtig an das Meßwerk gelegt wird. Dem Nachteil, daß die Eingangsspannung um zwei Diodenschwellspannungen vermindert wird, steht der Vorteil der Nutzung beider Halbwellen gegenüber. Gleichrichterschaltungen werden oft in Verbindung mit einem Drehspulmeßwerk zur Messung des Effektivwerts eingesetzt. Bei dieser Messung wird von der Tatsache Gebrauch

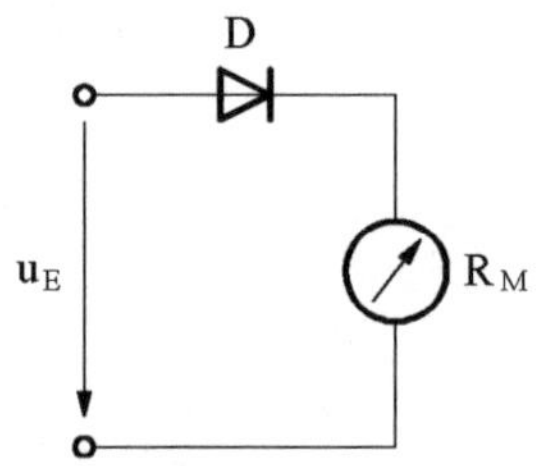

Abb. 4.5. Schaltung zur Gleichrichtung der positiven Halbwelle

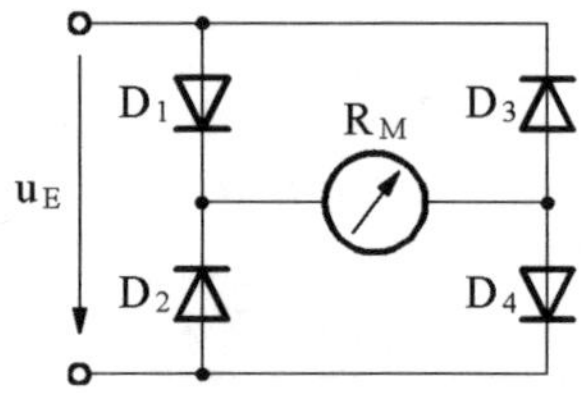

Abb. 4.6. Graetz-Gleichrichter zur Zweiweggleichrichtung

gemacht, daß Kenngrößen wie Formfaktor und Scheitelfaktor für eine vorgegebene Kurvenform konstant sind. So kann z. B. unter Verwendung eines Graetz-Gleichrichters der Gleichrichtwert gemessen werden, der dann über eine Umrechnung mit dem Formfaktor (wird in die Skala einkalibriert)

$$U_{\text{eff}} = \text{F}\,\overline{|u|} \tag{4.46}$$

als Effektivwert angezeigt wird. Nachteilig an dieser Vorgehensweise ist, daß es sich hier nicht um eine echte Effektivwertmessung handelt und daher bei der Messung von Spannungen mit anderen Kurvenformen entsprechende Meßfehler auftreten (s. auch Abschn. 11.3 in [6]).

4.4 Analoge Meßwerke

Beispiel 4.1: *Berechnung eines Drehspulmeßwerkes*

Das zu berechnende Drehspulinstrument hat den in Abb. 4.7 gezeigten Aufbau. Folgende Daten des Meßwerkes sind bekannt:

B_L	$= 0,5\,\text{T}$	Induktion im Luftspalt
$M_{90°}$	$= 5\,\mu\text{Nm}$	Drehmoment der Feder bei 90° Zeigerausschlag
Θ	$= 0,1\,\mu\text{kgm}^2$	gesamtes Trägheitsmoment des beweglichen Teiles
l_B	$= 15\,\text{mm}$	
l_R	$= 20\,\text{mm}$	
r_R	$= 7\,\text{mm}$	

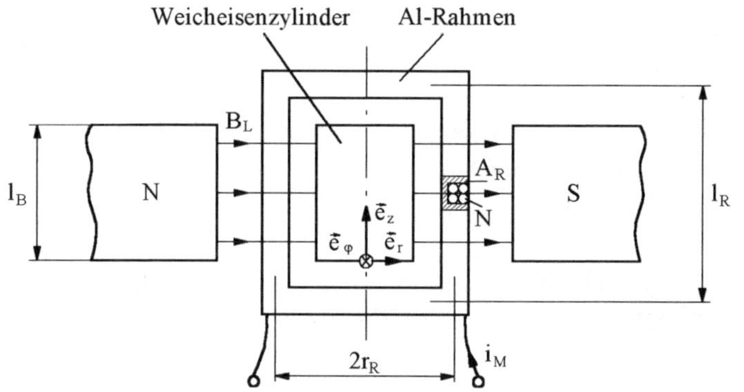

Abb. 4.7. Aufbau und Abmessungen des Drehspulinstrumentes

Die Wicklung des Drehspulmeßwerkes wird von einem Rahmen (mit U-förmigem Querschnitt) aus Aluminium getragen. Zur Dämpfung des Meßwerkes wird der als Kurzschlußwindung wirkende Aluminiumrahmen verwendet. Für die nachfolgend durchzuführenden Berechnungen ist zwecks Vereinfachung davon auszugehen, daß der Meßwerkstrom **eingeprägt** wird, d. h. es tritt **keine Rückwirkung** aufgrund einer in der Drehspule induzierten Spannung auf. Außerdem sind die Selbstinduktivitäten und Eigenfelder der Drehspule und des Aluminiumrahmens zu vernachlässigen.

a) Berechnen Sie die benötigte Windungszahl N der Drehspule, damit sich bei einem Spulenstrom von $I_{\text{Mend}} = 0,2\,\text{mA}$ Vollausschlag ($\alpha = 90°$) einstellt. Welchen resultierenden Innenwiderstand R_{M} hat das Instrument, wenn für die Drehspule Kupferlackdraht (Leitfähigkeit $\gamma_{\text{Cu}} = 58\,\text{Sm/mm}^2$) mit einem Durchmesser von $0,05\,\text{mm}$ verwendet wird?
b) Welchen Querschnitt A_{R} muß der Aluminiumrahmen (Leitfähigkeit $\gamma_{\text{Al}} = 36\,\text{Sm/mm}^2$) aufweisen, damit das Meßwerk aperiodisch gedämpft ist (Grenzfall verwenden)?
c) Berechnen Sie den Ausschlag $\alpha(t)$, wenn an den Eingang des Drehspulinstrumentes ein Stromsprung $i_{\text{M}}(t) = I_{\text{o}}\,\sigma(t)$ gelegt wird ($\sigma(t)$ bezeichnet die Sprungfunktion).
d) Nach welcher Zeit $t_{1\%}$ weicht der in Punkt c) berechnete Ausschlag $\alpha(t)$ um nicht mehr als 1% von seinem Endwert $\alpha_\infty = \lim_{t\to\infty} \alpha(t)$ ab?
e) Zeigen Sie unter Verwendung des Frequenzganges $\underline{G}(\omega) = \underline{\alpha}(\omega)/\underline{I}_{\text{M}}(\omega)$, warum ein Drehspulinstrument beim Anlegen eines periodischen Meßwerkstromes für $\omega_1 \gg \omega_0$ (ω_1 ist die Kreisfrequenz der Grundwelle; ω_0 ist die Eigenkreisfrequenz des ungedämpften Drehspulinstrumentes) den zeitlichen Mittelwert dieses Stromes anzeigt.

Musterlösung:

Da das Drehspulinstrument einen zylindersymmetrischen Aufbau hat, ist es zweckmäßig, die in Abb. 4.7 eingezeichneten Zylinderkoordinaten für die nachfolgenden Berechnungen zu verwenden.

a) Das auf die Drehspule wirkende Drehmoment $\vec{M}_{\mathrm{el}}$ berechnet sich aus Gl. (4.4) mit $\vec{e}_{\mathrm{a}} = \vec{e}_{\mathrm{z}}$ und der Beziehung

$$\vec{e}_{\mathrm{a}} \times \vec{r} = r_{\mathrm{R}}\, \vec{e}_{\varphi}\,, \tag{4.47}$$

welche für den sich im Magnetfeld befindlichen Teil der Spule gilt, unter Verwendung der Windungslänge $l_{\mathrm{W}} = 2(l_{\mathrm{R}} + 2r_{\mathrm{R}})$ zu

$$\begin{aligned}
\vec{M}_{\mathrm{el}} &= \left(i_{\mathrm{M}} N \int\limits_{l_{\mathrm{W}}} (\vec{e}_{\mathrm{z}} \times \vec{r}) \cdot (d\vec{s} \times \vec{B}) \right) \vec{e}_{\mathrm{z}} \\
&= i_{\mathrm{M}} N \left(\int\limits_{0}^{l_{\mathrm{B}}} r_{\mathrm{R}}\, \vec{e}_{\varphi} \cdot (dz\, \vec{e}_{\mathrm{z}} \times B_{\mathrm{L}}\, \vec{e}_{\mathrm{r}}) + \int\limits_{l_{\mathrm{B}}}^{0} r_{\mathrm{R}}\, \vec{e}_{\varphi} \cdot (dz\, \vec{e}_{\mathrm{z}} \times B_{\mathrm{L}}(-\vec{e}_{\mathrm{r}})) \right) \vec{e}_{\mathrm{z}} \\
&= 2 N r_{\mathrm{R}} i_{\mathrm{M}} B_{\mathrm{L}} \left(\int\limits_{0}^{l_{\mathrm{B}}} \vec{e}_{\varphi} \cdot (\vec{e}_{\mathrm{z}} \times \vec{e}_{\mathrm{r}})\, dz \right) \vec{e}_{\mathrm{z}} = 2 N r_{\mathrm{R}} i_{\mathrm{M}} B_{\mathrm{L}} \left(\int\limits_{0}^{l_{\mathrm{B}}} dz \right) \vec{e}_{\mathrm{z}} \\
&= 2 N r_{\mathrm{R}} l_{\mathrm{B}} i_{\mathrm{M}} B_{\mathrm{L}}\, \vec{e}_{z}\,.
\end{aligned} \tag{4.48}$$

Das für den Endausschlag notwendige Drehmoment $M_{90^{\circ}}$ ergibt sich daher mit $i_{\mathrm{M}} = I_{\mathrm{Mend}}$ zu

$$M_{90^{\circ}} = 2 N r_{\mathrm{R}} l_{\mathrm{B}} I_{\mathrm{Mend}} B_{L}\,. \tag{4.49}$$

Mit Hilfe dieser Gleichung lassen sich die erforderliche Windungszahl N und der Innenwiderstand R_{M} der Drehspule angeben

$$N = \frac{M_{90^{\circ}}}{2 r_{\mathrm{R}} l_{\mathrm{B}} I_{\mathrm{Mend}} B_{\mathrm{L}}} = 238\,, \tag{4.50}$$

$$R_{\mathrm{M}} = \frac{N l_{\mathrm{W}}}{\gamma_{\mathrm{Cu}} A_{\mathrm{W}}} = 142{,}1\,\Omega\,. \tag{4.51}$$

b) Um das dynamische Verhalten des Drehspulinstrumentes zu berechnen, geht man von Gl. (4.5) aus

$$\Theta \ddot{\alpha}\, \vec{e}_{\mathrm{z}} = (M_{\mathrm{el}} + M_{\mathrm{d}} + M_{\mathrm{mech}}) \vec{e}_{\mathrm{z}}. \tag{4.52}$$

Im folgenden werden die einzelnen Drehmomente näher erläutert und berechnet. Da alle Drehmomente nur eine z-Komponente besitzen, wird bei den Berechnungen der Einheitsvektor $\vec{e}_{\mathrm{z}}$ stets weggelassen.

Die auf die stromdurchflossene Drehspule ausgeübte Kraft bewirkt das Drehmoment M_{el}, welches sich mit Gl. (4.48) zu

$$M_{\mathrm{el}} = 2 N r_{\mathrm{R}} l_{\mathrm{B}} i_{\mathrm{M}} B_{\mathrm{L}} = K_{\mathrm{el}} i_{\mathrm{M}} \tag{4.53}$$

berechnet. Dieses Drehmoment ist demnach proportional zum Momentanwert des Spulenstromes i_{M}.

Zur Erzeugung der oben beschriebenen Rahmendämpfung wird ein Aluminiumrahmen verwendet. Der das Dämpfungsmoment verursachende Strom im Aluminiumrahmen berechnet sich mit der für das Drehspulinstrument vereinfachten (kein Eigenfeld) Gl. (4.6)

$$\oint_{l_{\mathrm{W}}} \vec{E} \cdot d\vec{s} = -\int_{A} \underbrace{\frac{\partial \vec{B}}{\partial t}}_{=0} \cdot d\vec{A} + \oint_{l_{\mathrm{W}}} (\vec{v} \times \vec{B}) \cdot d\vec{s} \tag{4.54}$$

unter Berücksichtigung des Ohmschen Gesetzes $\vec{J} = \gamma \vec{E}$ und der Beziehung

$$\vec{v} = \vec{\omega} \times \vec{r} = \dot{\alpha} r_{\mathrm{R}}\, \vec{e}_{\varphi} \tag{4.55}$$

zu

$$\frac{1}{\gamma_{\mathrm{Al}}} \oint_{l_{\mathrm{W}}} \vec{J} \cdot d\vec{s} = \int_{0}^{l_{\mathrm{B}}} (v\, \vec{e}_{\varphi} \times B_{\mathrm{L}}\, \vec{e}_{\mathrm{r}}) \cdot \vec{e}_{\mathrm{z}}\, dz + \int_{l_{\mathrm{B}}}^{0} (v\, \vec{e}_{\varphi} \times B_{\mathrm{L}}(-\vec{e}_{\mathrm{r}})) \cdot \vec{e}_{\mathrm{z}}\, dz$$

$$\frac{1}{\gamma_{\mathrm{Al}}} \oint_{l_{\mathrm{W}}} J\, ds = 2 B_{\mathrm{L}} v \int_{0}^{l_{\mathrm{B}}} (\vec{e}_{\varphi} \times \vec{e}_{\mathrm{r}}) \cdot \vec{e}_{\mathrm{z}}\, dz$$

$$\frac{J A_{\mathrm{R}}}{\gamma_{\mathrm{Al}} A_{\mathrm{R}}} \oint_{l_{\mathrm{W}}} ds = 2 B_{\mathrm{L}} v \int_{0}^{l_{\mathrm{B}}} -dz$$

$$i_{\mathrm{R}} \frac{l_{\mathrm{W}}}{\gamma_{\mathrm{Al}} A_{\mathrm{R}}} = -2 B_{\mathrm{L}} v l_{\mathrm{B}}$$

$$i_{\mathrm{R}} R_{\mathrm{R}} = -2 l_{\mathrm{B}} B_{\mathrm{L}} r_{\mathrm{R}} \dot{\alpha}\,. \tag{4.56}$$

Unter Verwendung von Gl. (4.48) ergibt sich mit $N = 1$ und Gl. (4.56) das Dämpfungsmoment M_{d}

$$M_{\mathrm{d}} = 2 r_{\mathrm{R}} l_{\mathrm{B}} i_{\mathrm{R}} B_{\mathrm{L}} = -\frac{(2 l_{\mathrm{B}} B_{\mathrm{L}} r_{\mathrm{R}})^2}{R_{\mathrm{R}}} \dot{\alpha} = -K_{\mathrm{d}} \dot{\alpha}. \tag{4.57}$$

Gleichung (4.57) läßt erkennen, daß das Dämpfungsmoment M_{d} der momentanen Bewegungsrichtung immer entgegenwirkt und außerdem proportional zur Winkelgeschwindigkeit $\omega = \dot{\alpha}$ ist.

Das Drehmoment M_{mech} der Drehfeder ergibt sich aus dem für eine lineare Drehfeder gültigen Zusammenhang

$$M_{\mathrm{mech}} = -\frac{M_{90^o}}{90^o \frac{\pi}{180^o}}\,\alpha = -K_{\mathrm{mech}}\alpha\,, \tag{4.58}$$

wobei der Drehwinkel α im Bogenmaß einzusetzen ist. Entsprechend der angegebenen Zahlenwerte berechnet sich K_{mech} zu

$$K_{\mathrm{mech}} = 3,183\,\mu\frac{\mathrm{Nm}}{\mathrm{rad}}\,. \tag{4.59}$$

Durch Einsetzen der oben berechneten Drehmomente in Gl. (4.52) erhält man folgende Differentialgleichung für den Ausschlagwinkel $\alpha(t)$

$$\ddot{\alpha} + \frac{K_{\mathrm{d}}}{\Theta}\,\dot{\alpha} + \underbrace{\frac{K_{\mathrm{mech}}}{\Theta}}_{\omega_0{}^2}\,\alpha = \frac{K_{\mathrm{el}}}{\Theta}\,i_{\mathrm{M}}\,. \tag{4.60}$$

Nach der Theorie linearer gewöhnlicher Differentialgleichungen mit konstanten Koeffizienten [3] ergibt sich die Gesamtlösung von Gl. (4.60) als Linearkombination der homogenen Lösung α_{h} und einer partikulären Lösung α_{p}

$$\alpha(t) = \alpha_{\mathrm{h}}(t) + \alpha_{\mathrm{p}}(t)\,. \tag{4.61}$$

Zur Berechnung der homogenen Lösung $\alpha_{\mathrm{h}}(t)$, die das Eigenverhalten des Drehspulinstrumentes beschreibt, wird der Ansatz

$$\alpha_{\mathrm{h}}(t) = Ce^{\lambda t} \tag{4.62}$$

in die homogene Differentialgleichung eingesetzt. Daraus folgt die charakteristische Gleichung (Eigenwertgleichung)

$$\lambda^2 + \frac{K_{\mathrm{d}}}{\Theta}\,\lambda + \frac{K_{\mathrm{mech}}}{\Theta} = 0\,. \tag{4.63}$$

Aus dieser quadratischen Gleichung ergibt sich die Lösungen für λ

$$\lambda_{1,2} = -\frac{K_{\mathrm{d}}}{2\Theta} \pm \sqrt{\left(\frac{K_{\mathrm{d}}}{2\Theta}\right)^2 - \frac{K_{\mathrm{mech}}}{\Theta}}\,. \tag{4.64}$$

Für den aperiodischen Grenzfall, der durch

$$\lambda_1 = \lambda_2 = \lambda \tag{4.65}$$

gekennzeichnet ist, erhält man die folgende Lösung der homogenen Differentialgleichung

$$\alpha_{\mathrm{h}}(t) = C_1 e^{\lambda t} + C_2 t e^{\lambda t}\,. \tag{4.66}$$

Aus Gl. (4.64) kann mit Gl. (4.65) die Beziehung für K_{d} abgeleitet werden

$$\left(\frac{K_{\mathrm{d}}}{2\Theta}\right)^2 = \frac{K_{\mathrm{mech}}}{\Theta} \Longrightarrow \quad K_{\mathrm{d}} = 2\sqrt{K_{\mathrm{mech}}\Theta}\,. \tag{4.67}$$

Durch Einsetzen von K_d ergibt sich für λ der Wert

$$\lambda = -\frac{K_\mathrm{d}}{2\Theta} = -\sqrt{\frac{K_\mathrm{mech}}{\Theta}} = -\omega_0 = -5,642\,\frac{1}{\mathrm{s}}\,. \tag{4.68}$$

Wird Gl. (4.67) in Gl. (4.57) eingesetzt, so können aus

$$\frac{(2l_\mathrm{B}B_\mathrm{L}r_\mathrm{R})^2}{R_\mathrm{R}} = 2\sqrt{K_\mathrm{mech}\Theta} \tag{4.69}$$

der Rahmenwiderstand R_R und der Rahmenquerschnitt A_R berechnet werden

$$R_\mathrm{R} = \frac{2(l_\mathrm{B}B_\mathrm{L}r_\mathrm{R})^2}{\sqrt{K_\mathrm{mech}\Theta}} = 9,77\,\mathrm{m}\Omega\,, \tag{4.70}$$

$$A_\mathrm{R} = \frac{l_\mathrm{W}}{\gamma_\mathrm{Al}R_\mathrm{R}} = 0,193\,\mathrm{mm}^2\,. \tag{4.71}$$

c) Da die Anregungsfunktion $i_\mathrm{M}(t) = I_\mathrm{o}\,\sigma(t)$ für $t > 0$ konstant ist, wird für $\alpha_\mathrm{p}(t)$ der Ansatz

$$\alpha_\mathrm{p}(t) = C_3 \tag{4.72}$$

gewählt, der durch Einsetzen in Gl. (4.60) zu der Bestimmungsgleichung für C_3 führt

$$\frac{K_\mathrm{mech}}{\Theta}\,C_3 = \frac{K_\mathrm{el}}{\Theta}\,I_\mathrm{o} \Longrightarrow \qquad C_3 = \frac{K_\mathrm{el}}{K_\mathrm{mech}}\,I_\mathrm{o}\,. \tag{4.73}$$

Aus Gl. (4.61) ergibt sich nun mit den Gln. (4.66) und (4.72) folgende allgemeine Lösung für $\alpha(t)$

$$\alpha(t) = \frac{K_\mathrm{el}}{K_\mathrm{mech}}\,I_\mathrm{o} + C_1 e^{\lambda t} + C_2 t e^{\lambda t}\,. \tag{4.74}$$

Die Konstanten C_1 und C_2 werden aus den Anfangsbedingungen $\alpha(0) = 0$ und $\dot{\alpha}(0) = 0$ berechnet

$$\alpha(0) = 0 = \frac{K_\mathrm{el}}{K_\mathrm{mech}}\,I_\mathrm{o} + C_1 \Longrightarrow C_1 = -\frac{K_\mathrm{el}}{K_\mathrm{mech}}\,I_\mathrm{o}\,, \tag{4.75}$$

$$\dot{\alpha}(0) = 0 = C_1\lambda + C_2 \qquad \Longrightarrow C_2 = \frac{K_\mathrm{el}}{K_\mathrm{mech}}\,I_\mathrm{o}\lambda\,. \tag{4.76}$$

Mit den so ermittelten Konstanten folgt aus Gl. (4.74) die endgültige Lösung

$$\alpha(t) = \frac{K_\mathrm{el}}{K_\mathrm{mech}}\,I_\mathrm{o}\left(1 - e^{\lambda t}(1 - \lambda t)\right)\,. \tag{4.77}$$

Abbildung 4.8 zeigt den entsprechenden auf α_∞ (Gl. (4.78)) normierten Zeigerausschlag $\alpha(t)$.

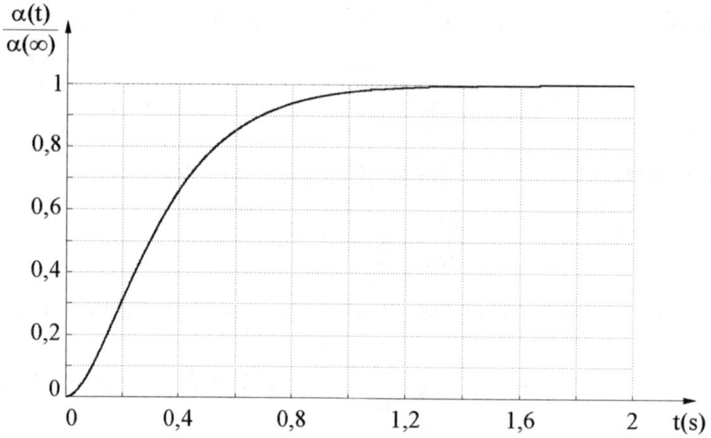

Abb. 4.8. Normierter Zeitverlauf des Zeigerausschlagwinkels $\alpha(t)$

d) Unter Verwendung des Endausschlages α_∞

$$\lim_{t\to\infty} \alpha(t) = \frac{K_{\mathrm{el}}}{K_{\mathrm{mech}}} I_{\mathrm{o}} = \alpha_\infty \tag{4.78}$$

kann folgende Bestimmungsgleichung für $t_{1\%}$ angegeben werden

$$\frac{\alpha_\infty - \alpha(t_{1\%})}{\alpha_\infty} = 0,01\,. \tag{4.79}$$

Durch Einsetzen von $\alpha(t)$ in Gl. (4.79) erhält man folgende nicht-lineare Gleichung

$$1 - [1 - e^{\lambda t_{1\%}}(1 - \lambda t_{1\%})] = 0,01\,, \tag{4.80}$$

die mit Hilfe des Newton-Verfahrens [9] gelöst werden kann. Aus

$$t_{n+1} = t_n - \frac{e^{\lambda t_n}(1-\lambda t_n) - 0,01}{\lambda e^{\lambda t_n}(1-\lambda t_n) - \lambda e^{\lambda t_n}} \tag{4.81}$$

$$= t_n - \frac{e^{\lambda t_n}(1-\lambda t_n) - 0,01}{-\lambda^2 t_n e^{\lambda t_n}} \tag{4.82}$$

ergibt sich für einen Startwert $t_{1\%} = 1\,s$ nach $n = 5$ Iterationsschritten folgender Näherungswert für $t_{1\%}$

$$t_{1\%} = 1,18\,s\,. \tag{4.83}$$

e) Da sich jede periodische Funktion $f(t)$ durch eine Fourierreihe (Gl. 4.34) darstellen läßt

$$f(t) = A_0 + \sum_{n=1}^{\infty} A_n \sin(n\omega t + \varphi_n)\,, \tag{4.84}$$

und das Verhalten des Drehspulinstrumentes durch eine lineare Differentialgleichung beschrieben wird, kann in weiterer Folge die komplexe Rechnung verwendet werden. Notiert man den Strom i_M durch das Meßwerk sowie den Ausschlagwinkel α in Form komplexer Zeiger

$$\underline{I}_\mathrm{M} = \hat{I}_1 e^{j\omega t} \tag{4.85}$$

$$\underline{\alpha} = \underline{\hat{\alpha}}_1 e^{j\omega t} \tag{4.86}$$

(wobei hier ohne Beschränkung der Allgemeinheit der komplexe Zeiger für den Strom $\underline{I}_\mathrm{M}$ auf die reelle Achse gelegt wurde), ergibt sich durch Einsetzen in die Differentialgleichung (Gl. (4.60))

$$\underline{\hat{\alpha}}_1 (j\omega)^2 e^{j\omega t} + \frac{K_\mathrm{d}}{\Theta}\,\underline{\hat{\alpha}}_1 j\omega e^{j\omega t} + \frac{K_\mathrm{mech}}{\Theta}\,\underline{\hat{\alpha}}_1 e^{j\omega t} = \frac{K_\mathrm{el}}{\Theta}\,\hat{I}_1 e^{j\omega t}\,. \tag{4.87}$$

Diese Gleichung liefert den Zusammenhang zwischen Stromamplitude $\hat{I}_1$ und Ausschlagwinkelamplitude $\underline{\hat{\alpha}}_1$

$$\frac{\underline{\hat{\alpha}}_1}{\hat{I}_1} = \frac{K_\mathrm{el}}{\Theta}\,\frac{1}{(j\omega)^2 + \frac{K_\mathrm{d}}{\Theta}\,j\omega + \frac{K_\mathrm{mech}}{\Theta}}\,. \tag{4.88}$$

Wenn man nun Gl. (4.88) auf $\alpha_\infty / I_\mathrm{o} = K_\mathrm{el}/K_\mathrm{mech}$ (Verhältnis von Ausschlagwinkel zu fließendem Strom für $t \to \infty$) normiert, ergibt sich der Frequenzgang

$$\begin{aligned} \underline{G}(\omega) &= \frac{\frac{\underline{\hat{\alpha}}_1}{\hat{I}_1}}{\frac{\alpha_\infty}{I_\mathrm{o}}} = \frac{K_\mathrm{mech}}{K_\mathrm{el}}\,\frac{K_\mathrm{el}}{\Theta}\,\frac{1}{(j\omega)^2 + \frac{K_\mathrm{d}}{\Theta}\,j\omega + \frac{K_\mathrm{mech}}{\Theta}} \\ &= \frac{1}{(j\omega)^2\,\frac{\Theta}{K_\mathrm{mech}} + j\omega\,\frac{K_\mathrm{d}}{K_\mathrm{mech}} + 1}\,. \end{aligned} \tag{4.89}$$

Unter Zuhilfenahme von Gl. (4.68) und

$$\frac{\Theta}{K_\mathrm{mech}} = \frac{1}{{\omega_0}^2} \text{und} \frac{K_\mathrm{d}}{K_\mathrm{mech}} = 2\sqrt{\frac{\Theta}{K_\mathrm{mech}}} = \frac{2}{\omega_0} \tag{4.90}$$

läßt sich der Frequenzgang $\underline{G}(\omega)$ aus Gl. (4.89) wie folgt darstellen

$$\underline{G}(\omega) = \frac{1}{\left(\frac{j\omega}{\omega_0}\right)^2 + 2\,\frac{j\omega}{\omega_0} + 1} = \frac{1}{\left(\frac{j\omega}{\omega_0} + 1\right)^2}\,. \tag{4.91}$$

Im weiteren interessiert uns nur noch der Amplitudenfrequenzgang

$$|\underline{G}(\omega)| = \frac{1}{\left(\frac{\omega}{\omega_0}\right)^2 + 1}\,, \tag{4.92}$$

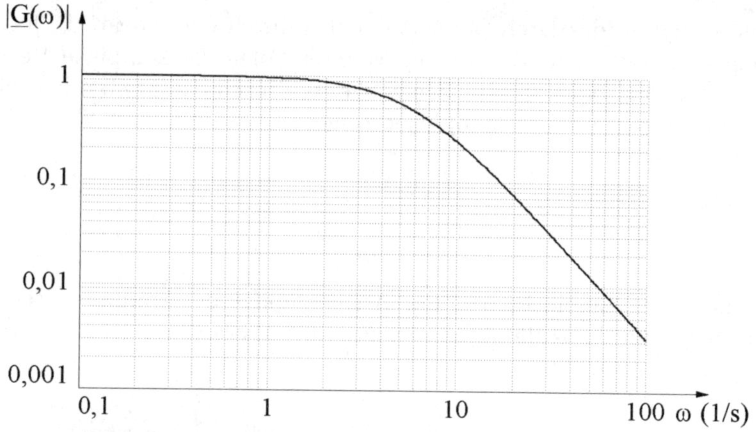

Abb. 4.9. Amplitudenfrequenzgang $|\underline{G}(\omega)|$ eines aperiodisch gedämpften Drehspulmeßwerkes

der in Abb. 4.9 dargestellt ist.
Im Amplitudenfrequenzgang können die folgenden zwei Bereiche unterschieden werden

$$\omega \ll \omega_0 \Longrightarrow \qquad |\underline{G}(\omega)| \approx 1 \tag{4.93}$$

$$\omega \gg \omega_0 \Longrightarrow \qquad |\underline{G}(\omega)| \approx \frac{1}{\left(\frac{\omega}{\omega_0}\right)^2} \,. \tag{4.94}$$

Der erste Bereich (Gl. (4.93)) ist für alle niederfrequenten Anteile des Eingangsstromes relevant, also speziell auch für seinen Gleichanteil. Der zweite Bereich (Gl. (4.94)) ist für die höherfrequenten Anteile des Meßwerkstromes bestimmend, und wie folgendes Zahlenbeispiel für ein 50 Hz Signal zeigt

$$|\underline{G}(2\pi\, 50)| = 32 \cdot 10^{-5} \,, \tag{4.95}$$

ist für dieses System die Netzfrequenz von 50 Hz bereits eine Hochfrequenz. Das Beispiel läßt erkennen, daß für den Zeigerausschlag α nur der Gleichanteil des Meßwerkstromes relevant ist und die Grundwelle und alle Oberwellen aufgrund ihrer starken Unterdrückung zu vernachlässigen sind.

Beispiel 4.2: *Elektrodynamisches Meßwerk*

Folgende Daten eines elektrodynamischen Meßwerkes nach Abb. 4.10 sind gegeben:

$\mu_r = 6000$ relative Permeabilität des lamellierten Eisens
$a = 6\,\mathrm{cm}$
$b = 2\,\mathrm{cm}$
$c = 12\,\mathrm{cm}$
$l = 2\,\mathrm{cm}$
$r_1 = 1\,\mathrm{cm}$
$\delta = 0,2\,\mathrm{cm}$

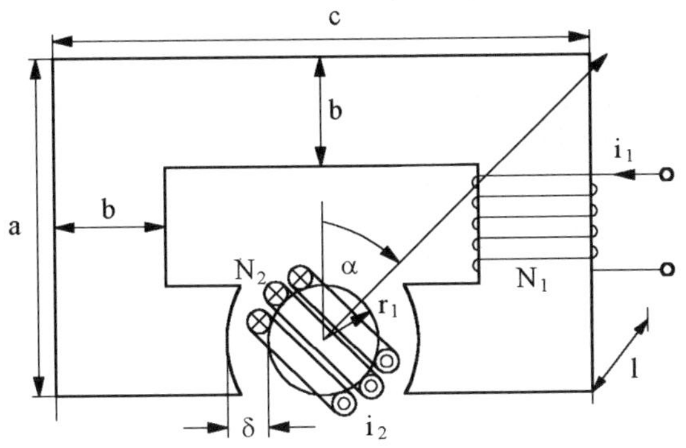

Abb. 4.10. Aufbau und Abmessungen des elektrodynamischen Meßwerkes

a) Konstruieren Sie das magnetische Feldbild des elektrodynamischen Meßwerkes unter Vernachlässigung von Streufeldern. Die Rückwirkung aufgrund der Wicklung am Drehzylinder soll dabei unberücksichtigt bleiben.
b) Berechnen Sie das magnetische Ersatzschaltbild für das elektrodynamische Meßwerk.
c) Berechnen Sie den Ausschlagwinkel α, wenn die feststehende Spule mit dem Strom $i_1 = \hat{I}_1 \sin(\omega t)$ und die bewegliche Spule mit dem Strom $i_2 = \hat{I}_2 \sin(\omega t - \varphi)$ gespeist werden und folgende Daten gegeben sind:

K_{mech}	$= 2\,\mu\mathrm{Nm/rad}$	Drehfederkonstante des Rückstellmomentes
$\hat{I}_1$	$= 1\,\mathrm{A}$	Scheitelwert des Stromes i_1
$\hat{I}_2$	$= 10\,\mathrm{mA}$	Scheitelwert des Stromes i_2
φ	$= 30^o$	Phasendifferenz zwischen i_1 und i_2
N_1	$= 200$	Anzahl der Windungen der Spule 1
N_2	$= 200$	Anzahl der Windungen der Spule 2

Musterlösung:

a) Aus den in Abschn. 4.1 für das magnetische Feld abgeleiteten Stetigkeitsbedingungen kann der Winkel α_2, unter dem die magnetischen $\vec{B}$-Linien aus der Grenzfläche austreten, entsprechend Abb. 4.11 berechnet werden.

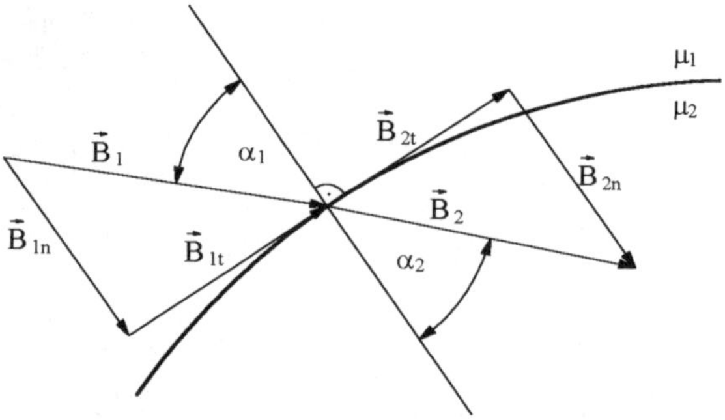

Abb. 4.11. Flußdichteverlauf $\vec{B}$ beim Übergang vom Medium mit der Permeabilität μ_1 zum Medium mit der Permeabilität μ_2

$$\tan \alpha_1 = \frac{B_{1t}}{B_{1n}} \tag{4.96}$$

$$\tan \alpha_2 = \frac{B_{2t}}{B_{2n}} \tag{4.97}$$

$$\frac{\tan \alpha_2}{\tan \alpha_1} = \frac{B_{2t}}{B_{2n}} \frac{B_{1n}}{B_{1t}} = \frac{B_{2t}}{B_{1t}} = \frac{\mu_2 H_{2t}}{\mu_1 H_{1t}} = \frac{\mu_2}{\mu_1} \tag{4.98}$$

$$\alpha_2 = \arctan\left(\frac{\mu_2}{\mu_1} \tan \alpha_1\right) . \tag{4.99}$$

Mit Gl. (4.99) erhält man nun für die *mittlere Feldlinie* $\vec{B}_m$ (Abb. 4.12) bei

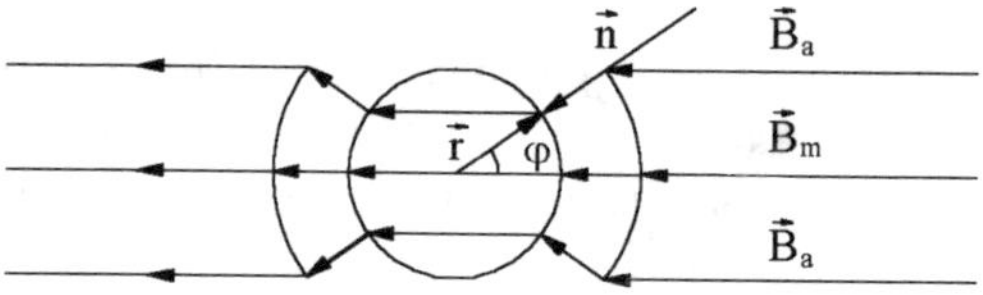

Abb. 4.12. Feldlinienverlauf im Meßwerk zwischen Joch und Drehzylinder

einem Eintrittswinkel von $\alpha_1 = 0$ auch einen Austrittswinkel von $\alpha_2 = 0$. Damit geht die mittlere Feldlinie ungebrochen vom Joch über den Luftspalt zum Drehzylinder und von dort wieder über den Luftspalt ins Joch.

Für eine *äußere Feldlinie* $\vec{B}_a$ gilt es zunächst den Normalenvektor $\vec{n}$ sowie den Einheitsnormalenvektor $\vec{e}_n$ aufzustellen

$$\vec{n} = -r \cos\varphi\, \vec{e}_x - r \sin\varphi\, \vec{e}_y \tag{4.100}$$

$$\vec{e}_n = -\cos\varphi\, \vec{e}_x - \sin\varphi\, \vec{e}_y . \tag{4.101}$$

Mit dem Einheitsvektor $\vec{e}_{Ba}$ der magnetischen Flußdichte

$$\vec{e}_{\mathrm{Ba}} = -\vec{e}_{\mathrm{x}} \tag{4.102}$$

berechnet sich der Eintrittswinkel α_1 mit Hilfe des *inneren Produktes*

$$\alpha_1 = \arccos(\vec{e}_{\mathrm{n}} \cdot \vec{e}_{\mathrm{Ba}}) = \varphi \tag{4.103}$$

zu

$$\varphi = \arcsin \frac{b}{2(r_1 + \delta)} = 56{,}44^\circ\,. \tag{4.104}$$

Mit Gl. (4.99) erhält man

$$\alpha_2 = \arctan\left(\frac{\mu_2}{\mu_1}\tan\alpha_1\right) = 0{,}0144^\circ\,. \tag{4.105}$$

Damit verläuft die magnetische Feldlinie im Luftspalt näherungsweise entlang

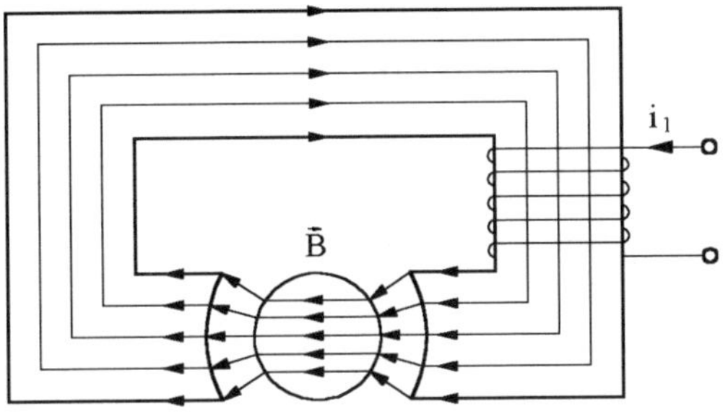

Abb. 4.13. Feldlinienverlauf im Meßwerk

dem Normalenvektor. Beim Eintritt in den Drehzylinder ist der Sachverhalt genau umgekehrt, womit sich der Feldlinienverlauf nach Abb. 4.13 ergibt.

b) Der Magnetkreis des elektrodynamischen Meßwerkes wird in die drei Abschnitte *Joch*, *Luftspalt* und *Drehzylinder* unterteilt, woraus das Ersatzschaltbild nach Abb. 4.14 resultiert. Der magnetische Widerstand R_{m1} des Joches

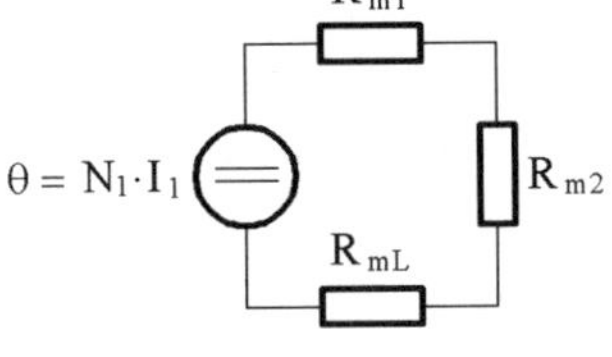

Abb. 4.14. Magnetisches Netzwerk des Meßwerkes

berechnet sich mit der mittleren Länge l_1 des Feldlinienweges

$$l_1 = 2\frac{a + (a - 2b)}{2} + \frac{2c - 2b}{2} + \frac{c - 2(r_1 + \delta) + (c - 2(r_1 + \delta) - 2b)}{2}$$

$$= 25,6 \cdot 10^{-2}\ \mathrm{m} \tag{4.106}$$

und der Querschnittsfläche des Joches $A_1 = bl = 4 \cdot 10^{-4}\,\mathrm{m}^2$ zu

$$R_{\mathrm{m1}} = \frac{l_1}{\mu_0 \mu_{\mathrm{rFe}} A_1} = 0,849 \cdot 10^5\,\frac{\mathrm{A}}{\mathrm{Vs}}\,. \tag{4.107}$$

Mit der mittleren Querschnittsfläche A_{L} des Luftspaltes

$$A_{\mathrm{L}} = 2\varphi\left(r_1 + \frac{\delta}{2}\right) l = 4,334 \cdot 10^{-4}\,\mathrm{m}^2 \tag{4.108}$$

ergibt sich der magnetische Widerstand R_{mL} im Luftspalt nach folgender Gleichung

$$R_{\mathrm{mL}} = \frac{2\delta}{\mu_0 A_L} = 73,44 \cdot 10^5\,\frac{\mathrm{A}}{\mathrm{Vs}}\,. \tag{4.109}$$

Im Drehzylinder ist der mittlere magnetische Weg l_2 durch Mittelung über den Winkelbereich 2φ gegeben

$$l_2 = \frac{1}{2\varphi}\int_{90-\varphi}^{90+\varphi} 2r_1 \sin\alpha d\alpha$$

$$= \frac{r_1}{\varphi}[\cos(90 - \varphi) - \cos(90 + \varphi)] = \frac{2r_1 \sin\varphi}{\varphi}\,. \tag{4.110}$$

Damit hat der magnetische Widerstand R_{m2} mit der Querschnittsfläche A_2

$$A_2 = 2lr_1 \sin\varphi \tag{4.111}$$

den Wert

$$R_{\mathrm{m2}} = \frac{l_2}{\mu_0 \mu_{\mathrm{rFe}} A_2} = \frac{1}{\mu_0 \mu_{\mathrm{rFe}} l\varphi} = 0,0673 \cdot 10^5\,\frac{\mathrm{A}}{\mathrm{Vs}}\,. \tag{4.112}$$

Man erkennt aus den berechneten Zahlenwerten, daß der gesamte magnetische Widerstand

$$R_{\mathrm{mges}} = R_{\mathrm{m1}} + R_{\mathrm{mL}} + R_{\mathrm{m2}} \tag{4.113}$$

näherungsweise jenem des Luftspaltes entspricht.

c) Die magnetische Flußdichte B_{L} im Luftspalt berechnet sich daher näherungsweise (der gesamte magnetische Widerstand wird durch jenen im Luftspalt ersetzt) zu

$$B_{\mathrm{L}} = \frac{\phi}{A_{\mathrm{L}}} = \frac{\Theta}{R_{\mathrm{mges}} A_{\mathrm{L}}}$$

$$\approx \frac{N_1 i_1}{\frac{2\delta}{\mu_0 A_{\mathrm{L}}} A_{\mathrm{L}}} = \mu_0 \frac{N_1 i_1}{2\delta}\,. \tag{4.114}$$

Mit Abb. 4.15 und Gl. (4.3) berechnet sich die Kraft $\vec{F}$ auf einen einzelnen, vom Strom i_2 durchflossenen Leiter am Drehzylinder

$$\vec{F} = i_2(\vec{l} \times \vec{B}_\mathrm{L}) = i_2 l B_\mathrm{L}(-\vec{e_\mathrm{z}} \times -\vec{e_\mathrm{r}}) = i_2 l B_\mathrm{L} \vec{e_\varphi}\,. \tag{4.115}$$

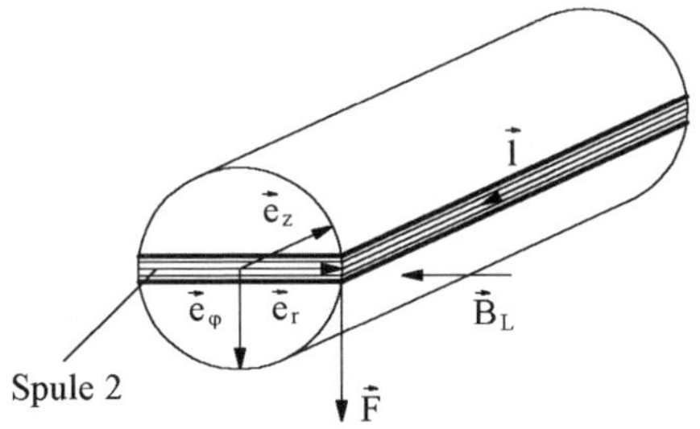

Abb. 4.15. Drehzylinder des Meßwerkes

Das gesamte elektrische Drehmoment $\vec{M}_\mathrm{el}(t)$ beträgt demnach

$$\vec{M}_\mathrm{el}(t) = 2N_2\vec{r_1} \times \vec{F} = 2N_2 r_1 i_2 l B_\mathrm{L} \underbrace{(\vec{e_\mathrm{r}} \times \vec{e_\varphi})}_{\vec{e_\mathrm{z}}}$$

$$= 2\mu_0 \frac{r_1 l}{2\delta} N_1 N_2 i_1 i_2\, \vec{e_\mathrm{z}} = k\hat{I}_1\hat{I}_2 \underbrace{\sin(\omega t)\sin(\omega t - \varphi)}_{\frac{1}{2}(\cos\varphi - \cos(2\omega t - \varphi))}\, \vec{e_\mathrm{z}}\,. \tag{4.116}$$

Aufgrund der Trägheit des Meßwerkes erfolgt eine zeitliche Mittelung, bei welcher der zeitabhängige Term $\cos(2\omega t - \varphi)$ Null wird. Mit dem von der Feder erzeugten Gegendrehmoment

$$\vec{M}_\mathrm{mech} = -\alpha K_\mathrm{mech}\, \vec{e_\mathrm{z}} \tag{4.117}$$

und der Momentengleichung

$$\vec{M}_\mathrm{el} + \vec{M}_\mathrm{mech} = 0 \tag{4.118}$$

ergibt sich der gesuchte Ausschlagwinkel α zu

$$\alpha = 2\mu_0 \frac{r_1 l}{2\delta K_\mathrm{mech}} N_1 N_2 I_\mathrm{1eff} I_\mathrm{2eff} \cos\varphi = 10{,}88^\circ\,. \tag{4.119}$$

4.5 Vielfachmeßgeräte

Beispiel 4.3: *Dimensionierung eines Vielfachmeßgerätes*

Das Vielfachmeßgerät soll die in Abb. 4.16 angegebenen Meßbereiche aufweisen. Das zur Anzeige verwendete Drehspulinstrument hat einen Eingangswiderstand $R_\mathrm{M} = 200\,\Omega$ und einen Strom bei Endausschlag von $I_\mathrm{Mend} = 0{,}1\,\mathrm{mA}$.

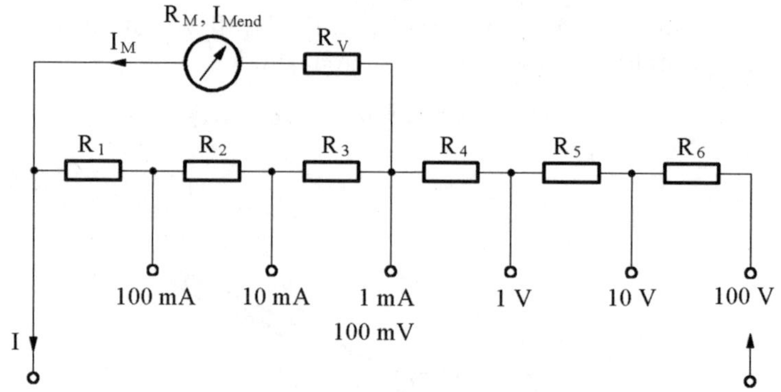

Abb. 4.16. Schaltung des Vielfachmeßgerätes

a) Berechnen Sie R_1 bis R_6 und R_V nach Betrag und Leistung (Belastbarkeit).
b) Welche Eingangswiderstände (R_{E2} und R_{E3}) hat das Meßgerät im 10 mA- und 100 mA-Bereich? Wie groß ist R'_{Vber} dieses Meßgerätes?
c) Welche genormte Genauigkeitsklasse hat dieses Meßgerät im 100 mA-Bereich, wenn die unter Punkt a) berechneten Widerstände eine Toleranz von 0,5 % besitzen?

Musterlösung:

a) Mit der Abkürzung $R_{Pges} = R_1 + R_2 + R_3$ folgt mit Gl. (4.27) für den 1 mA-Bereich

$$\frac{R_M + R_V}{R_{Pges}} = \frac{1\,\text{mA} - I_{Mend}}{I_{Mend}} = 9\,. \tag{4.120}$$

Unter Berücksichtigung des sich im 1 mA- bzw. 100 mV-Bereich ergebenden Eingangswiderstandes

$$R_{E1} = \frac{100\,\text{mV}}{1\,\text{mA}} = 100\,\Omega \tag{4.121}$$

folgt aus

$$\frac{(R_M + R_V)R_{Pges}}{R_M + R_V + R_{Pges}} = R_{E1} \tag{4.122}$$

mit $R_M + R_V = 9R_{Pges}$ (Gl. (4.120)) folgende Bestimmungsgleichung für den Widerstand R_V

$$R_V = 10R_{E1} - R_M = 800\,\Omega\,. \tag{4.123}$$

Da durch R_V maximal der Strom I_{Mend} fließt, muß er für folgende Leistung ausgelegt werden

$$P_{RV} = I_{Mend}^2 R_V = 8\,\mu\text{W}\,. \tag{4.124}$$

Der Widerstand R_{Pges} folgt aus Gl. (4.120)

$$R_{\mathrm{Pges}} = \frac{R_{\mathrm{M}} + R_{\mathrm{V}}}{9} = 111{,}11\,\Omega\,. \tag{4.125}$$

Aus der für den 10 mA-Bereich geltenden Gleichung

$$\frac{R_{\mathrm{M}} + R_{\mathrm{V}} + R_3}{R_{\mathrm{Pges}} - R_3} = \frac{10\,\mathrm{mA} - I_{\mathrm{Mend}}}{I_{\mathrm{Mend}}} = 99 \tag{4.126}$$

berechnet sich der Widerstand R_3 zu

$$R_3 = \frac{99 R_{\mathrm{Pges}} - R_{\mathrm{M}} - R_{\mathrm{V}}}{100} = \frac{R_{\mathrm{M}} + R_{\mathrm{V}}}{10} = 100\,\Omega\,. \tag{4.127}$$

Der durch R_3 fließende Strom wird im 1 mA-Bereich bei Endausschlag maximal und führt auf die, zur Dimensionierung von R_3 benötigte Verlustleistung

$$P_{\mathrm{R3}} = (1\,\mathrm{mA} - I_{\mathrm{Mend}})^2 R_3 = 81\,\mu\mathrm{W}\,. \tag{4.128}$$

Zur Berechnung der beiden Widerstände R_1 und R_2 wird jetzt der 100 mA-Bereich herangezogen. Aus

$$\frac{R_{\mathrm{M}} + R_{\mathrm{V}} + R_{\mathrm{Pges}} - R_1}{R_1} = \frac{100\,\mathrm{mA} - I_{\mathrm{Mend}}}{I_{\mathrm{Mend}}} = 999 \tag{4.129}$$

ergeben sich R_1 und R_2 entsprechend den bei der Dimensionierung von R_3 angestellten Überlegungen zu

$$R_1 = 1{,}111\,\Omega P_{\mathrm{R1}} = (100\,\mathrm{mA} - I_{\mathrm{Mend}})^2 R_1 = 11{,}1\,\mathrm{mW}\,, \tag{4.130}$$

$$R_2 = R_{\mathrm{Pges}} - R_1 - R_3 = 10\,\Omega P_{\mathrm{R2}} = 0{,}98\,\mathrm{mW}\,. \tag{4.131}$$

In den Spannungsmeßbereichen muß bei Endausschlag ein Eingangsstrom von $I_{\mathrm{EU}} = 1\,\mathrm{mA}$ fließen (Abb. 4.16). Damit berechnen sich die Vorwiderstände und deren Verlustleistungen zu

$$R_4 = \frac{1\,\mathrm{V} - 100\,\mathrm{mV}}{I_{\mathrm{EU}}} = 900\,\Omega P_{\mathrm{R4}} = I_{\mathrm{EU}}^2 R_4 = 0{,}9\,\mathrm{mW}\,, \tag{4.132}$$

$$R_5 = \frac{10\,\mathrm{V} - 1\,\mathrm{V}}{I_{\mathrm{EU}}} = 9\,\mathrm{k}\Omega P_{\mathrm{R5}} = I_{\mathrm{EU}}^2 R_5 = 9\,\mathrm{mW}\,, \tag{4.133}$$

$$R_6 = \frac{100\,\mathrm{V} - 10\,\mathrm{V}}{I_{\mathrm{EU}}} = 90\,\mathrm{k}\Omega P_{\mathrm{R6}} = I_{\mathrm{EU}}^2 R_6 = 90\,\mathrm{mW}\,. \tag{4.134}$$

b) Die Eingangswiderstände für die Strombereichserweiterung folgen auf elementare Weise zu

$$R_{\mathrm{E2}} = \frac{(R_{\mathrm{M}} + R_{\mathrm{V}} + R_3)(R_1 + R_2)}{R_{\mathrm{M}} + R_{\mathrm{V}} + R_{\mathrm{Pges}}} = 11\,\Omega\,, \tag{4.135}$$

$$R_{\mathrm{E3}} = \frac{(R_{\mathrm{M}} + R_{\mathrm{V}} + R_3 + R_2)R_1}{R_{\mathrm{M}} + R_{\mathrm{V}} + R_{\mathrm{Pges}}} = 1{,}11\,\Omega\,. \tag{4.136}$$

Mit Gl. (4.30) und dem für den Endausschlag notwendigen Eingangsstrom $I_{\mathrm{EU}} = 1\,\mathrm{mA}$ ergibt sich

$$R'_{\mathrm{Vber}} = \frac{1}{I_{\mathrm{EU}}} = 1\,\frac{\mathrm{k}\Omega}{\mathrm{V}}\,. \tag{4.137}$$

c) Aus dem im 100 mA-Bereich durch das Meßwerk fließenden Strom I_{M}

$$I_{\mathrm{M}} = I_{\mathrm{E}} \frac{R_1}{R_{\mathrm{M}} + R_{\mathrm{V}} + R_1 + R_2 + R_3} \tag{4.138}$$

folgt für dI_{M} der Zusammenhang

$$dI_{\mathrm{M}} = I_{\mathrm{E}} \left(\frac{R_{\mathrm{M}} + R_{\mathrm{V}} + R_2 + R_3}{(R_{\mathrm{M}} + R_{\mathrm{V}} + R_{\mathrm{Pges}})^2}\, dR_1 - \frac{R_1}{(R_{\mathrm{M}} + R_{\mathrm{V}} + R_{\mathrm{Pges}})^2}\, dR_2 \right.$$
$$\left. - \frac{R_1}{(R_{\mathrm{M}} + R_{\mathrm{V}} + R_{\mathrm{Pges}})^2}\, dR_3 - \frac{R_1}{(R_{\mathrm{M}} + R_{\mathrm{V}} + R_{\mathrm{Pges}})^2}\, dR_{\mathrm{V}} \right). \tag{4.139}$$

Der relative Fehler berechnet sich aus $f_{\mathrm{IM}} = \frac{dI_{\mathrm{M}}}{I_{\mathrm{M}}}$ zu

$$f_{\mathrm{IM}} = \frac{R_{\mathrm{M}} + R_{\mathrm{V}} + R_2 + R_3}{R_{\mathrm{M}} + R_{\mathrm{V}} + R_{\mathrm{Pges}}}\, f_{\mathrm{R1}} - \frac{R_2}{R_{\mathrm{M}} + R_{\mathrm{V}} + R_{\mathrm{Pges}}}\, f_{\mathrm{R2}}$$
$$- \frac{R_3}{R_{\mathrm{M}} + R_{\mathrm{V}} + R_{\mathrm{Pges}}}\, f_{\mathrm{R3}} - \frac{R_{\mathrm{V}}}{R_{\mathrm{M}} + R_{\mathrm{V}} + R_{\mathrm{Pges}}}\, f_{\mathrm{RV}}\,. \tag{4.140}$$

Zur Bestimmung der Genauigkeitsklasse muß der schlechteste Fall herangezogen werden. Weil die Vorzeichen der relativen Fehler nicht bekannt sind, folgt daher der maximale relative Fehler des Meßwerkstromes aus der Summe ihrer Beträge

$$|f_{\mathrm{IM}}|_{\max} = \frac{R_{\mathrm{M}} + R_{\mathrm{V}} + R_2 + R_3}{R_{\mathrm{M}} + R_{\mathrm{V}} + R_{\mathrm{Pges}}}\, |f_{\mathrm{R1}}|_{\max} + \frac{R_2}{R_{\mathrm{M}} + R_{\mathrm{V}} + R_{\mathrm{Pges}}}\, |f_{\mathrm{R2}}|_{\max}$$
$$+ \frac{R_3}{R_{\mathrm{M}} + R_{\mathrm{V}} + R_{\mathrm{Pges}}}\, |f_{\mathrm{R3}}|_{\max} + \frac{R_{\mathrm{V}}}{R_{\mathrm{M}} + R_{\mathrm{V}} + R_{\mathrm{Pges}}}\, |f_{\mathrm{RV}}|_{\max}$$
$$= 0{,}5\,\% + 0{,}0045\,\% + 0{,}045\,\% + 0{,}36\,\% = 0{,}91\%\,. \tag{4.141}$$

Die nächsthöhere genormte Genauigkeitsklasse ist

$$G = 1\,\%\,. \tag{4.142}$$

Aufgabe 4.1: *Stromvielfachmeßgerät*

Abbildung 4.17 zeigt die Schaltung eines Strommeßgerätes mit drei Meßbereichen.

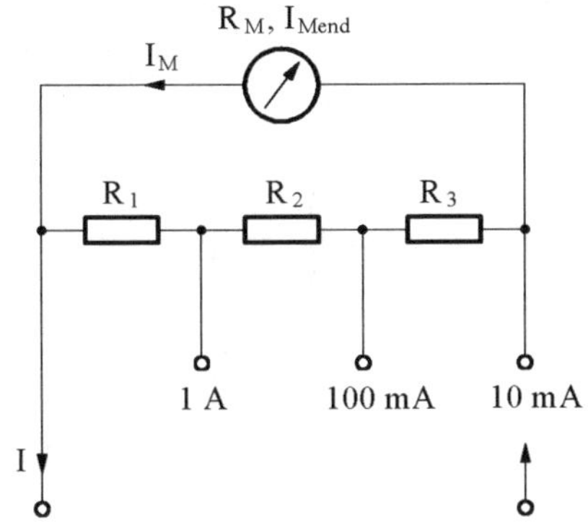

Abb. 4.17. Schaltung des Stromvielfachmeßgerätes

a) Berechnen Sie die Widerstandswerte R_1, R_2 und R_3 für $R_\mathrm{M} = 100\,\Omega$ und $I_\mathrm{Mend} = 2\,\mathrm{mA}$ derart, daß das Strommeßgerät die in Abb. 4.17 angegebenen Meßbereiche hat.
b) Für welche maximalen Verlustleistungen müssen R_1, R_2 und R_3 dimensioniert werden?
c) Welche genormte Genauigkeitsklasse hat das Meßgerät im 1 A-Bereich, wenn die Widerstände R_1, R_2 und R_3 eine Toleranz von 1 % aufweisen?

Lösung:

a) $R_1 = 0,25\,\Omega$, $R_2 = 2,25\,\Omega$, $R_3 = 22,5\,\Omega$
b) $P_\mathrm{R1} = 0,25\,\mathrm{W}$, $P_\mathrm{R2} = 0,022\,\mathrm{W}$, $P_\mathrm{R3} = 1,4\,\mathrm{mW}$
c) $G = 1,5\,\%$.

4.6 Messung von Wechselstrom und Wechselspannung

Beispiel 4.4: *Messung einer Rechteckspannung*

Von der in Abb. 4.18 dargestellten Rechteckschwingung sollen u_1, u_2 und $T_\mathrm{E}/T_\mathrm{A}$ bestimmt werden. Es stehen für diese Messung nur ein Drehspulspannungsmeßgerät und ein Dreheisenspannungsmeßgerät zur Verfügung. Das Drehspulspannungsmeßgerät besitzt einen Gleich- und einen Wechselspannungsmeßbereich. Der Wechselspannungsmeßbereich wird durch Vorschalten eines Spitzenwertgleichrichters (es wird der positive Spitzenwert gemessen) realisiert. Bei zeitlich sinusförmigem Verlauf wird der Effektivwert angezeigt.

Berechnen Sie die Spannungen u_1, u_2 sowie das Tastverhältnis $v = T_\mathrm{E}/T_\mathrm{A}$ für folgende Meßwerte:

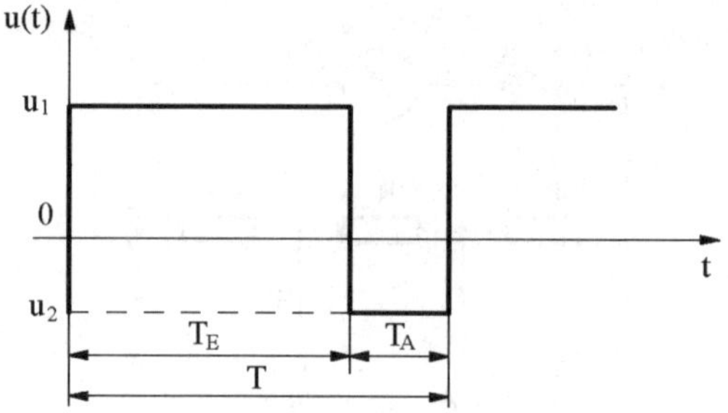

Abb. 4.18. Zeitlicher Verlauf der Rechteckspannung

Drehspulinstrument:
Anzeige im Gleichspannungsbereich: $U_{\mathrm{DS}-} = 3\,\mathrm{V}$
Anzeige im Wechselspannungsbereich: $U_{\mathrm{DS}\sim} = 2,828\,\mathrm{V}$

Dreheiseninstrument:
Anzeige: $U_{\mathrm{DE}} = 3,606\,\mathrm{V}$

Musterlösung:

Da beim Drehspulinstrument im Wechselspannungsbereich der Scheitelfaktor $\mathrm{C} = \sqrt{2}$ (für den Sinusverlauf) einkalibriert wurde, folgt für u_1

$$u_1 = \sqrt{2} U_{\mathrm{DS}\sim} = 4\,\mathrm{V}\,. \tag{4.143}$$

Die Anzeige $U_{\mathrm{DS}-}$ des Drehspulinstrumentes im Gleichspannungsbereich (arithmetischer Mittelwert der Eingangsspannung)

$$U_{\mathrm{DS}-} = \frac{1}{T_\mathrm{E} + T_\mathrm{A}} \left(u_1 T_\mathrm{E} + u_2 T_\mathrm{A} \right) = u_1 \frac{1}{1 + \frac{T_\mathrm{A}}{T_\mathrm{E}}} + u_2 \frac{1}{1 + \frac{T_\mathrm{E}}{T_\mathrm{A}}} \tag{4.144}$$

läßt sich mit Hilfe des Tastverhältnisses v folgendermaßen angeben

$$U_{\mathrm{DS}-} = u_1 \frac{1}{1 + \frac{1}{v}} + u_2 \frac{1}{1 + v} = u_1 \frac{v}{1 + v} + u_2 \frac{1}{1 + v}\,. \tag{4.145}$$

Damit berechnet sich das Tastverhältnis v zu

$$v = \frac{u_2 - U_{\mathrm{DS}-}}{U_{\mathrm{DS}-} - u_1}\,. \tag{4.146}$$

Aus dem vom Dreheiseninstrument angezeigten Effektivwert

$$U_{\mathrm{DE}} = \sqrt{\frac{1}{T} \int_0^T u(t)^2 \, dt} = \sqrt{\frac{1}{T_\mathrm{A} + T_\mathrm{E}} \left(u_1^2 T_\mathrm{E} + u_2^2 T_\mathrm{A} \right)}$$

$$= \sqrt{u_1^2 \frac{1}{1 + \frac{T_\mathrm{A}}{T_\mathrm{E}}} + u_2^2 \frac{1}{1 + \frac{T_\mathrm{E}}{T_\mathrm{A}}}} \tag{4.147}$$

ergibt sich unter Verwendung der oben eingeführten Abkürzung v

$$U_{\mathrm{DE}}^2 = u_1^2 \frac{1}{1+\frac{1}{v}} + u_2^2 \frac{1}{1+v} \,. \tag{4.148}$$

der Zusammenhang

$$v = \frac{u_2^2 - U_{\mathrm{DE}}^2}{U_{\mathrm{DE}}^2 - u_1^2} \,. \tag{4.149}$$

Durch Gleichsetzen von Gl. (4.146) und Gl. (4.149) erhält man

$$\frac{u_2 - U_{\mathrm{DS}_-}}{U_{\mathrm{DS}_-} - u_1} = \frac{u_2^2 - U_{\mathrm{DE}}^2}{U_{\mathrm{DE}}^2 - u_1^2}$$

$$(u_2 - U_{\mathrm{DS}_-})(U_{\mathrm{DE}}^2 - u_1^2) = (U_{\mathrm{DS}_-} - u_1)(u_2^2 - U_{\mathrm{DE}}^2)$$

$$u_2 U_{\mathrm{DE}}^2 - U_{\mathrm{DS}_-} U_{\mathrm{DE}}^2 - u_2 u_1^2 + U_{\mathrm{DS}_-} u_1^2 = U_{\mathrm{DS}_-} u_2^2 - u_1 u_2^2 - U_{\mathrm{DS}_-} U_{\mathrm{DE}}^2 + u_1 U_{\mathrm{DE}}^2 \tag{4.150}$$

und damit letztlich folgende quadratische Gleichung

$$u_2^2 (U_{\mathrm{DS}_-} - u_1) + u_2 (u_1^2 - U_{\mathrm{DE}}^2) + u_1 (U_{\mathrm{DE}}^2 - u_1 U_{\mathrm{DS}_-}) = 0$$

$$u_2^2 + u_2 \frac{u_1^2 - U_{\mathrm{DE}}^2}{U_{\mathrm{DS}_-} - u_1} + u_1 \frac{U_{\mathrm{DE}}^2 - u_1 U_{\mathrm{DS}_-}}{U_{\mathrm{DS}_-} - u_1} = 0 \,. \tag{4.151}$$

Diese Gleichung besitzt die Lösungen

$$u_{2,1} = 4\,\mathrm{V} \text{und} \qquad u_{2,2} = -1\,\mathrm{V} \,. \tag{4.152}$$

Das Einsetzen der Lösung $u_{2,2}$ in Gl. (4.146) liefert schließlich das gesuchte Tastverhältnis

$$v = \frac{T_{\mathrm{E}}}{T_{\mathrm{A}}} = \frac{u_{2,2} - U_{\mathrm{DS}_-}}{U_{\mathrm{DS}_-} - u_1} = 4 \,. \tag{4.153}$$

Die Lösung $u_{2,1}$ ergibt hingegen ein negatives Tastverhältnis und scheidet daher als nicht-physikalisch aus.

Beispiel 4.5: *Einweg- und Zweiweggleichrichtung*

a) Die in Abb. 4.19 gezeigte Spannung (mit $u_2 > u_1$) wird mit Hilfe eines Einweggleichrichters (Abb. 4.5) gleichgerichtet (für negative Spannungen sperrt die Diode) und den folgenden Messungen unterzogen:
   - Die gleichgerichtete Spannung wird direkt an ein Drehspulmeßwerk sowie anschließend an ein Dreheisenmeßwerk gelegt.
   - Die gleichgerichtete Spannung wird an einen Kondensator mit sehr großer Kapazität gelegt, zu dem dann die beiden oben genannten Meßgeräte parallelgeschaltet werden.

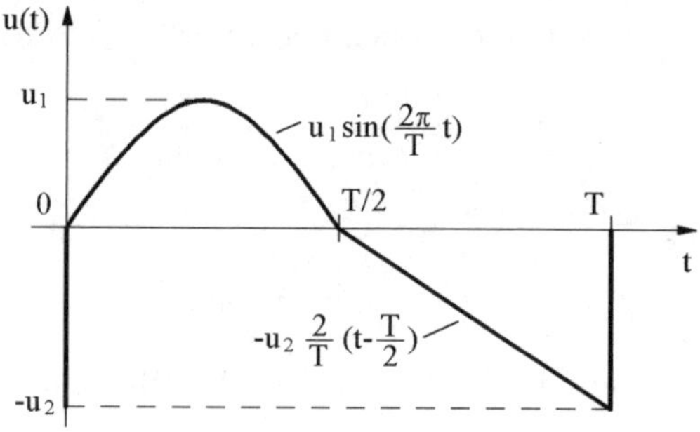

Abb. 4.19. Zeitverlauf der periodischen Eingangsspannung

Berechnen Sie getrennt für die beiden oben angegebenen Fälle, was die Meßgeräte anzeigen und für welche Sperrspannung die Diode jeweils dimensioniert werden muß.

b) Die in Abb. 4.19 gezeigte Spannung wird zweiweggleichgerichtet (Abb. 4.6) und es werden die gleichen Messungen wie unter a) durchgeführt. Berechnen Sie getrennt für die beiden oben angegebenen Fälle, was die Meßgeräte anzeigen und für welche Sperrspannungen die einzelnen Dioden dimensioniert werden müssen.

Für die Berechnungen sind die Dioden als ideal (d. h. $u_\mathrm{D} = 0\,\mathrm{V}$ in Durchlaßrichtung) zu betrachten.

Musterlösung:

a) Im Falle der Einweggleichrichtung und ohne parallelgeschalteten Kondensator liegt die in Abb. 4.20 dargestellte Spannung an den Meßwerken. Vom

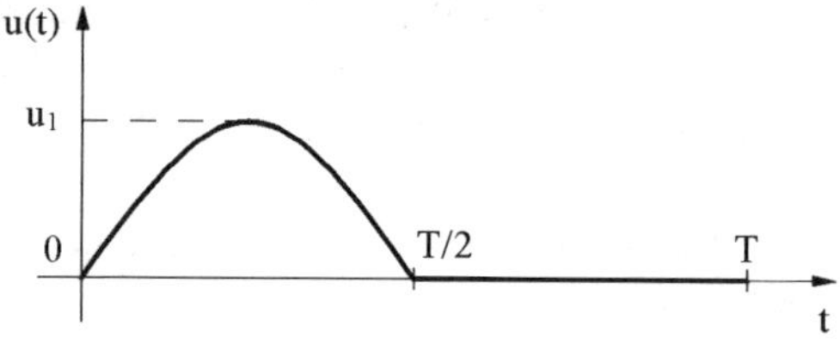

Abb. 4.20. Zeitverlauf der einweggleichgerichteten Eingangsspannung

Drehspulmeßwerk wird der zeitliche Mittelwert dieser Spannung gemessen

$$U_\mathrm{DS} = \frac{1}{T}\int\limits_0^{\frac{T}{2}} u_1 \sin(\omega t)\,dt = \frac{1}{T}\,u_1\,\left.\frac{-\cos(\omega t)}{\omega}\right|_0^{\frac{T}{2}}$$

$$= \frac{u_1}{2\pi}(1+1) = \frac{u_1}{\pi}\,, \tag{4.154}$$

während das Dreheisenmeßwerk ihren Effektivwert

$$U_{\mathrm{DE}} = \sqrt{\frac{1}{T}\int_0^{\frac{T}{2}} u_1^2 \sin^2(\omega t)\,dt} = \sqrt{\frac{1}{T}u_1^2 \int_0^{\frac{T}{2}} \frac{1-\cos(2\omega t)}{2}\,dt}$$

$$= \sqrt{\frac{1}{T}u_1^2 \left(\frac{t}{2} - \frac{\sin(2\omega t)}{4\omega}\right)\Bigg|_0^{\frac{T}{2}}} = \frac{u_1}{2} \tag{4.155}$$

anzeigt.

Bei parallelgeschaltetem Kondensator wird dieser auf den positiven Spitzenwert u_1 aufgeladen, der schließlich von beiden Meßgeräten auch angezeigt wird

$$U_{\mathrm{DS}} = U_{\mathrm{DE}} = u_1\,. \tag{4.156}$$

Die Sperrspannung der Diode ergibt sich unter Beachtung von Abb. 4.5 ohne Parallel-Kondensator zu

$$U_{\mathrm{DSS}} = u_2 \tag{4.157}$$

und für den zweiten Fall (Kondensator auf u_1 aufgeladen) zu

$$U_{\mathrm{DSS}} = u_1 + u_2\,. \tag{4.158}$$

b) Bei vorgeschaltetem *Graetz*-Gleichrichter und ohne Parallel-Kondensator wird die in Abb. 4.21 dargestellte Spannung an die Meßwerke gelegt.

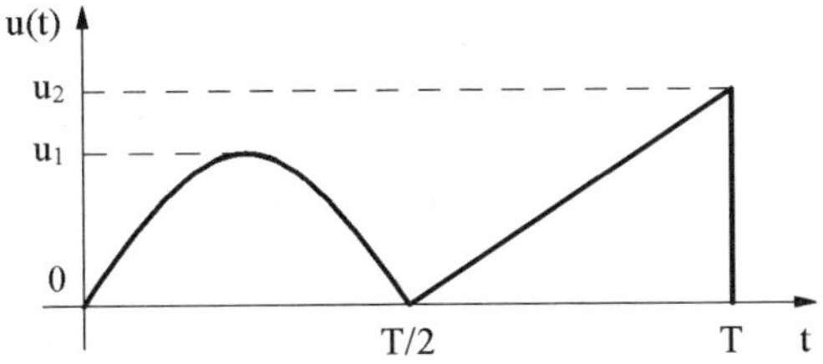

Abb. 4.21. Zeitverlauf der zweiweggleichgerichteten Eingangsspannung

Da die zeitliche Mittelwertbildung eine lineare Operation ist, zeigt das Drehspulmeßwerk die Summe der zeitlichen Mittelwerte der positiven und der mit Hilfe des Graetz-Gleichrichters nach oben geklappten negativen Halbwelle an

$$U_{\mathrm{DS}} = \overline{u}_{\mathrm{sinus}} + \overline{u}_{\mathrm{saege}}\,. \tag{4.159}$$

Mit dem zeitlichen Mittelwert der nach oben geklappten negativen Halbwelle

$$\overline{u}_{\mathrm{saege}} = \frac{1}{2}\frac{u_2}{2} = \frac{u_2}{4} \tag{4.160}$$

und Gl. (4.154) folgt für den Gesamtmittelwert

$$U_{\mathrm{DS}} = \frac{u_1}{\pi} + \frac{u_2}{4}\,. \tag{4.161}$$

Die Anzeige des Dreheisenmeßwerkes

$$\begin{aligned} U_{\mathrm{DE}} &= \sqrt{\frac{1}{T}\left(\int\limits_0^{\frac{T}{2}} u^2_{\mathrm{sinus}}(t)\,dt + \int\limits_{\frac{T}{2}}^{T} u^2_{\mathrm{saege}}(t)\,dt\right)} \\ &= \sqrt{\frac{u_1^2}{4} + \frac{1}{T}\int\limits_{\frac{T}{2}}^{T} u^2_{\mathrm{saege}}(t)\,dt} \end{aligned} \tag{4.162}$$

ergibt sich unter Verwendung des Effektivwerts der negativen Halbwelle

$$\begin{aligned} U^2_{\mathrm{saege,eff}} &= \frac{1}{T}\int\limits_0^{\frac{T}{2}} \left(\frac{u_2}{\frac{T}{2}}\,t\right)^2 dt = \frac{1}{T}u_2^2\,\frac{4}{T^2}\,\frac{t^3}{3}\bigg|_0^{\frac{T}{2}} \\ &= \frac{4}{T^3}u_2^2\,\frac{T^3}{24} = \frac{u_2^2}{6} \end{aligned} \tag{4.163}$$

zu

$$U_{\mathrm{DE}} = \sqrt{\frac{u_1^2}{4} + \frac{u_2^2}{6}}\,. \tag{4.164}$$

Bei parallelgeschaltetem Kondensator zeigen beide Meßgeräte den negativen Spitzenwert

$$U_{\mathrm{DS}} = U_{\mathrm{DE}} = u_2 \tag{4.165}$$

an, da der Kondensator gemäß Abb. 4.6 über D_2 und D_3 auf $u_2 > u_1$ aufgeladen wird. Die Sperrspannungen der Dioden (werden mit $U_{\mathrm{D}i\mathrm{SS}}$ bezeichnet) ergeben sich ohne Parallel-Kondensator mit Abb. 4.6 durch Auswertung der aus D_1, D_3 und R_{M} sowie der aus D_2, D_4 und R_{M} gebildeten Maschen zu

$$U_{\mathrm{D1SS}} = U_{\mathrm{D4SS}} = u_2 \text{und} \qquad U_{\mathrm{D2SS}} = U_{\mathrm{D3SS}} = u_1\,. \tag{4.166}$$

Mit parallelgeschaltetem Kondensator betragen die Sperrspannungen von D_1 und D_4

$$U_{\mathrm{D1SS}} = U_{\mathrm{D4SS}} = u_2\,. \tag{4.167}$$

Da die Dioden D_1 und D_4 niemals leiten ($u_2 > u_1$), treten die maximalen Sperrspannungen für D_2 und D_3 bei $u_{\mathrm{E}} = u_1$ auf. Sie ergeben sich aus

$$u_1 - U_{\mathrm{D2SS}} + u_{\mathrm{C}} - U_{\mathrm{D3SS}} = 0 \tag{4.168}$$

mit $u_{\mathrm{C}} = u_2$ und der Annahme, daß sich die Sperrspannung $u_1 + u_2$ gleichmäßig auf D_2 und D_3 aufteilt, zu

$$U_{\mathrm{D2SS}} = U_{\mathrm{D3SS}} = \frac{u_1 + u_2}{2}\,. \tag{4.169}$$

Beispiel 4.6: *Spitzenwertmessung mit einem Drehspulmeßwerk*

Die in Abb. 4.22 gezeigte Schaltung wird zur Spitzenwertmessung von sinusförmigen Eingangsspannungen verwendet.

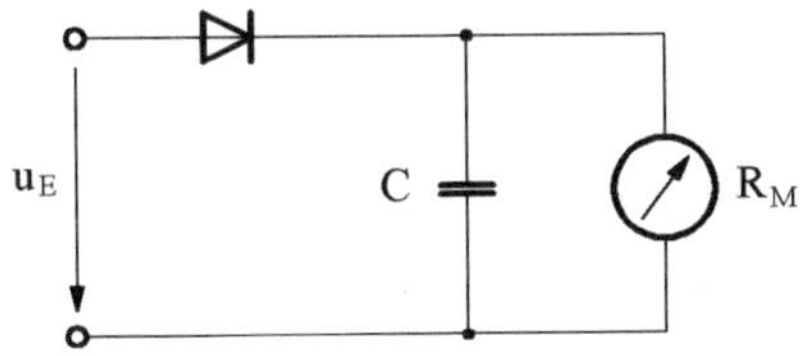

Abb. 4.22. Schaltung zur Spitzenwertmessung

Welcher relative Meßfehler tritt auf, wenn eine sinusförmige Eingangsspannung mit einer Frequenz von $f_{\mathrm{S}} = 10\,\mathrm{Hz}$ angelegt wird, die Diode D ideal ist (d. h. $u_{\mathrm{D}} = 0\,\mathrm{V}$ in Durchlaßrichtung), der Kondensator C eine Kapazität von $1\,\mu\mathrm{F}$ hat und das Drehspulmeßwerk einen Innenwiderstand von $R_{\mathrm{M}} = 100\,\mathrm{k}\Omega$ aufweist?

Musterlösung:

Mit dem in Abb. 4.23 dargestellten Spannungsverlauf am Kondensator und

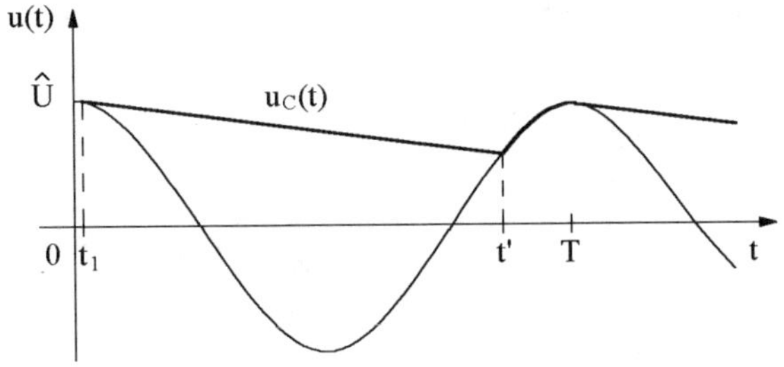

Abb. 4.23. Zeitlicher Verlauf der Kondensatorspannung

unter der Annahme, daß die Entladung des Kondensators zum Zeitpunkt $t = 0\,\mathrm{s}$ vom Spitzenwert $\hat{U}$ aus erfolgt (d. h. keine Berücksichtigung des tatsächlichen Entladebeginns zum Zeitpunkt t_1), berechnet sich der Entladevorgang des Kondensators gemäß

$$u_C(t) = \hat{U}\, e^{-\frac{t}{R_M C}} \text{für} 0 \le t \le t' \,. \tag{4.170}$$

Die Zeit t' ergibt sich aus der im Bereich $3T/4 \le t \le T$ liegenden Nullstelle der transzendenten Gleichung

$$f(t) = \hat{U}\, e^{-\frac{t}{R_M C}} - \hat{U} \cos \omega t \,, \tag{4.171}$$

die mit Hilfe des Newton-Verfahrens [9] bestimmt wird. Das Einsetzen von

$$f(t) = \hat{U} \left(e^{-\frac{t}{R_M C}} - \cos \omega t \right) \text{ und} \tag{4.172}$$

$$f'(t) = \hat{U} \left(-\frac{1}{R_M C}\, e^{-\frac{t}{R_M C}} + \omega \sin \omega t \right) \tag{4.173}$$

in die Newton-Formel führt zu folgender, der Berechnung der Zeit t' dienenden, Iterationsformel

$$t'_{n+1} = t'_n - \frac{e^{-\frac{t'_n}{R_M C}} - \cos \omega t'_n}{-\frac{1}{R_M C}\, e^{-\frac{t'_n}{R_M C}} + \omega \sin \omega t'_n} \,. \tag{4.174}$$

Mit dem Startwert $t'_0 = 3T/4 = 0{,}075\,\mathrm{s}$ ergibt sich nach zwei Iterationsschritten ein Wert von

$$t'_2 = 0{,}0822\,\mathrm{s} \,. \tag{4.175}$$

Mit dem vom Drehspulinstrument angezeigten Mittelwert der Eingangsspannung

$$\begin{aligned} U_{DS} &= \frac{1}{T} \left(\int_0^{t'} \hat{U}\, e^{-\frac{t}{R_M C}}\, dt + \int_{t'}^{T} \hat{U} \cos \omega t\, dt \right) \\ &= \frac{\hat{U}}{T} \left(-R_M C\, e^{-\frac{t}{R_M C}} \Big|_0^{t'} + \frac{\sin \omega t}{\omega} \Big|_{t'}^{T} \right) \\ &= \frac{\hat{U}}{T} \left(R_M C (1 - e^{-\frac{t'}{R_M C}}) - \frac{\sin \omega t'}{\omega} \right) \\ &= 0{,}704 \hat{U} \end{aligned} \tag{4.176}$$

berechnet sich der resultierende relative Meßfehler zu

$$f = \frac{U_{DS} - \hat{U}}{\hat{U}} = \frac{0{,}704\hat{U} - \hat{U}}{\hat{U}} = -29{,}6\,\% \,. \tag{4.177}$$

Beispiel 4.7: *Meßfehler eines Meßgerätes, das den Effektivwert auf der Basis des Formfaktors einer Sinusgröße anzeigt*

Wie groß ist der relative Meßfehler, wenn der Effektivwert der in Abb. 4.24 dargestellten Spannung mit einem Drehspulinstrument gemessen wird, das einen Gleichrichter in Brückenschaltung enthält und für sinusförmige Meßspannungen den Effektivwert anzeigt?

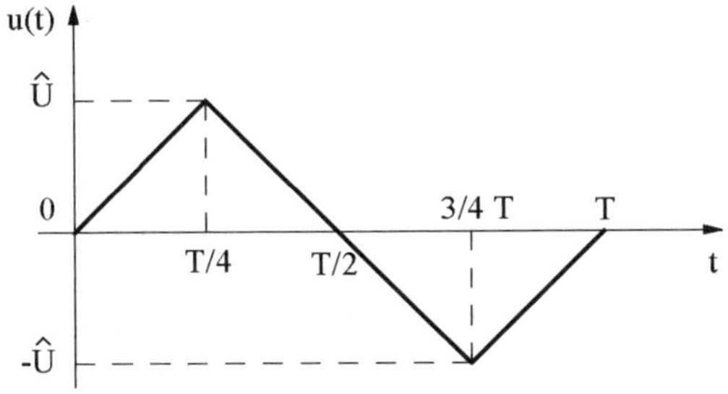

Abb. 4.24. Zeitlicher Verlauf der Meßspannung

Musterlösung:

Die Anzeige des Meßgerätes berechnet sich mit

$$\overline{|u|} = \frac{1}{T}\int_0^T |u(t)|\,dt = \frac{4}{T}\int_0^{\frac{T}{4}} \frac{\hat{U}}{\frac{T}{4}} t\,dt$$

$$= \frac{4^2}{T^2}\frac{\hat{U}}{2}\frac{T^2}{4^2} = \frac{\hat{U}}{2} \tag{4.178}$$

und dem Formfaktor F_S für sinusförmige Größen (Gl. (4.44))

$$\mathrm{F_S} = \frac{U_{\text{eff}}}{\overline{|u|}} = \frac{\pi}{2\sqrt{2}} \tag{4.179}$$

zu

$$U_{\text{DS}} = \mathrm{F_S}\,\overline{|u|} = \frac{\pi}{4\sqrt{2}}\hat{U}\,. \tag{4.180}$$

Der relative Meßfehler ergibt sich mit dem Effektivwert der Meßspannung

$$U_{\text{eff}} = \sqrt{\frac{1}{T}\int_0^T u(t)^2\,dt} = \sqrt{\frac{4}{T}\int_0^{\frac{T}{4}} \left(\frac{\hat{U}}{\frac{T}{4}}t\right)^2 dt}$$

$$= \sqrt{\frac{4^3}{T^3}\frac{\hat{U}^2}{3}\frac{T^3}{4^3}} = \frac{\hat{U}}{\sqrt{3}} \tag{4.181}$$

und dem angezeigten Wert U_{DS} zu

$$f = \frac{U_{\mathrm{DS}} - U_{\mathrm{eff}}}{U_{\mathrm{eff}}} = \frac{\pi\sqrt{3}}{4\sqrt{2}} - 1 = -3,8\,\%\,. \tag{4.182}$$

Beispiel 4.8: *Effektivwertmeßgerät für verschiedene Kurvenformen des Eingangsspannungszeitverlaufes*

Es soll ein Spannungsmeßgerät (Abb. 4.25) aufgebaut werden, das zur Messung der Effektivwerte von Gleich-, Sinus- und Dreieckspannungen geeignet ist. Der Meßbereichsendwert soll für alle Spannungsformen 10 V betragen. Das Drehspulinstrument hat einen Innenwiderstand $R_{\mathrm{M}} = 2\,\mathrm{k}\Omega$ und einen Strom bei Endausschlag von $I_{\mathrm{Mend}} = 2\,\mathrm{mA}$. Führen Sie die Berechnungen unter der Annahme durch, daß die Diode D ideal (d. h. $u_D = 0\,\mathrm{V}$ in Durchlaßrichtung) und die Kapazität des Kondensators C hinreichend groß ist.

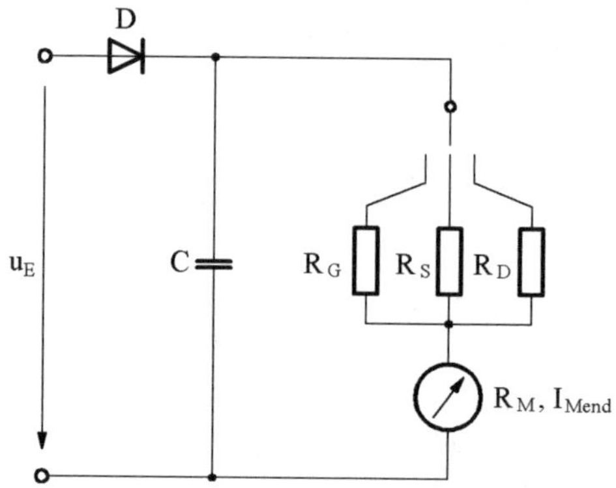

Abb. 4.25. Schaltung des Spannungsmeßgerätes

a) Dimensionieren Sie die Widerstände R_{G} (Gleichspannungsmessung), R_{S} (Sinus) und R_{D} (Dreieck (Abb. 4.24)) nach Betrag und Leistung.
b) Wie groß ist der Meßfehler, wenn Sie im Gleichspannungsbereich eine symmetrische Rechteckspannung (entspricht dem in Abb. 4.18 gezeigten Spannungsverlauf für $|u_1| = |u_2|$ und $v = 1$) messen?
c) Für welche maximale Sperrspannung muß die Diode D dimensioniert werden?
d) Welche maximalen Toleranzen dürfen die Widerstände R_{G}, R_{S} und R_{D} aufweisen, wenn das Drehspulinstrument eine Klassengenauigkeit von $G_{\mathrm{DS}} = 0,5\,\%$ hat und dieses Effektivwertmeßgerät in allen Bereichen eine Klassengenauigkeit von 1 % aufweisen soll?
e) Sie messen im Gleichspannungsbereich eine Gleichspannung und diese wird richtig angezeigt. Nun messen Sie im selben Bereich eine Rechteckspan-

nung und es wird Null angezeigt. Welches Bauelement ihres Meßgerätes ist defekt und welchen Defekt hat es?

Musterlösung:

a) Die einzelnen Vorwiderstände ergeben sich aus der Überlegung, daß an der Serienschaltung von Drehspulmeßwerk und Vorwiderstand entsprechend den verschiedenen Kurvenformen bei Endausschlag die Spannung

$$U_{\mathrm{Cmax}} = \mathrm{C}_{\mathrm{UE}}\, U_{\mathrm{ber}} \tag{4.183}$$

anliegt, wobei C_{UE} den Scheitelfaktor der jeweils anliegenden Eingangsspannung und $U_{\mathrm{ber}} = 10\,\mathrm{V}$ den Meßbereichsendwert bezeichnen. Daraus können jetzt unter Beachtung der verschiedenen Scheitelfaktoren die Vorwiderstände berechnet werden. Bei einer Gleichspannung ergibt sich aus

$$\hat{U}_{\mathrm{Gmax}} = U_{\mathrm{ber}} = I_{\mathrm{Mend}}(R_{\mathrm{G}} + R_{\mathrm{M}}) \tag{4.184}$$

der Vorwiderstand R_{G} zu

$$R_{\mathrm{G}} = \frac{U_{\mathrm{ber}}}{I_{\mathrm{Mend}}} - R_{\mathrm{M}} = 3\,\mathrm{k}\Omega\,. \tag{4.185}$$

Die maximale Verlustleistung an R_{G} tritt bei Endausschlag auf und berechnet sich zu

$$P_{\mathrm{RG}} = I_{\mathrm{Mend}}^2 R_{\mathrm{G}} = 12\,\mathrm{mW}\,. \tag{4.186}$$

Da der Scheitelfaktor einer Sinusspannung $\mathrm{C}_{\mathrm{S}} = \sqrt{2}$ beträgt, ergibt sich mit $\hat{U}_{\mathrm{Smax}} = \sqrt{2}U_{\mathrm{ber}}$ der Vorwiderstand R_{S} nach Betrag und Leistung zu

$$R_{\mathrm{S}} = \frac{\sqrt{2}U_{\mathrm{ber}}}{I_{\mathrm{Mend}}} - R_{\mathrm{M}} = 5,07\,\mathrm{k}\Omega P_{\mathrm{RS}} = I_{\mathrm{Mend}}^2 R_{\mathrm{S}} = 20,3\,\mathrm{mW}\,. \tag{4.187}$$

Mit dem Effektivwert einer Dreieckspannung $U_{\mathrm{Deff}} = \hat{U}_{\mathrm{D}}/\sqrt{3}$ (Gl. (4.181)) und dem daraus resultierenden Scheitelfaktor $\mathrm{C}_{\mathrm{D}} = \sqrt{3}$ berechnen sich mit $\hat{U}_{\mathrm{Dmax}} = \sqrt{3}U_{\mathrm{ber}}$ der Widerstand R_{D} und die dazugehörige Verlustleistung P_{RD} zu

$$R_{\mathrm{D}} = \frac{\sqrt{3}U_{\mathrm{ber}}}{I_{\mathrm{Mend}}} - R_{\mathrm{M}} = 6,66\,\mathrm{k}\Omega P_{\mathrm{RD}} = I_{\mathrm{Mend}}^2 R_{\mathrm{D}} = 26,6\,\mathrm{mW}\,. \tag{4.188}$$

b) Da sich der Effektivwert U_{Reff} einer symmetrischen Rechteckspannung entsprechend Gl. (4.147) errechnet, folgt

$$U_{\mathrm{Reff}} = u_1\,, \tag{4.189}$$

wobei u_1 den Spitzenwert der Rechteckspannung bezeichnet. Dies bedeutet, daß der Effektivwert in diesem Fall richtig angezeigt wird.

c) Da die Dreieckspannung den größten Scheitelfaktor aufweist, tritt die maximale Sperrspannung an der Diode bei Anlegen der maximalen Dreieckspannung auf. Sie beträgt aufgrund des auf $\hat{U}_{\mathrm{Dmax}}$ aufgeladenen Kondensators

$$U_{\mathrm{DSS}} = 2\hat{U}_{\mathrm{Dmax}} = 34,64\,\mathrm{V}\,. \tag{4.190}$$

d) Die Anzeige (bzw. der Ausschlag α) des Drehspulinstrumentes läßt sich mit der Stromempfindlichkeit S_{i} [6] durch

$$\alpha = S_{\mathrm{i}} I_{\mathrm{M}} = S_{\mathrm{i}} \frac{u_{\mathrm{C}}}{R_{\mathrm{V}} + R_{\mathrm{M}}} \tag{4.191}$$

beschreiben. Die Genauigkeitsklasse des gesamten Meßgerätes (Meßwerk und Vorwiderstand R_{V}) berechnet sich daher aus dem totalen Differential

$$d\alpha = \frac{u_{\mathrm{C}}}{R_{\mathrm{V}} + R_{\mathrm{M}}}\, dS_{\mathrm{i}} - S_{\mathrm{i}} \frac{u_{\mathrm{C}}}{(R_{\mathrm{V}} + R_{\mathrm{M}})^2}\, dR_{\mathrm{V}} \tag{4.192}$$

zu

$$G = 1\,\% = \left|\frac{d\alpha}{\alpha_{\mathrm{end}}}\right|_{\max} = \underbrace{\left|\frac{dS_{\mathrm{i}}}{S_{\mathrm{i}}}\right|_{\max}}_{G_{\mathrm{DS}}} + \frac{R_{\mathrm{V}}}{R_{\mathrm{V}} + R_{\mathrm{M}}} \left|\frac{dR_{\mathrm{V}}}{R_{\mathrm{V}}}\right|_{\max} . \tag{4.193}$$

Aus Gl. (4.193) läßt sich der maximal erlaubte relative Fehler $|f_{\mathrm{RV}}|_{\max}$ des Vorwiderstandes ableiten

$$|f_{\mathrm{RV}}|_{\max} = \frac{R_{\mathrm{V}} + R_{\mathrm{M}}}{R_{\mathrm{V}}} \left(G - G_{\mathrm{DS}}\right). \tag{4.194}$$

Durch Einsetzen der einzelnen Vorwiderstände ergeben sich folgende Widerstandstoleranzen

$$|f_{\mathrm{RG}}|_{\max} = \left(1 + \frac{R_{\mathrm{M}}}{R_{\mathrm{G}}}\right) 0,005 = 0,83\,\% \tag{4.195}$$

$$|f_{\mathrm{RS}}|_{\max} = \left(1 + \frac{R_{\mathrm{M}}}{R_{\mathrm{S}}}\right) 0,005 = 0,70\,\% \tag{4.196}$$

$$|f_{\mathrm{RD}}|_{\max} = \left(1 + \frac{R_{\mathrm{M}}}{R_{\mathrm{D}}}\right) 0,005 = 0,65\,\%\,. \tag{4.197}$$

e) Die beschriebenen Phänomene treten auf, wenn die Diode einen Kurzschluß hat.

Aufgabe 4.2: *Meßwerke mit Gleichrichter*

a) Von der in Abb. 4.26 gezeigten Spannung $u(t)$ ($u(t) \geq 0\,\mathrm{V}$) sollen $\overline{u}$ und $\hat{U}$ unter Verwendung eines Drehspulmeßwerkes und eines Dreheisenmeßwerkes bestimmt werden. Die Meßgeräte liefern folgende Anzeigen:

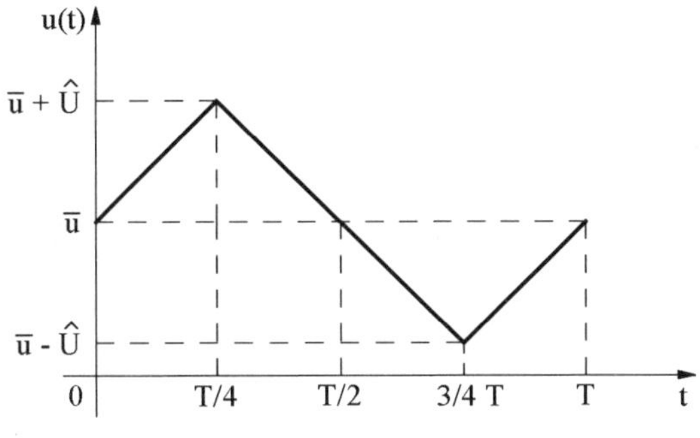

Abb. 4.26. Zeitlicher Verlauf der Meßspannung

Drehspulmeßwerk:	$U_{\mathrm{DS}} = 3\,\mathrm{V}$
Dreheisenmeßwerk:	$U_{\mathrm{DE}} = 3{,}215\,\mathrm{V}$

Berechnen Sie $\overline{u}$ und $\hat{U}$.

b) Können $\overline{u}$ und $\hat{U}$ auch dann bestimmt werden, wenn anstatt des Dreheisenmeßwerkes ein Drehspulmeßwerk mit vorgeschaltetem Brückengleichrichter verwendet wird?

Lösung:

a) $\overline{u} = 3\,\mathrm{V}$, $\hat{U} = 2{,}002\,\mathrm{V}$

b) $\overline{u}$ kann ermittelt werden; $\hat{U}$ kann nicht bestimmt werden.

Aufgabe 4.3: *Klirrfaktorbestimmung mit Standardmeßgerät*

Die in Abb. 4.27 gezeigte Spannung ($K = 10^6\,\mathrm{V/s^2}$) wird an ein Drehspulinstrument mit Brückengleichrichter gelegt, das für Spannungen mit sinusförmigen Zeitverlauf deren Effektivwert anzeigt. Berechnen Sie $\hat{U}$, den Effektivwert und den Klirrfaktor der in Abb. 4.27 angegebenen Spannung, wenn das Meßgerät 3 V anzeigt.

Lösung:

$\hat{U} = 8{,}103\,\mathrm{V}$, $U_{\mathrm{eff}} = 3{,}624\,\mathrm{V}$, $k = 34{,}4\,\%$.

Aufgabe 4.4: *Oberwellenbestimmung mit Standardmeßgeräten*

Der durch eine Induktivität mit Eisenkern fließende Strom kann für sinusförmige Betriebsspannungen in erster Näherung durch

$$i(t) = \hat{I}_1 \sin(\omega t) - \hat{I}_3 \sin(3\omega t) \mathrm{mit} i(t) \geq 0 \quad \text{für} \quad 0 \leq t \leq \frac{\pi}{\omega} \tag{4.198}$$

beschrieben werden.

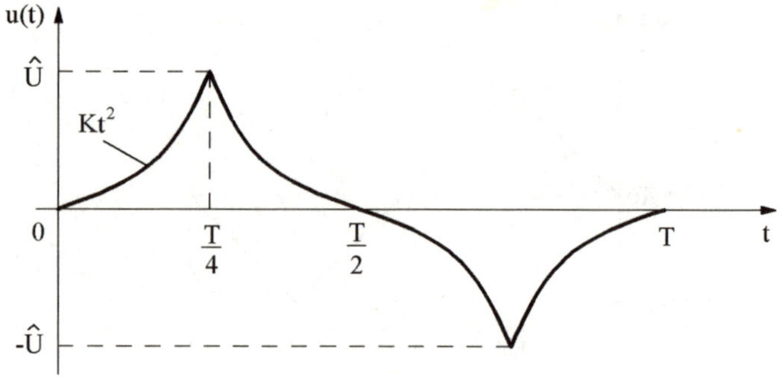

Abb. 4.27. Zeitlicher Verlauf der Meßspannung

a) Es sollen $\hat{I}_1$ und $\hat{I}_3$ ermittelt werden. Für diese Messung stehen ein Drehspulmeßwerk mit Brückengleichrichter, das für sinusförmige Eingangsströme den Effektivwert anzeigt und ein Dreheisenmeßwerk zur Verfügung. Die Meßgeräte liefern folgende Anzeigen:

Drehspulmeßwerk:	$I_{\mathrm{DS}} = 1,886\,\mathrm{A}$
Dreheisenmeßwerk:	$I_{\mathrm{DE}} = 2,236\,\mathrm{A}$

b) Welchen Klirrfaktor weist der oben angegebene Strom auf?

Lösung:

a) $\hat{I}_1 = 3\,\mathrm{A}$, $\hat{I}_3 = 1\,\mathrm{A}$
b) $k = 31,62\,\%$.

5

Operationsverstärker

5.1 Der Überlagerungssatz

Der grundlegende Satz der linearen Netzwerktheorie ist der *Überlagerungssatz* (Superpositionsprinzip). Dieser Satz beruht auf dem allgemeinen physikalischen Prinzip, daß sich in einem linearen System die Gesamtwirkung aus der Überlagerung aller Einzelwirkungen ergibt. Für die lineare Elektrische Netzwerktheorie bedeutet dies, daß man die Ausgangsspannung eines Netzwerkes erhält, indem man die Teilausgangsspannungen für jede im Netzwerk enthaltene Quelle (Spannungsquelle oder Stromquelle) einzeln berechnet und anschließend diese Teilausgangsspannungen zur Gesamtausgangsspannung addiert. Dabei sind folgende Regeln zu beachten:

- Alle Spannungsquellen, außer der gerade betrachteten, sind durch einen Kurzschluß zu ersetzen.
- Alle Stromquellen, außer der gerade betrachteten, sind aufzutrennen.

Besteht beispielsweise die Aufgabe darin, die Ausgangsspannung U_{A} der in Abb. 5.1 dargestellten Operationsverstärkerschaltung mit den beiden Eingangsspannungen U_{E1} und U_{E2} zu berechnen, so kann dies auf der Grundlage des Überlagerungssatzes in zwei Teilschritten erfolgen. Schließt man zunächst die Eingangsspannung U_{E2} entsprechend den obigen Rechenregeln des Überlagerungssatzes kurz, so ergibt sich die in Abb. 5.2a gezeigte Schaltung zur Berechnung der Teilausgangsspannung U_{A1}, die aufgrund der Eingangsspannung U_{E1} entsteht. Die Schaltung nach Abb. 5.2b dient der Ermittlung der Ausgangsspannung U_{A2} als Funktion der Eingangsspannung U_{E2}. Die gesamte Ausgangsspannung U_{A} berechnet sich schließlich durch Superposition der Teilausgangsspannungen

$$U_{\mathrm{A}} = U_{\mathrm{A1}} + U_{\mathrm{A2}} \,. \tag{5.1}$$

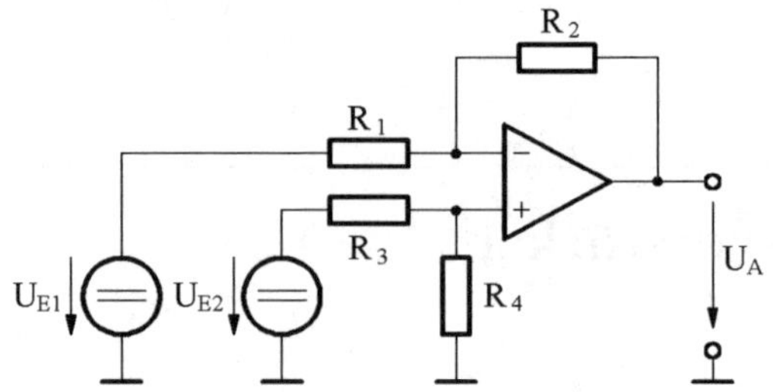

Abb. 5.1. Operationsverstärkerschaltung mit zwei Eingangsspannungen U_{E1} und U_{E2}.

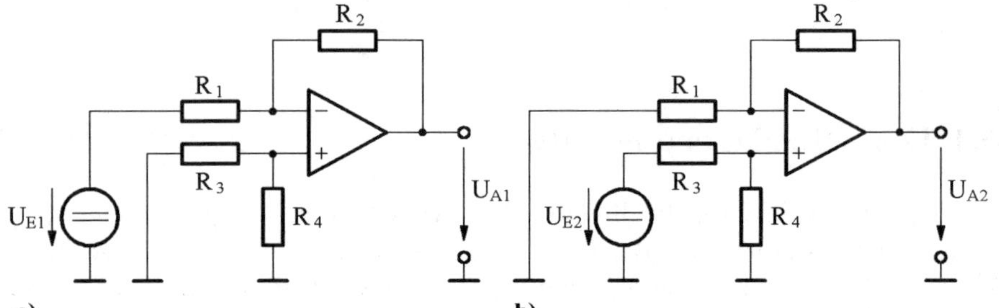

Abb. 5.2. a) Schaltung zur Berechnung der Teilausgangsspannung U_{A1} als Funktion der Eingangsspannung U_{E1} **b)** Schaltung zur Berechnung der Teilausgangsspannung U_{A2} als Funktion der Eingangsspannung U_{E2}

5.2 Grundlagen der Operationsverstärker

Operationsverstärker spielen in der Elektrischen Meßtechnik eine bedeutende Rolle. Eine ihrer Hauptaufgaben besteht darin, eine zu messende Spannung bzw. einen zu messenden Strom an den Meßbereich des verwendeten Meßgerätes anzupassen, was oft eine entsprechende Verstärkung erforderlich macht.

Im folgenden werden die für die Berechnung eines realen Operationsverstärkers wichtigsten Kenngrößen anhand seines Kleinsignal-Ersatzschaltbildes (Abb.5.3) erläutert.

- **Leerlaufspannungsverstärkung (open loop voltage gain)** V_0
  Es handelt sich hierbei um die Differenzverstärkung der offenen Schleife, d. h. des nicht-rückgekoppelten, unbeschalteten Operationsverstärkers.

$$V_0 = \frac{\partial u_{\text{A}}}{\partial u_{\text{D}}} \tag{5.2}$$

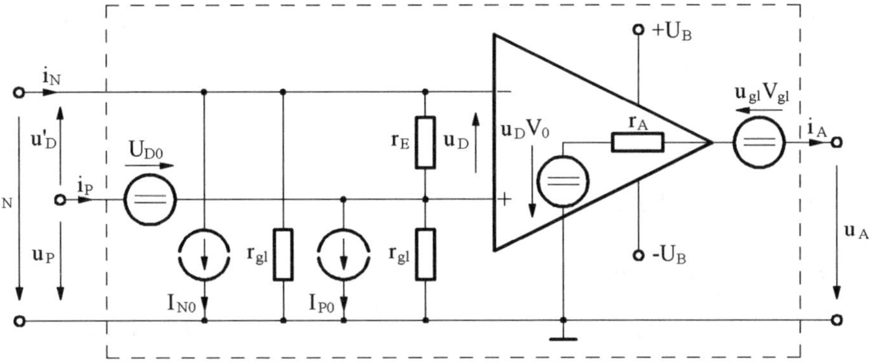

Abb. 5.3. Kleinsignal-Ersatzschaltbild eines realen Operationsverstärkers

- ideal: $V_0 \to \infty$
- real: $10^4 \leq V_0 \leq 10^7$

- **Leerlaufspannungsverstärkungsmaß**

$$V_0\ [\mathrm{dB}] = 20 \lg V_0 = 20 \lg \left(\frac{\partial u_\mathrm{A}}{\partial u_\mathrm{D}} \right) \tag{5.3}$$

- ideal: $V_0 \to \infty$
- real: $80\ \mathrm{dB} \leq V_0 \leq 140\ \mathrm{dB}$

- **Gleichtaktspannung (common mode voltage)** u_gl

$$u_\mathrm{gl} = \frac{u_\mathrm{P} + u_\mathrm{N}}{2} \tag{5.4}$$

- **Gleichtakt-Spannungsverstärkung (common mode voltage gain)** V_gl

$$V_\mathrm{gl} = \frac{\partial u_\mathrm{A}}{\partial u_\mathrm{gl}} \tag{5.5}$$

- ideal: $V_\mathrm{gl} = 0$
- real: $V_\mathrm{gl} \approx 1$

- **Gleichtaktunterdrückung (common mode rejection ratio) CMRR**

$$\mathrm{CMRR}\ [\mathrm{dB}] = 20 \lg \left(\frac{V_0}{V_\mathrm{gl}} \right) \tag{5.6}$$

- ideal: $\mathrm{CMRR} \to \infty$
- real: $\mathrm{CMRR} \approx 100\ \mathrm{dB}$

- **Gleichtakteingangswiderstand (common mode input resistance)** r_{gl}

$$r_{gl} = \frac{\partial u_{gl}}{\frac{1}{2}\partial(i_P + i_N)} \tag{5.7}$$

  - ideal: $r_{gl} = \infty$
  - real: $r_{gl} = 1\,\mathrm{G}\Omega \ldots 100\,\mathrm{T}\Omega$

- **Differenzeingangswiderstand (differential input resistance)** r_E
Da im allgemeinen der Gleichtaktwiderstand r_{gl} groß ist gegenüber dem Differenzeingangswiderstand r_E ($r_{gl} \gg r_E$), gilt folgende Definitionsgleichung für den Differenzeingangswiderstand

$$r_E = \frac{\partial u_D}{\frac{1}{2}\partial(i_P - i_N)} \tag{5.8}$$

  - ideal: $r_E = \infty$
  - real: $r_E = 1\,\mathrm{M}\Omega \ldots 1\,\mathrm{T}\Omega$

- **Ausgangswiderstand (output resistance)** r_A

$$r_A = -\frac{\partial u_A}{\partial i_A}\bigg|_{u_D=const.} \tag{5.9}$$

  - ideal: $r_A = 0$
  - real: $r_A = 2\,\Omega \ldots 100\,\Omega$

- **Eingangsfehlspannung (input offset voltage), Offsetspannung** U_{D0}
Durch nicht-identische Eingangstransistoren des bei Operationsverstärkern stets vorhandenen Differenzeingangsverstärkers [11] wird auch für $u_N = u_P = 0$ beim realen Operationsverstärker eine Ausgangsspannung $u_A \neq 0$ erzeugt. Jene Spannungsdifferenz U_{D0}, welche am Eingang angelegt werden muß, um die Ausgangspannung auf Null abzugleichen, wird als *Eingangsfehlspannung* oder als *Eingangs-Offsetspannung* U_{D0} bezeichnet. Sie erscheint im Schaltbild des realen Operationsverstärkers als Spannungsquelle am Eingang (Abb. 5.3).

  - ideal: $U_{D0} = 0$
  - real: $U_{D0} = 0{,}5\,\mu\mathrm{V} \ldots 5\,\mathrm{mV}$

- **Gesamtausgangsspannung (output voltage)** u_A
Die Gesamtausgangsspannung u_A ergibt sich als Überlagerung aus der verstärkten Leerlauf-Differenzeingangsspannung u_D, die um die Offsetspannung U_{D0} vermindert wird, und der mit der Gleichtaktverstärkung multiplizierten Gleichtaktspannung

$$u'_{\mathrm{D}} = u_{\mathrm{P}} - u_{\mathrm{N}} \tag{5.10}$$

$$u_{\mathrm{A}} = V_0 u_D + V_{\mathrm{gl}} u_{\mathrm{gl}} = V_0(u'_{\mathrm{D}} - U_{\mathrm{D0}}) + V_{\mathrm{gl}} u_{\mathrm{gl}} \tag{5.11}$$

$$= V_0(u_{\mathrm{P}} - u_{\mathrm{N}} - U_{\mathrm{D0}}) + V_{\mathrm{gl}} u_{\mathrm{gl}} \tag{5.12}$$

- **Versorgungsspannungsunterdrückung (power supply rejection ratio) PSRR**
  Die Versorgungsspannungsunterdrückung ist ein Maß dafür, welchen Einfluß eine Spannungsschwankung der Versorgung auf die Ausgangsspannung hat
  $$\mathrm{PSRR}\,[\mathrm{dB}] = -20 \lg \left(\frac{\partial u_{\mathrm{A}}}{\partial u_{\mathrm{B}}} \right) \tag{5.13}$$
  - ideal: PSRR $\rightarrow \infty$
  - real: PSRR ≈ 100 dB

- **Grenzfrequenz (cutoff frequency), Bandbreite (bandwidth)**
  Die 3 dB-*Grenzfrequenz* f_{g} ist jene Frequenz, bei der die Verstärkung gegenüber ihrem Gleichspannungswert um 3 dB (entspricht einem Faktor von $1/\sqrt{2}$) gesunken ist. Diese *obere Grenzfrequenz*, die im allgemeinen der *Bandbreite* des Verstärkers entspricht, ist von der äußeren Beschaltung des Operationsverstärkers abhängig.

- **Anstiegsgeschwindigkeit (slew rate) SR**
  Die *Anstiegsgeschwindigkeit* (Einheit V/μs) entspricht der zeitlichen Ableitung der Ausgangsspannung im Großsignalbetrieb bei Anlegen eines Spannungssprunges am Eingang
  $$\mathrm{SR} = \left(\frac{\partial u_{\mathrm{A}}}{\partial t} \right)_{\max} \tag{5.14}$$
  - ideal: SR $\rightarrow \infty$
  - real: $\mathrm{SR} = 0,5\,\frac{\mathrm{V}}{\mu\mathrm{s}} \ldots 3000\,\frac{\mathrm{V}}{\mu\mathrm{s}}$

- **Eingangsruhestrom (input bias current) I_{B}**
  Die Eingangstransistoren eines Operationsverstärkers weisen grundsätzlich Basis- bzw. Gateströme auf. Selbst bei Operationsverstärkerschaltungen mit einer sog. inneren *Bias-Stromversorgung* sind die Ströme I_{N} und I_{P} noch ungleich Null und müssen durch die äußere Beschaltung aufgebracht werden. Trotz des möglichst symmetrischen Aufbaus der meisten Differenzeingangsstufen ist darüber hinaus $I_{\mathrm{N}} \neq I_{\mathrm{P}}$. In Datenblättern sind stets die Mittelwerte von I_{N} und I_{P} sowie der Betrag ihrer Abweichungen voneinander angegeben. Für den *mittleren Eingangsruhestrom (Biasstrom, Input Bias Current)* I_{B} gilt dabei folgende Definition

$$I_{\mathrm{B}} = \frac{I_{\mathrm{N0}} + I_{\mathrm{P0}}}{2} \tag{5.15}$$

- ideal: $I_{\mathrm{B}} = 0$
- real: $I_{\mathrm{B}} = 50\,\mathrm{fA(FET)} \ldots 1\,\mu\mathrm{A}$ (bipolar, in Sonderfällen bis 25 μA).

- **Eingangsfehlstrom (input offset current), Offsetstrom I_{D0}**
  Der Offsetstrom I_{D0} eines Operationsverstärkers entspricht der Differenz der Eingangsruheströme I_{N0} und I_{P0}

$$I_{\mathrm{D0}} = I_{\mathrm{N0}} - I_{\mathrm{P0}}\,. \tag{5.16}$$

- ideal: $I_{\mathrm{D0}} = 0$
- real: $I_{\mathrm{D0}} = 20\,\mathrm{fA} \ldots 20\,\mathrm{nA}$

- **Offsetspannungsdrift (offset voltage drift)**
  Die *Offsetspannungsdrift* beschreibt die Abhängigkeit der Offsetspannung U_{D0} von der Temperatur ϑ

$$\frac{\partial U_{\mathrm{D0}}}{\partial \vartheta} \tag{5.17}$$

- ideal: 0
- real: $0{,}01\,\mu\mathrm{V/^\circ C} \ldots 15\,\mu\mathrm{V/^\circ C}$

- **Eingangsstromdrift**
  Die *Eingangsstromdrift* beschreibt die Abhängigkeit des Eingangsstromes von der Temperatur ϑ

$$\left.\frac{\partial(i_{\mathrm{P}}, i_{\mathrm{N}})}{\partial \vartheta}\right|_{u_{\mathrm{N}}=const.,u_{\mathrm{P}}=const.} \tag{5.18}$$

- ideal: 0
- real: $10\,\mathrm{fA/^\circ C} \ldots 1\,\mu\mathrm{A/^\circ C}$

- **Verstärkungs-Bandbreite-Produkt (gain bandwidth product) Vf_{g}**
  Wichtiger noch als der reine *Verstärkungsfaktor* ist das sogenannte *Verstärkungs-Bandbreite-Produkt* $f_{\mathrm{g0}}V_0$, welches bei Universaltypen bei etwa $f_{\mathrm{g0}}V_0 = 10^6$ Hz liegt und bei auf hohe Bandbreite ausgerichteten Operationsverstärkern bis zu 10^{10} Hz reicht. Durch eine Gegenkopplungsschaltung wird der *effektive Verstärkungsfaktor* V und die *effektive Grenzfrequenz* f_{g} der Meßschaltung eingestellt. Das Produkt aus Verstärkungsfaktor V und Bandbreite bzw. Grenzfrequenz f_{g} ist für Grenzfrequenzen oberhalb von f_{g0} ($f_{\mathrm{g}} > f_{\mathrm{g0}}$) bei einem bestimmten Operationsverstärkertyp stets ein konstanter Wert (Abb. 5.4)

$$Vf_{\mathrm{g}} = V_0 f_{\mathrm{g0}}\,. \tag{5.19}$$

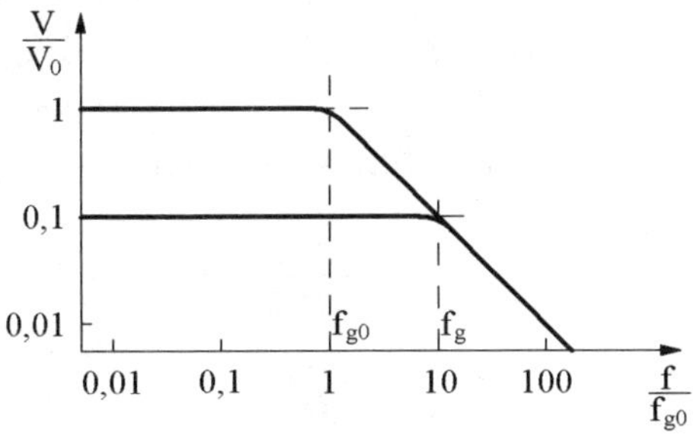

Abb. 5.4. Zusammenhang zwischen Grenzfrequenz und Verstärkungsfaktor eines Operationsverstärkers (Konstanz des Verstärkungs-Bandbreite-Produktes $V f_g$)

- **Transitfrequenz (unity gain bandwidth)** f_T
  Die Transitfrequenz f_T ist jene Frequenz, bei der die Leerlaufspannungsverstärkung auf 0 dB abgesunken ist.

Anhand der invertierenden und der nicht-invertierenden Operationsverstärkerschaltung wird im folgenden die Vorgehensweise bei der Berechnung von Operationsverstärkerschaltungen beschrieben. Es soll zunächst von einem idealen Operationsverstärker mit Differenzeingangsspannung $u_D = 0$ und verschwindenden Eingangsströmen ($i_P = i_N = 0$) ausgegangen werden. Damit liegt (po-

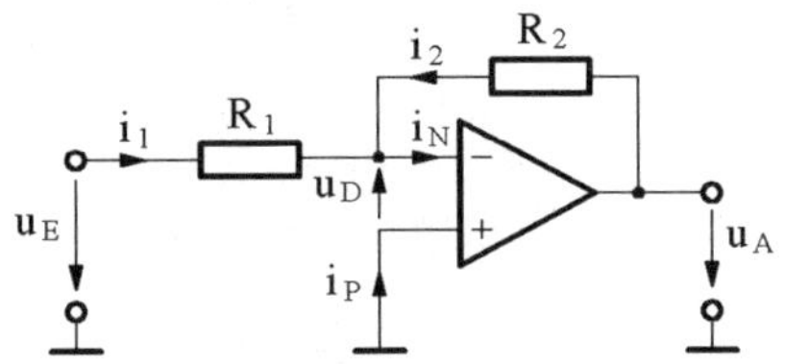

Abb. 5.5. Invertierende Operationsverstärkerschaltung

tentialmäßig) der invertierende Eingang des Operationsverstärkers auf Massepotential. Man bezeichnet dies als *virtuelle Masse*. Damit berechnet sich der Strom i_1 zu

$$i_1 = \frac{u_E}{R_1} . \tag{5.20}$$

Da die beiden Eingangsströme i_N und i_P bei einem idealen Operationsverstärker gleich Null sind, fließt der Strom i_1 auch durch den Widerstand R_2

$$i_1 + i_2 = 0 \tag{5.21}$$

$$i_2 = -i_1 . \tag{5.22}$$

Weiterhin liegt mit $u_D = 0$ am Widerstand R_2 die Ausgangsspannung u_A

$$u_A = R_2 i_2 = -\frac{R_2}{R_1} u_E \,. \tag{5.23}$$

Aus den Gln. (5.20), (5.22) und (5.23) ergibt sich

$$u_A = -\frac{R_2}{R_1} u_E \tag{5.24}$$

bzw.

$$\frac{u_A}{u_E} = -\frac{R_2}{R_1} u_E \,. \tag{5.25}$$

Für die nicht-invertierende Operationsverstärkerschaltung nach Abb. 5.6 folgt

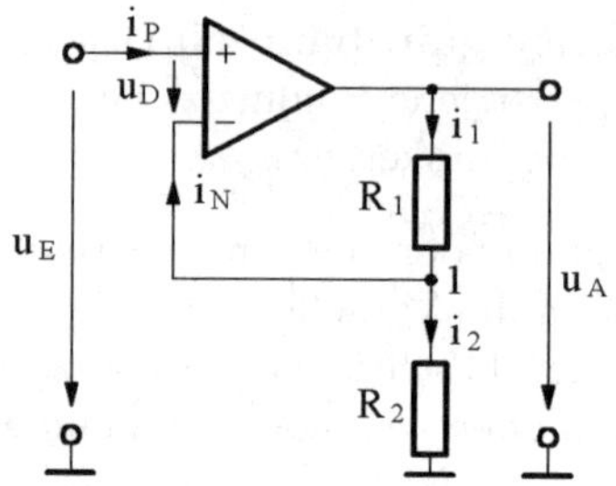

Abb. 5.6. Nicht-invertierende Operationsverstärkerschaltung

mit $u_D = 0$, daß der Knoten 1 auf gleichem Potential liegt wie der nicht-invertierende Eingang, d. h. die Spannung am Widerstand R_2 entspricht der Eingangsspannung u_E. Damit berechnet sich der Strom i_2 nach

$$i_2 = \frac{u_E}{R_2} \,. \tag{5.26}$$

Da bei einem idealen Operationsverstärker der Eingangsstrom i_N gleich Null ist, fließt der Strom i_2 auch durch den Widerstand R_1. Aufgrund dieser Tatsache und Gl. (5.26) erhält man

$$u_A = (R_1 + R_2) i_2 \tag{5.27}$$

$$= (R_1 + R_2) \frac{u_E}{R_2} \tag{5.28}$$

$$\frac{u_A}{u_E} = 1 + \frac{R_1}{R_2} \,. \tag{5.29}$$

Bei einem nicht-idealen Operationsverstärker jedoch fließt ein konstanter Eingangsstrom i_N, so daß die für den unbelasteten Teiler geltende Spannungsteilerregel nicht mehr angewendet werden darf. Dafür läßt sich für den Knoten 1 die folgende Gleichung (Knotenregel) angeben

$$i_1 - i_\mathrm{N} - i_2 = 0\,. \tag{5.30}$$

Nimmt man weiterhin eine endliche Verstärkung V_0 an, darf die Differenzeingangsspannung u_D nicht mehr Null gesetzt werden. Damit liegt am Widerstand R_2 nicht länger die Eingangsspannung u_E an, sondern die Spannungsdifferenz $u_\mathrm{E} - u_\mathrm{D}$. Weiterhin ist für diese Berechnung der Zusammenhang $u_\mathrm{A} = V_0 u_\mathrm{D}$ zu verwenden.

5.3 Schaltungen mit idealen Operationsverstärkern

Beispiel 5.1: *Subtrahierender Verstärker*

Abbildung 5.7 zeigt die Grundschaltung eines subtrahierenden Verstärkers. Geben Sie die Dimensionierungsvorschriften für R_1 bis R_6 an, damit nachfol-

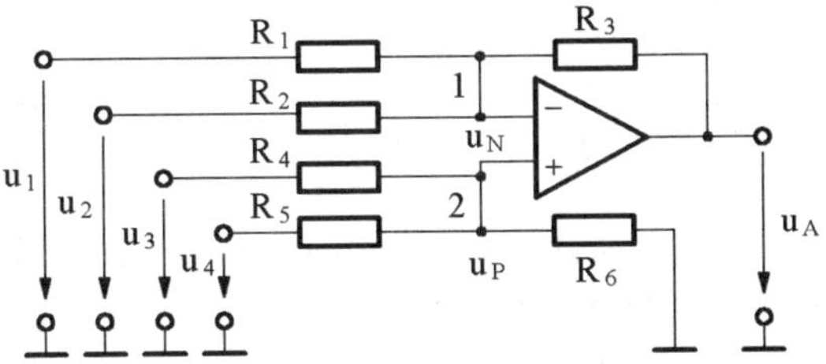

Abb. 5.7. Subtrahierender Verstärker

gende Gleichung erfüllt wird

$$u_\mathrm{A} = V(u_3 + u_4 - u_1 - u_2)\,. \tag{5.31}$$

Welcher Term ergibt sich dann für die Verstärkung V?

Musterlösung:

Dieses Beispiel läßt sich effizient lösen, wenn man zunächst für die beiden Stromknoten 1 und 2 aus Abb. 5.7 die Knotenregel anwendet

$$\text{Knoten 1:}\quad \frac{u_1 - u_\mathrm{N}}{R_1} + \frac{u_2 - u_\mathrm{N}}{R_2} = \frac{u_\mathrm{N} - u_\mathrm{A}}{R_3} \tag{5.32}$$

$$\text{Knoten 2:}\quad \frac{u_3 - u_\mathrm{P}}{R_4} + \frac{u_4 - u_\mathrm{P}}{R_5} = \frac{u_\mathrm{P}}{R_6}\,. \tag{5.33}$$

Dabei bezeichnen u_N und u_P die gegen Masse gemessenen Spannungen am invertierenden bzw. nicht-invertierenden Eingang (Abb. 5.7). Weiterhin gilt für einen idealen Operationsverstärker, daß die Differenzeingangsspannung u_D Null ist, woraufhin die beiden Spannungen u_N und u_P gleich sein müssen.

Durch Umformung erhält man aus den beiden Gln. (5.32) und (5.33) jeweils eine Darstellung für die Spannung u_P

$$u_\mathrm{P}\left(\frac{1}{R_1}+\frac{1}{R_2}+\frac{1}{R_3}\right)=\frac{u_1}{R_1}+\frac{u_2}{R_2}+\frac{u_\mathrm{A}}{R_3} \tag{5.34}$$

bzw.

$$u_\mathrm{P}\left(\frac{1}{R_4}+\frac{1}{R_5}+\frac{1}{R_6}\right)=\frac{u_3}{R_4}+\frac{u_4}{R_5}\,. \tag{5.35}$$

Das Gleichsetzen dieser beiden Gleichungen führt zu

$$\left(\frac{u_3}{R_4}+\frac{u_4}{R_5}\right)\frac{\frac{1}{R_1}+\frac{1}{R_2}+\frac{1}{R_3}}{\frac{1}{R_4}+\frac{1}{R_5}+\frac{1}{R_6}}=\frac{u_1}{R_1}+\frac{u_2}{R_2}+\frac{u_\mathrm{A}}{R_3}\,. \tag{5.36}$$

Löst man Gl. (5.36) nach der Ausgangsspannung u_A auf, so ergibt sich folgender Zusammenhang

$$u_\mathrm{A}=R_3\left(-\frac{u_1}{R_1}-\frac{u_2}{R_2}\right)+R_3\left(\frac{u_3}{R_4}+\frac{u_4}{R_5}\right)\frac{\frac{1}{R_1}+\frac{1}{R_2}+\frac{1}{R_3}}{\frac{1}{R_4}+\frac{1}{R_5}+\frac{1}{R_6}}\,. \tag{5.37}$$

Da zur Erfüllung von Gl. (5.31) notwendigerweise $R_1 = R_2$ und $R_4 = R_5$ gelten muß, vereinfacht sich Gl. (5.37) zu

$$u_\mathrm{A}=\frac{R_3}{R_1}\left(-u_1-u_2+(u_3+u_4)\frac{R_1}{R_4}\frac{\frac{2}{R_1}+\frac{1}{R_3}}{\frac{2}{R_4}+\frac{1}{R_6}}\right)\,. \tag{5.38}$$

Um nun eine einheitliche Verstärkung V zu gewährleisten, muß die Bedingung

$$\frac{R_1}{R_4}\frac{\frac{2}{R_1}+\frac{1}{R_3}}{\frac{2}{R_4}+\frac{1}{R_6}}=\frac{2+\frac{R_1}{R_3}}{2+\frac{R_4}{R_6}}=1 \tag{5.39}$$

erfüllt werden. Daraus erhält man die Bestimmungsgleichung für die restlichen Widerstände

$$\frac{R_1}{R_3}=\frac{R_4}{R_6}\,. \tag{5.40}$$

Wird die Bedingung gemäß Gl. (5.40) erfüllt, kann Gl. (5.38) schließlich, entsprechend der Forderung nach einer gemeinsamen Verstärkung V, in folgender Form angegeben werden

$$u_A=\frac{R_3}{R_1}(-u_1-u_2+u_3+u_4)=V(-u_1-u_2+u_3+u_4)\,. \tag{5.41}$$

Daraus folgt der gesuchte Verstärkungsfaktor V

$$V=\frac{R_3}{R_1}\,. \tag{5.42}$$

Beispiel 5.2: *Analyse einer Operationsverstärkerschaltung*

Analysieren Sie die Schaltung nach Abb. 5.8 unter der Annahme, daß Sie nur ideale Bauelemente enthält. Durch welchen passiven Zweipol kann diese Schaltung in bezug auf ihre beiden Eingangsklemmen ersetzt werden, und wie groß ist der Impedanzwert dieses Zweipols als Funktion von C, R_1 und R_2?

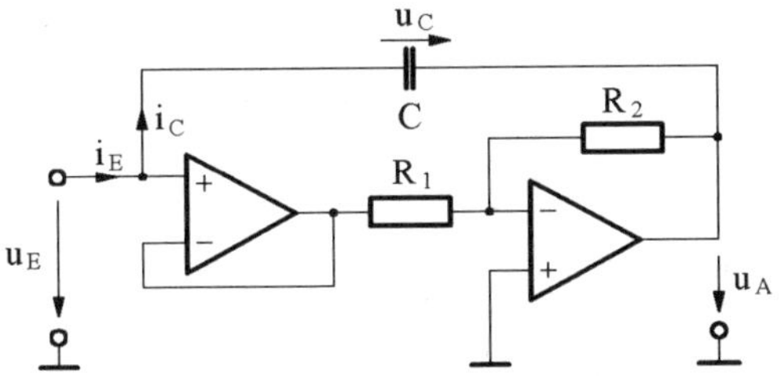

Abb. 5.8. Zu analysierende Operationsverstärkerschaltung

Musterlösung:

Durch die Beschaltung des zweiten Operationsverstärkers mit den Widerständen R_1 und R_2 arbeitet dieser als invertierender Verstärker, woraufhin sich die folgende Ausgangsspannung ergibt

$$u_A = -\frac{R_2}{R_1} u_E \,. \tag{5.43}$$

Damit berechnet sich die Kondensatorspannung u_C zu

$$u_C = u_E - u_A = u_E - \left(- \frac{R_2}{R_1}\, u_E \right)$$

$$= u_E \left(1 + \frac{R_2}{R_1} \right) . \tag{5.44}$$

Wegen der Annahme eines idealen Operationsverstärkers (keine Eingangsströme) ist der Kondensatorstrom i_C gleich dem Eingangsstrom i_E der Schaltung

$$i_E = i_C = C\, \frac{du_C}{dt}$$

$$= C \left(1 + \frac{R_2}{R_1} \right) \frac{du_E}{dt} \,. \tag{5.45}$$

Anhand eines Vergleiches mit der Strom–Spannungsbeziehung eines Kondensators erkennt man, daß sich die zu analysierende Operationsverstärkerschaltung an ihren Eingangsklemmen wie ein Kondensator mit der Kapazität

$$C_E = C\left(1 + \frac{R_2}{R_1}\right) \tag{5.46}$$

verhält. Diese Schaltung wird daher zur dynamischen Kapazitätsvergrößerung verwendet, z. B. auch zur Kompensation in Operationsverstärkern.

Beispiel 5.3: *Aktiver Brückengleichrichter*

An den Eingang der in Abb. 5.9 gezeigten Schaltung wird die periodische

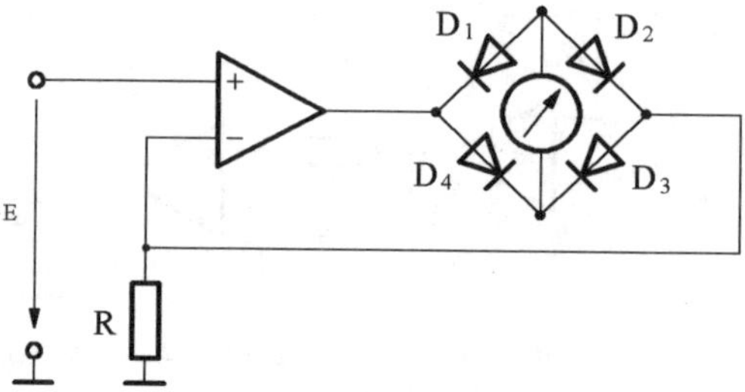

Abb. 5.9. Meßschaltung

Spannung $u_\mathrm{E}(t)$ nach Abb. 5.10 gelegt. Das Drehspulinstrument hat einen

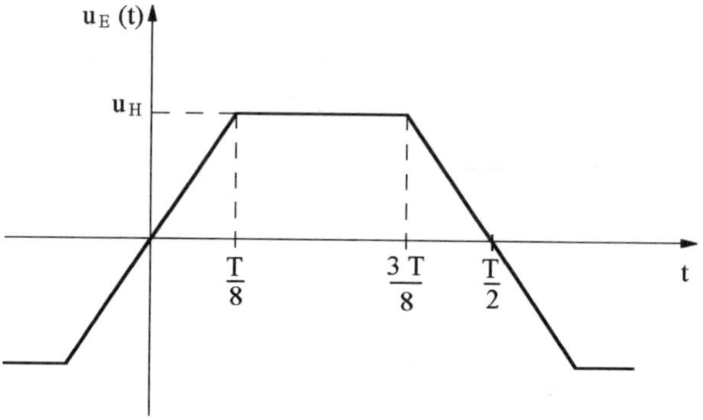

Abb. 5.10. Eingangsspannung der Meßschaltung nach Abb. 3.9

Meßbereichsendwert $I_\mathrm{Mend} = 1\,\mathrm{mA}$, einen Innenwiderstand $R_\mathrm{M} = 1\,\mathrm{k}\Omega$ und eine Genauigkeitsklasse von $G_\mathrm{DS} = 1\,\%$. Die verwendeten Dioden zeigen in Durchlaßrichtung einen Spannungsabfall von $U_\mathrm{D} = 0{,}6\,\mathrm{V}$.

a) Berechnen Sie den Widerstand R derart, daß für $U_\mathrm{Eeff} = 10\,\mathrm{V}$ das Drehspulinstrument seinen Endausschlag erreicht.
b) Für welche Sperrspannungen müssen die Dioden D_1 bis D_4 dimensioniert werden?

c) Welche Toleranz muß R haben, damit das Meßgerät eine Genauigkeitsklasse von $G = 2,5\,\%$ aufweist?
d) Welches (einzelne) Bauelement der Schaltung ist defekt, wenn das Meßgerät für $U_{\mathrm{Eeff}} = 10\,\mathrm{V}$ nur noch $5\,\mathrm{V}$ anzeigt und welchen Defekt hat es?

Musterlösung:

a) Aufgrund der Doppelweggleichrichtung ergibt sich der durch das Meßwerk fließende Strom i_{M} wie folgt

$$i_{\mathrm{M}} = \left| \frac{u_{\mathrm{E}}(t)}{R} \right| . \tag{5.47}$$

Der Effektivwert U_{Eeff} der Eingangsspannung kann aufgrund der Symmetrie bezüglich $t = T/4$ auf einfache Weise errechnet werden

$$\begin{aligned} U_{\mathrm{Eeff}} &= \sqrt{\frac{4}{T} \int\limits_0^{\frac{T}{4}} u_{\mathrm{E}}^2(t)\, dt} = \sqrt{\frac{4}{T} \left[\int\limits_0^{\frac{T}{8}} \left(\frac{u_{\mathrm{H}}}{\frac{T}{8}} t \right)^2 dt + \int\limits_{\frac{T}{8}}^{\frac{T}{4}} u_{\mathrm{H}}^2\, dt \right]} \\ &= \sqrt{\frac{4}{T} \left[\frac{8^2}{T^2} u_{\mathrm{H}}^2 \frac{T^3}{3\,8^3} + u_{\mathrm{H}}^2 \frac{T}{8} \right]} = u_{\mathrm{H}} \sqrt{\frac{1}{6} + \frac{1}{2}} \\ &= u_{\mathrm{H}} \frac{2}{\sqrt{6}} . \end{aligned} \tag{5.48}$$

Wenn der Effektivwert der Eingangsspannung $U_{\mathrm{Eeff}} = 10\,\mathrm{V}$ beträgt, läßt sich der Spannungswert u_{H} (Abb. 5.10) wie folgt ermitteln

$$u_{\mathrm{H}} = U_{\mathrm{Eeff}} \frac{\sqrt{6}}{2} = 12,247\,\mathrm{V} . \tag{5.49}$$

Der Mittelwert der zweiweggleichgerichteten Eingangsspannung (Gleichrichtwert) ergibt sich unter Berücksichtigung der Symmetrie zu

$$\overline{|u_{\mathrm{E}}|} = \frac{4}{T} \left[\frac{u_{\mathrm{H}}}{2} \frac{T}{8} + u_{\mathrm{H}} \frac{T}{8} \right] = u_{\mathrm{H}} \left[\frac{1}{4} + \frac{1}{2} \right] = u_{\mathrm{H}} \frac{3}{4} . \tag{5.50}$$

Mit diesem Ergebnis berechnet sich der zeitliche Strommittelwert $\overline{i_{\mathrm{M}}}$, welcher gleich dem Stromendwert I_{Mend} des Meßwerkes sein muß, zu

$$\overline{i_{\mathrm{M}}} = I_{\mathrm{Mend}} = \frac{u_{\mathrm{H}}}{R} \frac{3}{4} . \tag{5.51}$$

Der gesuchte Widerstand R beträgt somit

$$R = \frac{3}{4} \frac{u_{\mathrm{H}}}{I_{\mathrm{Mend}}} = 9,186\,\mathrm{k}\Omega . \tag{5.52}$$

b) Die Sperrspannung der Diode D_1 berechnet sich bei leitender Diode D_4 aus einem bei der Diode D_1 beginnenden Maschenumlauf, der über die Diode D_4 und das Meßwerk führt, zu

$$U_{D1SS} = U_D + I_{Mmax} R_M = U_D + \frac{u_H}{R} R_M = 1,933\,V. \tag{5.53}$$

Die Sperrspannungen der anderen drei Dioden ergeben sich auf analoge Weise.

c) Der Ausschlagwinkel α des Drehspulmeßwerkes ergibt sich mit der Stromempfindlichkeit S_i [6] zu

$$\alpha = S_i \overline{i_M} = S_i \frac{u_H}{R} \frac{3}{4}. \tag{5.54}$$

Bildet man nun das totale Differential $d\alpha$

$$d\alpha = \frac{3}{4} \frac{u_H}{R} dS_i - \frac{3}{4} u_H \frac{S_i}{R^2} dR \tag{5.55}$$

und bezieht dieses auf den Zeigerausschlagwinkel α, so erhält man den relativen Anzeigefehler

$$\frac{d\alpha}{\alpha} = \frac{dS_i}{S_i} - \frac{dR}{R}. \tag{5.56}$$

Für den ungünstigsten Fall

$$\left|\frac{d\alpha}{\alpha}\right|_{max} = G = G_{DS} + |f_R|_{max} \tag{5.57}$$

folgt die zulässige Widerstandstoleranz $|f_R|_{max}$

$$|f_R|_{max} = G - G_{DS} = 1,5\,\%. \tag{5.58}$$

d) Zeigt das Drehspulinstrument bei $U_{Eeff} = 10\,V$ nur noch den halben Endausschlag, also 5 V, dann muß eine der vier Dioden in beiden Richtungen sperren oder einen Kurzschluß haben.

Beispiel 5.4: *Aktiver Zweiweggleichrichter*

a) Berechnen Sie die Ausgangsspannung $u_A = f(u_E, R_1, R_2)$ der in Abb. 5.11 gezeigten Schaltung, ohne die Diode D zu berücksichtigen.
b) Ermitteln Sie mit dem Ergebnis aus Punkt a) die Spannung u_1 als Funktion von u_E, R_1 und R_2.
c) Berechnen Sie die Ausgangsspannung u_A für eine beliebige Eingangsspannung u_E, wenn die Diode D als ideale Diode (d. h. $U_D = 0\,V$ im Durchlaßbereich) zu berücksichtigen ist. Verwenden Sie für Ihre Überlegungen und Berechnungen die in den Punkten a) und b) erhaltenen Ergebnisse.

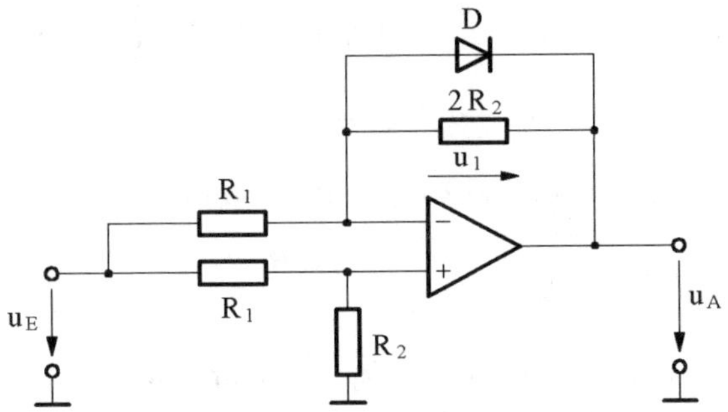

Abb. 5.11. Operationsverstärkerschaltung des aktiven Zweiweggleichrichters

Musterlösung:

a) Die Spannung u_{P} am nicht-invertierenden Eingang des Operationsverstärkers, die aufgrund der verschwindenden Differenzeingangsspannung ($u_{\mathrm{D}} = 0$) auch am invertierenden Eingang anliegt, berechnet sich mit Hilfe der Spannungsteilerregel zu

$$u_{\mathrm{P}} = u_{\mathrm{N}} = u_{\mathrm{E}} \frac{R_2}{R_1 + R_2} \,. \tag{5.59}$$

Damit beträgt der Strom i, welcher sowohl durch den Widertstand R_1 und als auch durch den Widerstand $2R_2$ fließt,

$$i = \frac{u_{\mathrm{E}} - u_{\mathrm{N}}}{R_1} = u_{\mathrm{E}} \frac{1}{R_1 + R_2} \,. \tag{5.60}$$

Die Ausgangsspannung u_{A} berechnet sich nun mit Hilfe eines Maschenumlaufes, der vom Ausgang über den Widerstand $2R_2$ zum Eingang des Operationsverstärkers führt, zu

$$\begin{aligned} u_{\mathrm{A}} &= u_{\mathrm{N}} - u_1 = u_{\mathrm{N}} - 2R_2 i \\ &= u_{\mathrm{E}} \frac{R_2}{R_1 + R_2} - u_{\mathrm{E}} \frac{2R_2}{R_1 + R_2} \\ &= -u_{\mathrm{E}} \frac{R_2}{R_1 + R_2} \,. \end{aligned} \tag{5.61}$$

b) Die Spannung u_1 ergibt sich unter Verwendung des bereits berechneten Stromes i (Gl. (5.60)) zu

$$u_1 = 2R_2 i = u_{\mathrm{E}} \frac{2R_2}{R_1 + R_2} \,. \tag{5.62}$$

c) Mit Hilfe von Gl. (5.62) können folgende Fälle unterschieden werden:

$$u_E > 0\,\mathrm{V} \Longrightarrow \quad u_1 > 0\,\mathrm{V} \Longrightarrow \quad \text{Diode leitet} \tag{5.63}$$

$$u_E < 0\,\mathrm{V} \Longrightarrow \quad u_1 < 0\,\mathrm{V} \Longrightarrow \quad \text{Diode sperrt}\,. \tag{5.64}$$

Wenn die Diode D leitet, ist die Ausgangsspannung

$$u_A = u_N = u_E \,\frac{R_2}{R_1 + R_2}\,. \tag{5.65}$$

Wenn die Diode sperrt, gilt für die Ausgangsspannung u_A die Beziehung (Gl. (5.61))

$$u_A = -u_E \,\frac{R_2}{R_1 + R_2}\,. \tag{5.66}$$

Daraus folgt nun für eine beliebige Eingangsspannung u_E der Zusammenhang

$$u_A = |u_E| \,\frac{R_2}{R_1 + R_2}\,. \tag{5.67}$$

Aufgabe 5.1: *Subtrahierender Verstärker*

Berechnen Sie den subtrahierenden Verstärker aus Beispiel 5.1 mit Hilfe des Überlagerungssatzes und vergleichen Sie zur Kontrolle die Ergebnisse.

Aufgabe 5.2: *Spannungsgesteuerte Stromquelle*

Wie müssen Sie bei der Operationsverstärkerschaltung nach Abb. 5.12 das

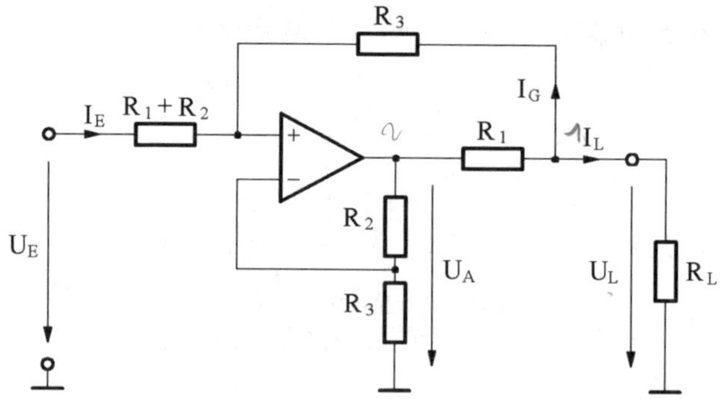

Abb. 5.12. Schaltung der spannungsgesteuerten Stromquelle

Widerstandsverhältnis R_2/R_3 wählen, damit die Schaltung als spannungsgesteuerte Stromquelle arbeitet (d.h. I_L ist proportional zu U_E, aber unabhängig von R_L).

Lösung:

Der Laststrom I_L berechnet sich entsprechend der Formel

$$I_L = \frac{U_E}{R_1} + I_L R_L \frac{R_1 + R_2 - R_1 - R_3}{R_1 R_3} = \frac{U_E}{R_1} + I_L R_L \frac{R_2 - R_3}{R_1 R_3} . \quad (5.68)$$

Anhand dieser Gleichung erkennt man, daß für $R_2 = R_3$ der Laststrom I_L von R_L unabhängig wird. Gleichung (5.68) vereinfacht sich in diesem Fall zu

$$I_L = \frac{U_E}{R_1} . \quad (5.69)$$

Aufgabe 5.3: *Schaltung mit bipolar einstellbarer Spannungsverstärkung*

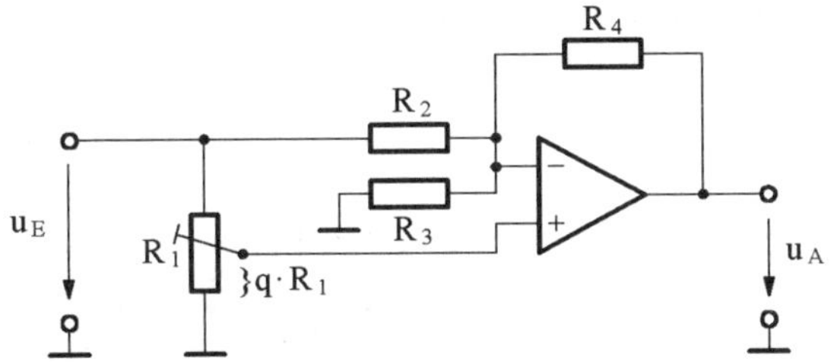

Abb. 5.13. Operationsverstärkerschaltung des bipolar einstellbaren Spannungsverstärkers

a) Berechnen Sie die Ausgangsspannung $u_A = f(u_E, q, R_1, R_2, R_3, R_4)$ der in Abb. 5.13 gezeigten Schaltung (der Operationsverstärker sei ideal).
b) Welche Zusammenhänge müssen zwischen R_1, R_2, R_3 und R_4 gelten, damit die Ausgangsspannung u_A mit dem Potentiometer R_1 im Bereich von $-2u_E \leq u_A \leq 3u_E$ eingestellt werden kann?
c) Mit welchem Widerstand (entspricht dem Eingangswiderstand der Schaltung) wird u_E belastet?

Lösung:

a) Die Ausgangsspannung u_A der in Abb. 5.13 gezeigten Schaltung beträgt

$$u_A = u_E \left(q \frac{R_2 R_3 + R_2 R_4 + R_3 R_4}{R_2 R_3} - \frac{R_4}{R_2} \right) .$$

b) Für den Fall $q = 0$ ($u_A = -2u_E$) gilt

$$R_4 = 2R_2 .$$

Für den Fall $q = 1$ ($u_A = 3u_E$) folgt

$$R_2 = R_3 \,.$$

c) Der Eingangswiderstand beträgt

$$R_E = \frac{R_1 R_2}{R_1(1-q) + R_2} \,.$$

Aufgabe 5.4: *Integrierer - Differenzierer*

a) Berechnen Sie für die in Abb. 5.14 angegebene Schaltung das Verhältnis von Ausgangs- zu Eingangsspannung $\underline{U}_A(\omega)/\underline{U}_E(\omega) = f(R_1, R_2, C_1, C_2, \omega)$ (idealer Operationsverstärker vorausgesetzt).

b) Welche Bedingungen müssen die Werte der Bauelemente erfüllen, damit die angegebene Schaltung zum integrierenden bzw. differenzierenden Verstärker wird? Geben Sie die Bedingungen unter Verwendung der Symbole „≪“bzw. „≫“an.

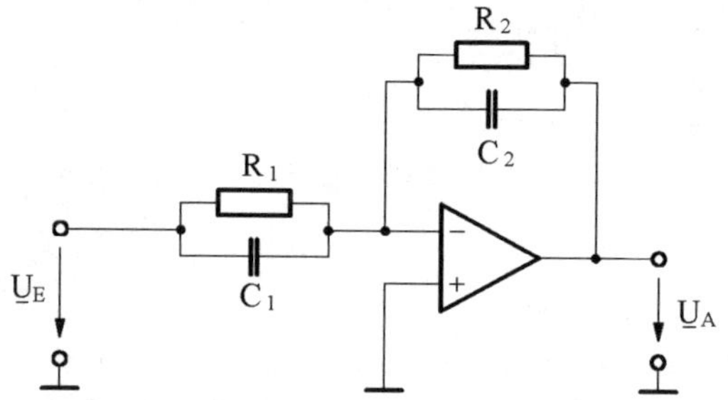

Abb. 5.14. Operationsverstärkerschaltung des integrierenden bzw. differenzierenden Verstärkers

Lösung:

a) Das Verhältnis von Ausgangs- ($\underline{U}_A$) zu Eingangsspannung ($\underline{U}_E$) beträgt

$$\frac{\underline{U}_A(\omega)}{\underline{U}_E(\omega)} = -\frac{R_2}{R_1}\frac{1 + j\omega R_1 C_1}{1 + j\omega R_2 C_2} \,.$$

b) Für eine integrierende Wirkung des Verstärkers muß

$$R_1 C_1 \omega \ll 1 \Longrightarrow \qquad R_1 C_1 \ll \frac{1}{\omega}$$

$$R_2 C_2 \omega \gg 1 \Longrightarrow \qquad R_2 C_2 \gg \frac{1}{\omega}$$

und für eine differenzierende Wirkung

$$R_1C_1\omega \gg 1 \Longrightarrow \quad R_1C_1 \gg \frac{1}{\omega}$$

$$R_2C_2\omega \ll 1 \Longrightarrow \quad R_2C_2 \ll \frac{1}{\omega}$$

gelten.

5.4 Schaltungen mit realen Operationsverstärkern

Beispiel 5.5: *Strommeßschaltung*

Es soll der Strom I in einem nach außen geführten Zweig eines linearen Netzwerkes gemessen werden. Wenn dieser Zweig aufgetrennt wird, läßt sich das lineare Netzwerk in bezug auf diese Klemmen durch eine Ersatzstromquelle (Abschn. 7.1) darstellen (Abb. 5.15). Die Messung von I soll auf zwei Arten

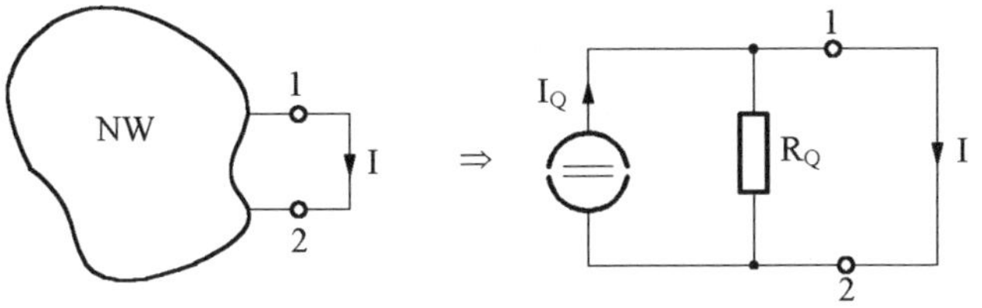

Abb. 5.15. Ersatzstromquellendarstellung eines linearen Netzwerkes NW

durchgeführt werden:

a) durch direkte Beschaltung mit einem Drehspulmeßwerk, das folgende Daten aufweist:

$$I_{\mathrm{Mend}} = 10\,\mathrm{mA}$$
$$R_{\mathrm{M}} = 100\,\Omega\,.$$

b) unter Verwendung der Operationsverstärkerschaltung nach Abb. 5.16.

Berechnen Sie I_{M} sowie die relativen Fehler f der Messungen nach Punkt a) und Punkt b), wenn $I_{\mathrm{Q}} = 10\,\mathrm{mA}$ und $R_{\mathrm{Q}} = 1\,\mathrm{k}\Omega$ betragen. Nehmen Sie für die Messung nach Punkt b) außerdem die folgenden zwei Fälle an:

- Messung mit einem idealen Operationsverstärker
- Messung mit einem realen Operationsverstärker, dessen Daten bis auf die endliche Verstärkung $V_0 = 1000$ und den Ausgangswiderstand $r_{\mathrm{A}} = 1\,\mathrm{k}\Omega$ ideal sind.

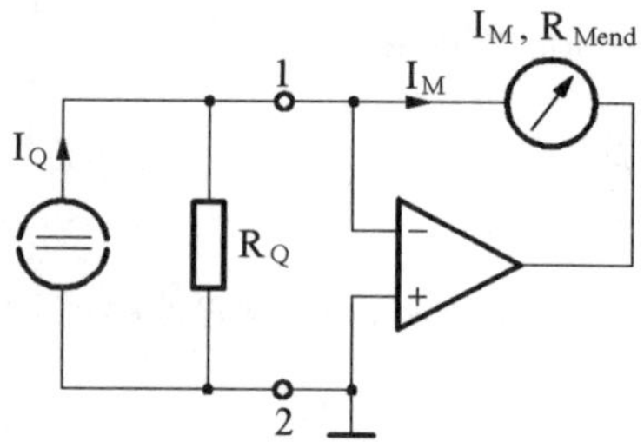

Abb. 5.16. Operationsverstärkerschaltung zur Messung des Stromes I

Musterlösung:

a) Entsprechend Abb. 5.17 folgt mit Hilfe der Stromteilerregel (Gl. (4.27))

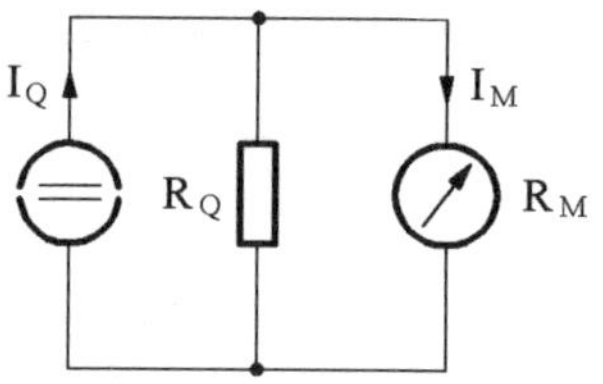

Abb. 5.17. Messung mit einem Drehspulinstrument

$$I_M = I_Q \frac{R_Q}{R_Q + R_M} = 9,09\,\text{mA}\,. \qquad (5.70)$$

Dieser Meßstrom weicht aufgrund des endlichen Wertes des Widerstandes R_Q vom wahren Strom I_Q des Netzwerkes ab. Es resultiert daraus der relative Meßfehler

$$f = \frac{I_M - I_Q}{I_Q} = \frac{R_Q}{R_Q + R_M} - 1 = -9,09\,\%\,. \qquad (5.71)$$

b) Im Falle eines idealen Operationsverstärkers ist die Differenzeingangsspannung u_D Null. Damit ist die Spannung über dem Widerstand R_Q ebenso Null, demzufolge durch diesen Widerstand kein Strom fließen kann. Somit ist die Identität von Netzwerkstrom I_Q und Meßstrom I_M bewiesen, d. h. der Meßfehler ist in diesem Fall Null.

Für den unter Punkt b) angegebenen realen Operationsverstärker ist die Differenzeingangsspannung u_D nicht mehr zu vernachlässigen. Daher ist in diesem Fall die Ersatzschaltung nach Abb. 5.18 zu verwenden (vergleiche dazu Abb. 5.3). Damit berechnet sich der Zusammenhang zwischen dem Netzwerkstrom I_Q und dem Meßstrom I_M zu

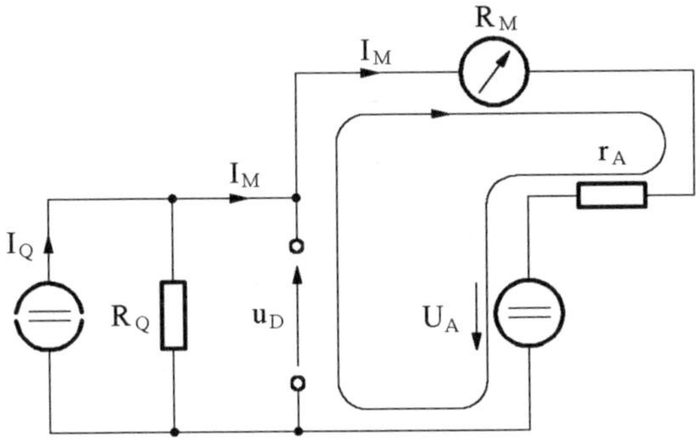

Abb. 5.18. Messung mit realem Operationsverstärker

$$I_Q = I_M - \frac{u_D}{R_Q}. \tag{5.72}$$

Für einen Maschenumlauf vom Ausgang des Operationsverstärkers zu seinem Eingang (Abb. 5.18) erhält man

$$U_A + u_D + I_M R_M + I_M r_A = 0\,. \tag{5.73}$$

Aus dem Zusammenhang $U_A = V_0 u_D$ berechnet sich die Spannung u_D mit Gl. (5.73) zu

$$u_D = -I_M \frac{R_M + r_A}{1 + V_0}\,. \tag{5.74}$$

Setzt man die so erhaltene Differenzeingangsspannung u_D in Gl. (5.72) ein, so erhält man durch Umformung den gesuchten Meßstrom I_M

$$I_Q = I_M + I_M \frac{R_M + r_A}{R_Q(1 + V_0)} \tag{5.75}$$

$$I_M = I_Q \frac{1}{1 + \frac{R_M + r_A}{R_Q(1+V_0)}} = 9{,}99\,\text{mA}\,. \tag{5.76}$$

Der relative Fehler beträgt somit

$$f = \frac{I_M - I_Q}{I_Q} = \frac{1}{1 + \frac{R_M + r_A}{R_Q(1+V_0)}} - 1 = -0{,}11\,\%\,. \tag{5.77}$$

Beispiel 5.6: *Nicht-invertierende Operationsverstärkerschaltung*

Berechnen Sie für $R_1 = 10\,\text{k}\Omega$, $R_2 = 1\,\text{M}\Omega$ und $U_E = 0$ V die Ausgangsspannung U_A, wenn die Daten des Operationsverstärkers bis auf $V_0 = 10^5$, $r_A = 100\,\Omega$ und $I_E = 30\,\text{nA}$ als ideal anzunehmen sind (Abb. 5.19).

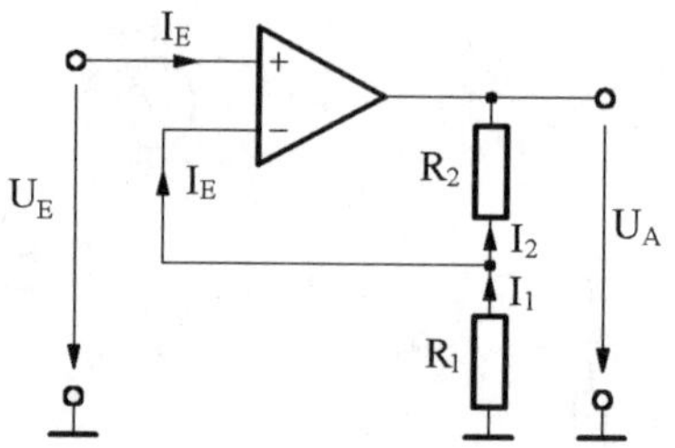

Abb. 5.19. Nicht-invertierende Operationsverstärkergrundschaltung

Musterlösung:

Ist der Eingang kurzgeschlossen ($U_\mathrm{E} = 0$), so liegt am Widerstand R_1 die Differenzeingangsspannung u_D des Operationsverstärkers an. Damit gelten folgende Zusammenhänge

$$I_1 = I_2 + I_\mathrm{E} \tag{5.78}$$

$$u_\mathrm{D} = I_1 R_1 \tag{5.79}$$

$$U_\mathrm{A} = -u_\mathrm{D} - I_2 R_2 \tag{5.80}$$

$$U_\mathrm{A} = V_0 u_\mathrm{D} + I_2 r_\mathrm{A}\,. \tag{5.81}$$

Setzt man die Gln. (5.78) und (5.79) in Gl. (5.80) ein und löst diese nach u_D auf, so folgt

$$U_\mathrm{A} = -u_\mathrm{D} - \left(\frac{u_\mathrm{D}}{R_1} - I_\mathrm{E}\right) R_2 \tag{5.82}$$

$$u_\mathrm{D}\left(1 + \frac{R_2}{R_1}\right) = -U_\mathrm{A} + I_\mathrm{E} R_2\,. \tag{5.83}$$

$$u_\mathrm{D} = \frac{-U_\mathrm{A} + I_\mathrm{E} R_2}{R_1 + R_2} R_1\,. \tag{5.84}$$

Durch Einsetzen der beiden Gln. (5.78) und (5.79) in Gl. (5.81) ergibt sich die Spannung U_A

$$U_\mathrm{A} = V_0 u_\mathrm{D} + \left(\frac{u_\mathrm{D}}{R_1} - I_\mathrm{E}\right) r_\mathrm{A}\,. \tag{5.85}$$

Setzt man nun Gl. (5.84) in Gl. (5.85) ein, so erhält man die Bestimmungsgleichung für die Ausgangsspannung U_A

$$\begin{aligned} U_\mathrm{A} &= \frac{-U_\mathrm{A} + I_\mathrm{E} R_2}{R_1 + R_2} R_1 \left(V_0 + \frac{r_\mathrm{A}}{R_1}\right) - I_\mathrm{E} r_\mathrm{A} \\ &= \frac{-U_\mathrm{A} + I_\mathrm{E} R_2}{R_1 + R_2} (V_0 R_1 + r_\mathrm{A}) - I_\mathrm{E} r_\mathrm{A}\,. \end{aligned} \tag{5.86}$$

Durch Umformung berechnet sich die Ausgangsspannung U_A zu

$$U_A\left(1+\frac{V_0R_1+r_A}{R_1+R_2}\right)=I_E\left(\frac{V_0R_1R_2+R_2r_A}{R_1+R_2}-r_A\right)$$

$$U_A\,\frac{R_1(V_0+1)+R_2+r_A}{R_1+R_2}=I_E\,\frac{V_0R_1R_2+R_2r_A-R_1r_A-R_2r_A}{R_1+R_2}$$

$$U_A=I_E\,\frac{V_0R_1R_2-R_1r_A}{R_1(V_0+1)+R_2+r_A}\,. \tag{5.87}$$

Die zahlenwertmäßige Auswertung von Gl. (5.87) ergibt $U_A = 29,97\,\text{mV}$.

Beispiel 5.7: *Differenzverstärker*

Die Schaltung nach Abb. 5.20 wird zur Verstärkung der Spannung u_Q ver-

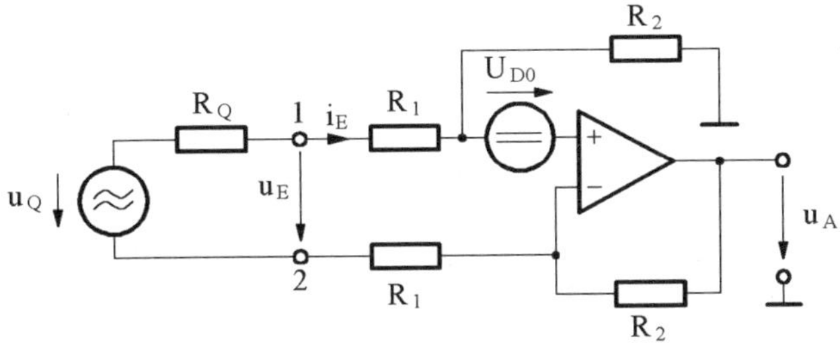

Abb. 5.20. Verstärkerschaltung

wendet. Der Innenwiderstand der Signalquelle beträgt $R_Q = 1\,\text{k}\Omega$.

a) Berechnen Sie den Widerstand R_1 derart, daß für $R_2 = 1\,\text{M}\Omega$ die Spannung u_Q um den Faktor $V = 100$ verstärkt am Ausgang erscheint. Dabei soll die Offsetspannung $U_{D0} = 0\,\text{V}$ betragen.
b) Mit welchem Widerstand (entspricht dem Eingangswiderstand der Schaltung) wird die Signalquelle belastet?
c) Berechnen Sie die Änderung der Ausgangsspannung aufgrund einer Offsetspannung $U_{D0} = 1\,\text{mV}$.

Musterlösung:

a) Da der Operationsverstärker zunächst als ideal betrachtet wird (keine Eingangsströme und keine Offsetspannung), berechnet sich der von der Spannungsquelle gelieferte Strom i_Q zu

$$i_Q=i_E=\frac{u_Q}{2R_1+R_Q}\,. \tag{5.88}$$

Dieser Strom fließt auch durch die beiden Widerstände R_2 und bewirkt (bei Nichtberücksichtigung der Offsetspannung U_{D0}) die Ausgangsspannung

$$u_{\mathrm{A}} = i_{\mathrm{Q}} 2R_2 = u_{\mathrm{Q}} \frac{2R_2}{2R_1 + R_{\mathrm{Q}}} . \tag{5.89}$$

Für den geforderten Verstärkungsgrad von $V = 100$ ergibt sich mit

$$V = \frac{u_{\mathrm{A}}}{u_{\mathrm{Q}}} = \frac{2R_2}{2R_1 + R_{\mathrm{Q}}} \tag{5.90}$$

der daraus resultierende Widerstandswert für R_1

$$R_1 = \frac{R_2}{V} - \frac{R_{\mathrm{Q}}}{2} = 9,5\,\mathrm{k}\Omega . \tag{5.91}$$

b) Die für den Meßverstärker relevante Eingangsspannung entspricht der Spannung zwischen den Klemmen 1 und 2. Der Eingangswiderstand der Schaltung berechnet sich damit entsprechend Abb. 5.20 aus der Beziehung

$$u_{\mathrm{E}} = 2\,R_1\,i_{\mathrm{E}} \tag{5.92}$$

zu

$$R_{\mathrm{E}} = \frac{du_{\mathrm{E}}}{di_{\mathrm{E}}} = 2R_1 = 19\,\mathrm{k}\Omega . \tag{5.93}$$

c) Wenn man die aus der Offsetspannung U_{D0} resultierende Änderung Δu_{A} der Ausgangsspannung berechnen möchte, nimmt man die Quellspannung u_{Q} zu Null an (Superpositionsprinzip). Damit ergibt sich zunächst der Strom i'_{E} aus einem Maschenumlauf im Eingangskreis

$$i'_{\mathrm{E}} = \frac{-U_{D0}}{2R_1 + R_Q} . \tag{5.94}$$

Da dieser Strom wiederum durch die beiden Widerstände R_2 fließt, liefert ein Maschenumlauf über diese Widerstände die gesuchte Änderung Δu_{A} der Ausgangsspannung

$$\begin{aligned} \Delta u_A &= 2R_2 i'_{\mathrm{E}} - U_{\mathrm{D0}} \\ &= -U_{\mathrm{D0}} \left(1 + \frac{2R_2}{2R_1 + R_{\mathrm{Q}}}\right) = -101\,\mathrm{mV} . \end{aligned} \tag{5.95}$$

Beispiel 5.8: *Sample & Hold-Schaltung*

Von der in Abb. 5.21 angegebenen Sample & Hold-Schaltung sind $R_1 = 10\,\mathrm{k}\Omega$ und $C = 10\,\mathrm{nF}$ gegeben. Für die weiteren Überlegungen können die Dioden weggelassen und der FET als idealer Schalter betrachtet werden. Die verwendeten Operationsverstärker sind mit Ausnahme der unten angegebenen Daten ideal.

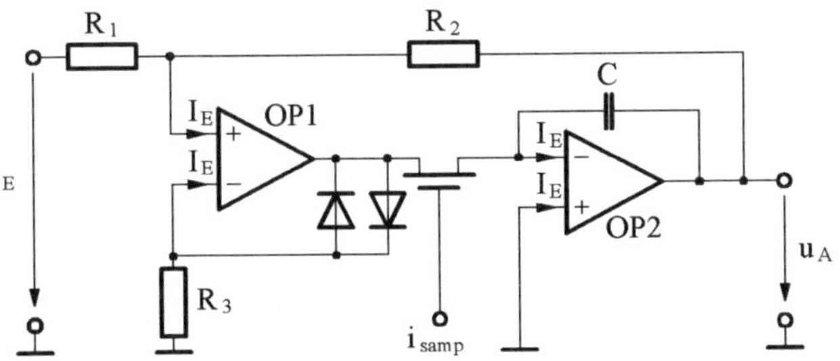

Abb. 5.21. Sample & Hold-Schaltung

OP1 : $I_E = 1\,\mu A$ Eingangsstrom
$I_{Amax} = 10\,mA$ maximaler Ausgangsstrom

OP2 : $I_E = 1\,\mu A$ Eingangsstrom

a) Berechnen Sie unter Vernachlässigung der Eingangsströme I_E den Widerstandswert R_2 so, daß im Sample-Zustand die Beziehung

$$u_A = -2u_E$$

erfüllt wird.

b) Berechnen Sie die Offsetspannung (im Sample-Zustand) als Funktion der Bauelementwerte und der Eingangsströme (**Hinweis:** Superpositionsprinzip anwenden). Wie müssen Sie R_3 dimensionieren, damit die Offsetspannung kompensiert wird?

c) Berechnen Sie für diese Schaltung unter Verwendung der oben berechneten Bauelementwerte die für eine Sample & Hold-Schaltung definierten Parameter „Droop“ (Änderung der Ausgangsspannung während des Halte-Zustandes) und „Slew-Rate“ (maximale Anstiegsgeschwindigkeit der Ausgangsspannung). Welche maximale Frequenz darf eine sinusförmige Eingangsspannung mit einer Amplitude von 2 V haben, damit ihr die in Abb. 5.21 gezeigte Sample & Hold-Schaltung gerade noch folgen kann?

Musterlösung:

a) Da es sich bei dieser Schaltung im Prinzip um einen invertierenden Verstärker handelt, berechnet sich die Ausgangsspannung zu

$$u_A = -\frac{R_2}{R_1}u_E\,. \tag{5.96}$$

Damit beträgt der gesuchte Widerstandswert $R_2 = 20\,k\Omega$.

b) Wenn man zunächst nur den Eingangsstrom am invertierenden Eingang des Operationsverstärkers OP1 betrachtet, erhält man für die Spannung am nicht-invertierenden Eingang des Operationsverstärkers

$$u_{\mathrm{P}} = -I_{\mathrm{E}} R_3 . \tag{5.97}$$

Die dementsprechende Ausgangsspannung berechnet sich zu

$$u_{\mathrm{Aoff1}} = \frac{u_{\mathrm{P}}}{R_1} R_2 + u_{\mathrm{P}} = -I_{\mathrm{E}} R_3 \left(\frac{R_2}{R_1} + 1 \right) . \tag{5.98}$$

Berücksichtigt man nun lediglich den Eingangsstrom am nicht-invertierenden Eingang des Operationsverstärkers OP1, so ergibt sich mit $u_{\mathrm{R1}} = 0\,\mathrm{V}$ die Ausgangsspannung

$$u_{\mathrm{Aoff2}} = I_{\mathrm{E}} R_2 . \tag{5.99}$$

Der Eingangsstrom des Operationsverstärkers OP2 bewirkt keine Offsetspannung, weil er vom Ausgang des Operationsverstärkers OP1 geliefert wird. Die gesamte Offsetspannung ergibt sich schließlich durch Addition der Einzelspannungen (Gl. (5.98) und Gl. (5.99)) zu

$$u_{\mathrm{Aoff}} = u_{\mathrm{Aoff1}} + u_{\mathrm{Aoff2}} = I_{\mathrm{E}} \left(R_2 - R_3 \left(\frac{R_2}{R_1} + 1 \right) \right) . \tag{5.100}$$

Damit die Offsetspannung kompensiert werden kann, muß der Widerstand R_3 die nachfolgende Bedingung erfüllen

$$R_3 = \frac{R_2}{\frac{R_2}{R_1} + 1} = \frac{R_2}{3} = 6{,}67\,\mathrm{k\Omega} . \tag{5.101}$$

c) Der Parameter „Droop" wird vom Eingangsstrom I_{E} des Operationsverstärkers OP2 bestimmt und ergibt sich aus der Beziehung

$$u_{\mathrm{A}} = \frac{1}{C} \int_0^t I_{\mathrm{E}}\, dt' + u_{\mathrm{A}}(0) \tag{5.102}$$

zu

$$\frac{du_{\mathrm{A}}}{dt} = \frac{I_{\mathrm{E}}}{C} = 100\,\frac{\mathrm{V}}{\mathrm{s}} . \tag{5.103}$$

Der Parameter „Slew-Rate" wird durch den maximalen Ausgangsstrom des Operationsverstärkers OP1 festgelegt (I_{E} des Operationsverstärkers OP2 wird vernachlässigt)

$$\mathrm{SR} = \left(\frac{du_{\mathrm{A}}}{dt} \right)_{\mathrm{max}} = \frac{I_{\mathrm{Amax}}}{C} = 1\,\frac{V}{\mu\mathrm{s}} . \tag{5.104}$$

Für eine sinusförmige Eingangsspannung

$$u_{\mathrm{A}}(t) = -\frac{R_2}{R_1} \hat{U}_{\mathrm{E}} \sin \omega t \tag{5.105}$$

berechnet sich die benötigte „Slew-Rate" nach folgender Gleichung

$$\mathrm{SR} = \left| \frac{du_{\mathrm{A}}(t)}{dt} \right|_{\max} = \frac{R_2}{R_1} \hat{U}_{\mathrm{E}} \, \omega \, . \tag{5.106}$$

Aus der nach Gl. (5.104) ermittelten „Slew-Rate“ läßt sich mit Gl. (5.106) die Frequenz

$$f_{\max} = \frac{\mathrm{SR}}{2\pi \frac{R_2}{R_1} \hat{U}_{\mathrm{E}}} = 39{,}8\,\mathrm{kHz} \tag{5.107}$$

angeben, welche das Sinussignal maximal aufweisen darf, wenn ihr die in Abb. 5.21 gezeigte Sample & Hold-Schaltung noch folgen soll.

Beispiel 5.9: *Realer Präzisionszweiweggleichrichter*

Berechnen Sie für die in Abb. 5.22 angegebene Schaltung den Zusammenhang

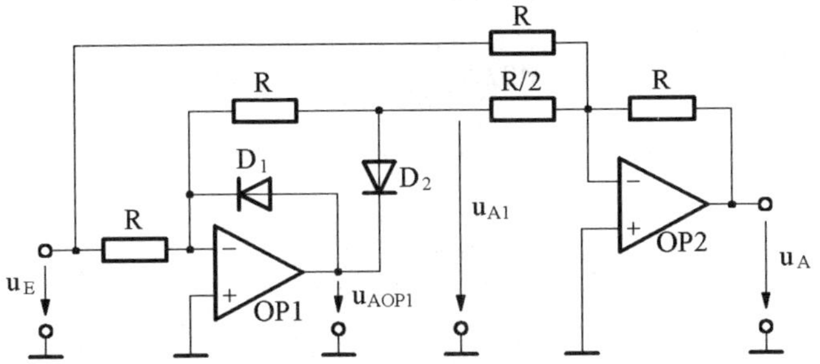

Abb. 5.22. Realer Präzisionszweiweggleichrichter

zwischen der Ausgangsspannung u_{A} und der Eingangsspannung u_{E} (sowohl für positive als auch negative Werte von u_{E}), wenn die verwendeten Operationsverstärker eine Leerlaufspannungsverstärkung V_0 aufweisen (die restlichen Daten seien ideal) und an den Dioden in Durchlaßrichtung eine Spannung von U_{D0} abfällt.

Musterlösung:

Bei der Schaltung nach Abb. 5.22 handelt es sich um einen aktiven Zweiweggleichrichter. Die Ausgangsspannung wird anschließend getrennt für positive und negative Eingangsspannungen berechnet.

Für positive Eingangsspannungen ist die Ausgangsspannung U_{AOP1} des ersten Operationsverstärkers negativ und die Diode D_2 leitet. Mit der Differenzeingangsspannung

$$u_{\mathrm{D1}} = \frac{u_{\mathrm{AOP1}}}{V_0} \tag{5.108}$$

des Operationsverstärkers OP1 berechnet sich die Spannung u_{A1} zu

$$u_{\mathrm{A1}} = -\frac{u_{\mathrm{E}} + u_{\mathrm{D1}}}{R} R - u_{\mathrm{D1}} = -u_{\mathrm{E}} - 2u_{\mathrm{D1}} \tag{5.109}$$

$$= -u_{\mathrm{E}} - 2\,\frac{u_{\mathrm{AOP1}}}{V_0}\,. \tag{5.110}$$

Aus dem Zusammenhang

$$u_{\mathrm{A1}} = u_{\mathrm{AOP1}} + U_{\mathrm{D0}} \tag{5.111}$$

ergibt sich zunächst

$$u_{\mathrm{A1}} = -u_{\mathrm{E}} - 2\,\frac{u_{\mathrm{A1}} - U_{\mathrm{D0}}}{V_0}\,. \tag{5.112}$$

Durch Umformung dieser Gleichung

$$u_{\mathrm{A1}}\left(1 + \frac{2}{V_0}\right) = -u_{\mathrm{E}} + 2\,\frac{U_{\mathrm{D0}}}{V_0} \tag{5.113}$$

erhält man die Spannung u_{A1}

$$u_{\mathrm{A1}} = -u_{\mathrm{E}}\,\frac{V_0}{2+V_0} + 2U_{\mathrm{D0}}\,\frac{1}{2+V_0}\,. \tag{5.114}$$

Die Ausgangsspannung u_{A} berechnet sich nun mit der Differenzeingangsspannung

$$u_{\mathrm{D2}} = \frac{u_{\mathrm{A}}}{V_0} \tag{5.115}$$

zu

$$\begin{aligned} u_{\mathrm{A}} &= -\left(\frac{u_{\mathrm{E}} + u_{\mathrm{D2}}}{R} + \frac{u_{\mathrm{A1}} + u_{\mathrm{D2}}}{\frac{R}{2}}\right) R - u_{\mathrm{D2}} \\ &= -u_{\mathrm{E}} - u_{\mathrm{D2}} - 2u_{\mathrm{A1}} - 2u_{\mathrm{D2}} - u_{\mathrm{D2}} \\ &= -u_{\mathrm{E}} + u_{\mathrm{E}}\,\frac{2V_0}{2+V_0} - 4U_{\mathrm{D0}}\,\frac{1}{2+V_0} - 4\,\frac{u_{\mathrm{A}}}{V_0}\,. \end{aligned} \tag{5.116}$$

Formt man diese Gleichung entsprechend um

$$u_{\mathrm{A}}\left(1 + \frac{4}{V_0}\right) = u_{\mathrm{E}}\left(\frac{2V_0 - 2 - V_0}{2+V_0}\right) - 4U_{\mathrm{D0}}\,\frac{1}{2+V_0}\,, \tag{5.117}$$

so läßt sich die Ausgangsspannung wie folgt angeben

$$u_{\mathrm{A}} = u_{\mathrm{E}}\,\frac{V_0}{4+V_0}\,\frac{V_0-2}{2+V_0} - 4U_{\mathrm{D0}}\,\frac{V_0}{4+V_0}\,\frac{1}{2+V_0}\,. \tag{5.118}$$

Für negative Eingangsspannungen ist die Ausgangsspannung U_{AOP1} des Operationsverstärkers OP1 positiv und die Diode D_1 leitet. Mit der Differenzeingangsspannung

$$u_{\mathrm{D1}} = \frac{u_{\mathrm{AOP1}}}{V_0} = \frac{U_{\mathrm{D0}} - u_{\mathrm{D1}}}{V_0} \Longrightarrow \qquad u_{\mathrm{D1}} = \frac{U_{\mathrm{D0}}}{V_0 + 1} \tag{5.119}$$

des Operationsverstärkers OP1 berechnet sich die Spannung u_A zu

$$
\begin{aligned}
u_\mathrm{A} &= -\left(\frac{u_\mathrm{E}+u_\mathrm{D2}}{R}+\frac{-u_\mathrm{D1}+u_\mathrm{D2}}{R+\frac{R}{2}}\right)R-u_\mathrm{D2} \\
&= -u_\mathrm{E}-u_\mathrm{D2}+\frac{2}{3}(u_\mathrm{D1}-u_\mathrm{D2})-u_\mathrm{D2} \\
&= -u_\mathrm{E}+\frac{2}{3}u_\mathrm{D1}-\frac{8}{3}u_\mathrm{D2} \\
&= -u_\mathrm{E}+\frac{2}{3}\frac{U_\mathrm{D0}}{V_0+1}-\frac{8}{3}\frac{u_\mathrm{A}}{V_0}\,. \qquad (5.120)
\end{aligned}
$$

Aus dieser Gleichung ergibt sich mit

$$u_\mathrm{A}\left(1+\frac{8}{3V_0}\right)=-u_\mathrm{E}+\frac{2}{3}\frac{U_\mathrm{D0}}{V_0+1} \qquad (5.121)$$

die Ausgangsspannung u_A zu

$$u_\mathrm{A}=-u_\mathrm{E}\frac{3V_0}{3V_0+8}+\frac{2}{3}\frac{U_\mathrm{D0}}{V_0+1}\frac{3V_0}{3V_0+8} \qquad (5.122)$$

Aufgabe 5.5: *Verstärkungs-Bandbreite-Produkt*

Dimensionieren Sie eine Operationsverstärkerschaltung, die eine Verstärkung von 60 dB, einen Eingangswiderstand von $1\,\mathrm{M}\Omega$ und eine Grenzfrequenz von 10 MHz aufweist. Zum Aufbau dieser Schaltung sollen möglichst wenige passive Bauelemente und Operationsverstärker verwendet werden. Die zur Verfügung stehenden Operationsverstärker weisen eine Transitfrequenz von $f_\mathrm{T}=100\,\mathrm{MHz}$ auf.

Lösung:

Aus dem Verstärkungs-Bandbreite-Produkt

$$Vf_\mathrm{g}=V_0f_\mathrm{g0}=f_\mathrm{T} \qquad (5.123)$$

erkennt man, daß bei einer Grenzfrequenz von 10 MHz mit einer Verstärkerstufe nur eine Verstärkung von 20 dB möglich ist. Die Schaltung wird daher aus zwei invertierenden und einem nicht-invertierenden Verstärker mit jeweils einer Verstärkung von 20 dB aufgebaut. Der erste invertierende Verstärker wird außerdem mit einem Eingangswiderstand von $R_\mathrm{E}=1\,\mathrm{M}\Omega$ ausgestattet.

Aufgabe 5.6: *Strommeßschaltung*

a) Berechnen Sie für die in Abb. 5.23 dargestellte Schaltung den Meßstrom $I_M = f(R_1, R_2, I_E)$ unter der Annahme einer verschwindenden Offsetspannung ($U_{D0} = 0\,V$), wenn ein idealer Operationsverstärker verwendet wird. Dimensionieren Sie für $R_2 = 1\,k\Omega$ den Widerstand R_1 so, daß $I_M = 100 I_E$ gilt.

b) Mit der unter Punkt a) berechneten Dimensionierung soll der Quellstrom $I_Q = 10\,\mu A$ der Stromquelle ($R_Q = 1\,k\Omega$) gemessen werden. Welcher Meßfehler tritt auf, wenn $R_M = 0\,\Omega$ ist und der Operationsverstärker eine Offsetspannung von $U_{D0} = 1\,mV$ sowie eine Leerlaufspannungsverstärkung von $V_0 = 1000$ aufweist?

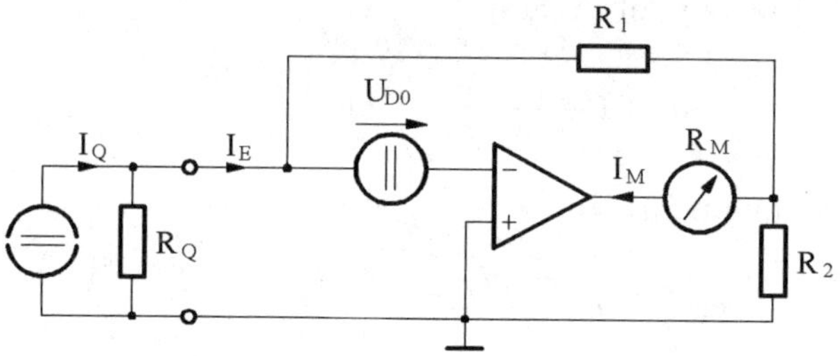

Abb. 5.23. Meßschaltung

Lösung:

a) Aus dem Zusammenhang für den Meßwerkstrom

$$I_M = I_E \frac{R_1 + R_2}{R_2}$$

folgt für eine Verstärkung von 100 der Widerstandswert $R_1 = 99\,k\Omega$.

b) Mit dem Meßstrom

$$I_M = 817{,}3\,\mu A$$

berechnet sich der Meßfehler zu

$$f = \frac{I_M - 100 I_Q}{100 I_Q} = -18{,}3\,\% .$$

5.5 Rauschen von Meßverstärkern

Im folgenden sind die Modelle zur Beschreibung des Rauschens von verlustbehafteten Bauteilen und Verstärkern zusammengefaßt. Es wird vor allem auf

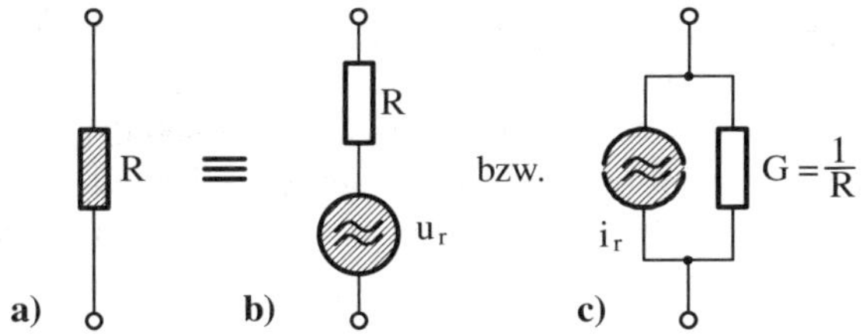

Abb. 5.24. Ersatzrauschquellen eines ohmschen Widerstandes: **a)** rauschender ohmscher Widerstand, **b)** Ersatzspannungsquelle: rauschfreier Widerstand mit Rausch-Ersatzspannungsquelle, **c)** Ersatzstromquelle: rauschfreier Widerstand (Leitwert $G = 1/R$) mit Rausch-Ersatzstromquelle

die netzwerktheoretische Beschreibung durch Ersatzrauschquellen eingegangen.

Beschreibung des Widerstandsrauschens

Das *thermische Rauschen* oder *Widerstandsrauschen* findet man in allen verlustbehafteten elektrischen Bauteilen. Es ist auf willkürliche Ladungsträgerbewegungen (Wärmebewegung der freien Elektronen (Valenzelektronen)) zurückzuführen, die mit der Temperatur an Intensität zunehmen. Abbildung 5.24 zeigt die Ersatzschaltbilder für einen rauschenden ohmschen Widerstand. Die Rauschleistung steigt proportional mit der Temperatur an. Weiterhin nimmt man an, daß die Rauschleistungsdichte über der Frequenz konstant ist (*Weißes Rauschen*). Daher lassen sich die Effektivwerte der in Abb. 5.24 gezeigten Rausch-Ersatzspannungs- bzw. Rausch-Ersatzstromquelle anhand der sog. *NYQUIST-Formel* ermitteln

- NYQUIST-Formel in bezug auf eine Ersatzspannungsquelle

$$U_{\mathrm{reff}}^2 = \overline{u_{\mathrm{r}}^2(t)} = 4kTRB \tag{5.124}$$

- NYQUIST-Formel in bezug auf eine Ersatzstromquelle

$$I_{\mathrm{reff}}^2 = \overline{i_{\mathrm{r}}^2(t)} = 4kT\frac{1}{R}B \, . \tag{5.125}$$

Dabei bezeichnen $k = 1{,}38 \cdot 10^{-23}$ [Ws/K] die Boltzmann-Konstante, T [K] die absolute Temperatur, B [Hz] die Beobachtungsbandbreite, R [Ω] den Wert des ohmschen Widerstandes, U_{reff} [V] die effektive Leerlaufspannung der Rausch-Ersatzspannungsquelle und I_{reff} [A] den effektiven Kurzschlußstrom der Rausch-Ersatzstromquelle.

Beschreibung des Verstärkerrauschens

Das Verstärkerrauschen wird im allgemeinen in Form der von den (internen) Rauschquellen des Verstärkers erzeugten Rauschleistung bzw. der daraus resultierenden Reduzierung des Signal/Rausch-Verhältnisses zwischen

Eingangs- und Ausgangstor angegeben. Der Berechnung dieses Signal/Rausch-Verhältnisses legt man bei Verstärkern, welche sich als Zweitore darstellen lassen, die in Abb. 5.25 gezeigte Rauschersatzschaltung zugrunde. Man benötigt dann zwei voneinander unabhängige Rauschquellen zur vollständigen Beschreibung des Verstärkerrauschens. Oft verwendet man eine eingangsbezogene Rauschspannungsquelle und eine Rauschstromquelle. Diese Rauscher-

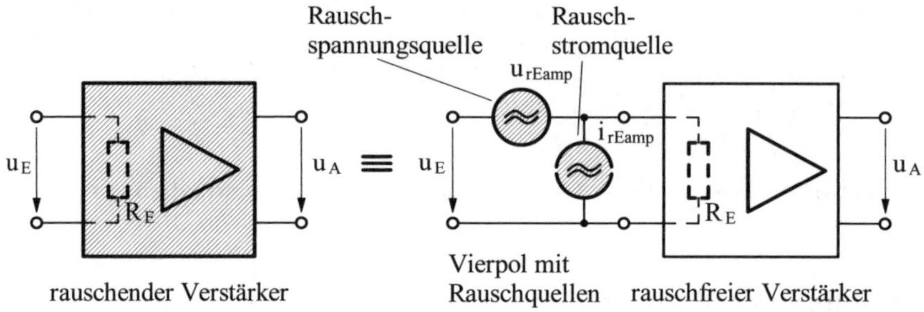

Abb. 5.25. Ersatzschaltung eines rauschenden Verstärkers

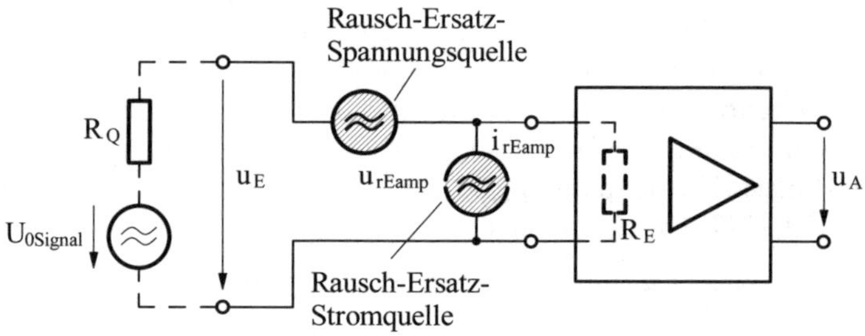

Abb. 5.26. Rauschersatzschaltung eines mit einer Signalquelle beschalteten elektrischen Vierpoles

satzquellen sind dabei im allgemeinen durch die spektralen Werte der Rauschspannungsdichte $U_{\mathrm{fr}}(f)$ [nV/$\sqrt{\mathrm{Hz}}$] bzw. der Rauschstromdichte $I_{\mathrm{fr}}(f)$ [pA/-$\sqrt{\mathrm{Hz}}$] gekennzeichnet. Die *äquivalente Rauscheingangsspannung* U_{rEges} am Verstärkereingang erhält man durch quadratische Überlagerung der von den Rauschquellen am Verstärkereingang hervorgerufenen Spannungsanteile. Diese wiederum ergeben sich aus der Integration der spektralen Rauschdichtegrößen über das Frequenzintervall $[f_{\mathrm{min}},\ f_{\mathrm{max}}]$, in dem gemessen wird. Die Effektivwerte der Rauschspannung U_{reff} sowie des Rauschstromes I_{reff} berechnen sich demnach wie folgt

$$U_{\mathrm{reff}}^2 = \int_{f_{\mathrm{min}}}^{f_{\mathrm{max}}} U_{\mathrm{fr}}^2(f)\ df \tag{5.126}$$

$$I_{\mathrm{reff}}^2 = \int_{f_{\min}}^{f_{\max}} I_{\mathrm{fr}}^2(f)\, df\,. \tag{5.127}$$

Infolge der ohmschen Spannungsteilung (Abb. 5.26) ergibt sich die quadratische Überlagerung der Effektivwerte zu

$$U_{\mathrm{rEges}} = \sqrt{U_{\mathrm{reff}}^2 \left(\frac{R_{\mathrm{E}}}{R_{\mathrm{E}} + R_{\mathrm{Q}}}\right)^2 + I_{\mathrm{reff}}^2 \left(\frac{R_{\mathrm{E}} R_{\mathrm{Q}}}{R_{\mathrm{E}} + R_{\mathrm{Q}}}\right)^2}\,. \tag{5.128}$$

Die Spannung U_{rEges} ist der Effektivwert der auf den Verstärkereingang bezogenen Rauschspannung, welche das gesamte Verstärkerrauschen im Frequenzintervall $[f_{\min}, f_{\max}]$ repräsentiert, d. h. der in Abb. 5.26 gezeigte eigentliche Verstärker ist frei von Rauschquellen.

Rauschen von Operationsverstärkern

Beim Operationsverstärker handelt es sich ebenfalls um einen Vierpol, er ist aber als Dreitor mit zwei auf Masse bezogenen Eingangsspannungen zu betrachten. Für die Beschreibung des Rauschens von Operationsverstärkern sind daher drei voneinander unabhängige Rauschquellen erforderlich.

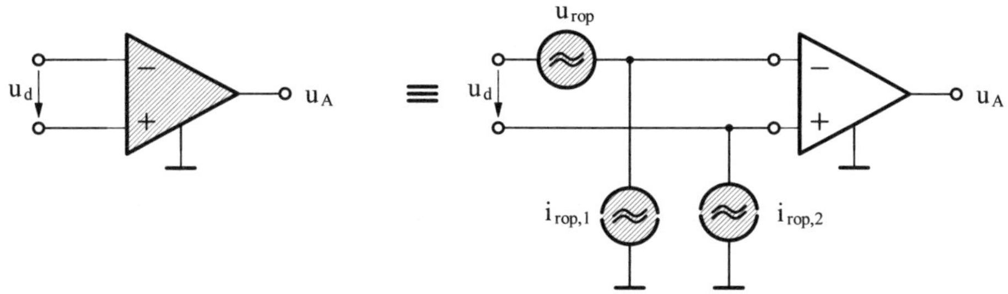

Abb. 5.27. Rauschersatzschaltung eines Operationsverstärkers

Abbildung 5.27 zeigt einen Operationsverstärker und dessen Rauschersatzschaltung. Die Beschreibung mit einer Spannungsquelle und zwei Stromquellen ist die gängigste, wenn auch prinzipiell andere Darstellungen möglich sind. Für die Stromquellen gilt aus Symmetriegründen, daß die Rauscheistungsdichten gleich sind

$$i_{rop,1}^2 = i_{rop,2}^2\,. \tag{5.129}$$

Die Stromquellen sind aber trotzdem als unkorreliert zu betrachten.

Beispiel 5.10: *Rauschender Verstärker*

Gegeben sei ein einfacher invertierender Verstärker aus zwei Widerständen und einem Operationsverstärker (Abb. 5.28). Der Beobachtungsbereich liegt zwischen $f_1 = 0,1\ Hz$ und $f_2 = 10\ kHz$.

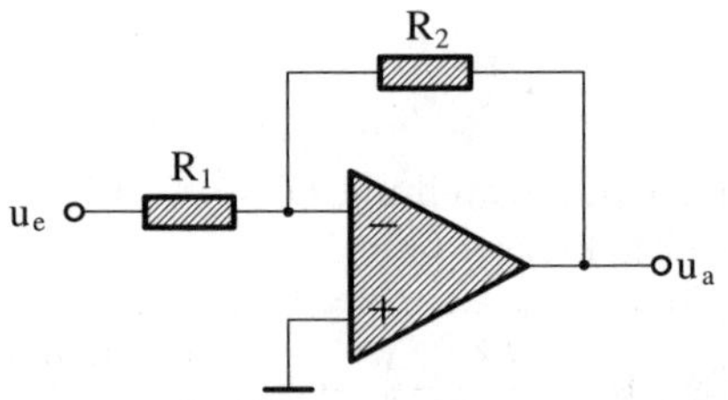

Abb. 5.28. Invertierender Verstärker

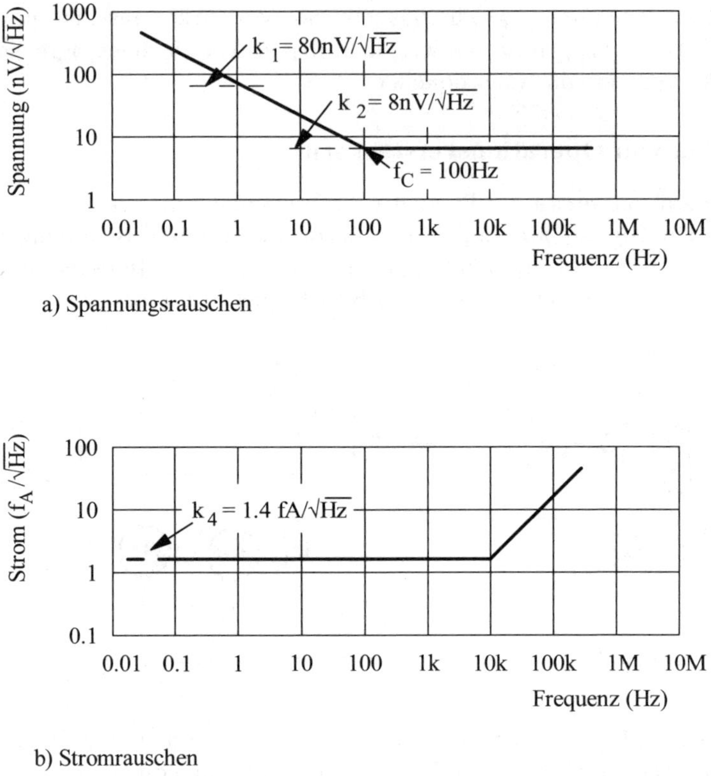

Abb. 5.29. Rauschkennlinien des Operationsverstärkers

a) Zeichnen Sie die Rauschersatzschaltung.
b) Berechnen Sie die Rauschquellen des Operationsverstärkers. Die Rauschkennlinien des Operationsverstärkers entnehmen Sie bitte Abb. 5.29.
c) Berechnen Sie die Ersatzrauschquellen u_{rEamp} und i_{rEamp} der Verstärkerschaltung (siehe Abb. 5.26).
d) Berechnen Sie die Rauschzahl. Setzen Sie schließlich folgende Daten ein: $R_1 = 1\ k\Omega$, $R_2 = 100\ k\Omega$, $R_Q = 100\ \Omega$.

e) Berechnen Sie jenen Effektivwert des Eingangsignals, bei dem S/N = 0 dB gilt.

Musterlösung

a) Siehe Abb. 5.30.

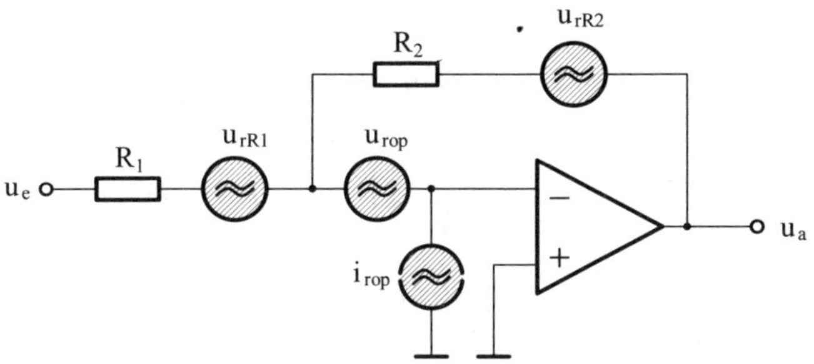

Abb. 5.30. Invertierender Verstärker mit Rauschquellen

b) Das Stromrauschen ist im gegebenen Frequenzbereich konstant. Durch Integration erhält man für die Rauschstromquelle

$$i_{rop}^2 = \int_{f_1}^{f_2} k_4^2 df = 1.96 \cdot 10^{-26}\ \mathrm{A}^2 \tag{5.130}$$

Das Spannungsrauschen wird in der doppeltlogarithmischen Darstellung zwischen f_1 und f_c durch eine abfallende Kennlinie mit der Steigung $-\frac{1}{2}$ beschrieben. Die Funktion läßt sich schreiben als

$$y(u) = -\frac{1}{2}x(f) + C \qquad \text{mit}$$

$$y(u) = \lg\frac{u}{U_0} \qquad \text{und} \qquad x(f) = \lg\frac{f}{f_0}\ . \tag{5.131}$$

U_0 und f_0 sind als Bezugsgrößen eingeführt worden. Die Konstante C ist noch durch Wahl eines geeigneten Punktes der Funktion zu bestimmen. In die Gleichung

$$\lg\frac{u}{U_0} = -\frac{1}{2}\lg\frac{f}{f_0} + C \tag{5.132}$$

wird bespielsweise der Punkt (f_c, k_2) eingesetzt

$$C = \lg\frac{k_2}{U_0} + \frac{1}{2}\lg\frac{f_c}{f_0}\ . \tag{5.133}$$

Unter Verwendung von Gl. (5.132) ergibt sich

$$\lg \frac{u}{U_0} - \lg \frac{k_2}{U_0} = -\frac{1}{2} \lg \frac{f}{f_0} + \frac{1}{2} \lg \frac{f_c}{f_0}$$

$$\lg \frac{u}{k_2} = \lg \sqrt{\frac{f_c}{f}}$$

$$u(f) = k_2 \sqrt{\frac{f_c}{f}} \,. \tag{5.134}$$

Damit erhält man für die Rauschspannungsquelle

$$u_{rop}^2 = \int_{f_1}^{f_c} \left(k_2 \sqrt{\frac{f_c}{f}} \right)^2 df + \int_{f_c}^{f_2} k_2^2 df =$$

$$= k_2^2 f_c \ln f |_{f_1}^{f_c} + k_2^2 |_{f_c}^{f_2} =$$

$$= k_2^2 \left(f_c \ln \frac{f_c}{f_1} + f_2 - f_c \right) \approx 0.68 \cdot 10^{-2}\ \mathrm{V}^2 \,. \tag{5.135}$$

c) Abbildung 5.31 zeigt die Rausch-Ersatzschaltung des invertierenden Verstärkers

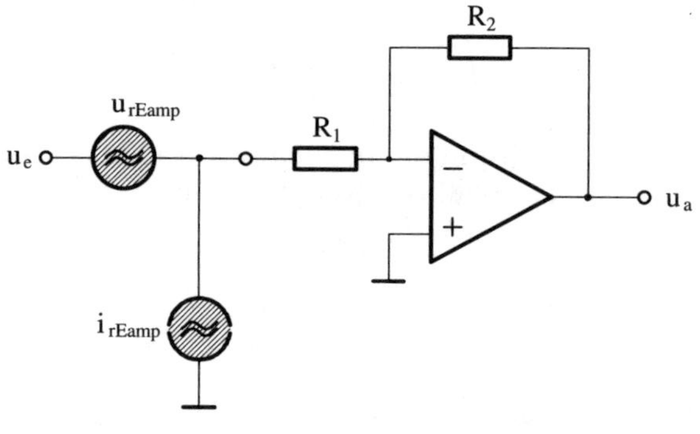

Abb. 5.31. Rauschersatzschaltung des invertierenden Verstärkers

mit den auf den Eingang bezogenen Ersatzrauschquellen. Um die Ersatzschaltung identisch der Schaltung aus Abb. 5.30 zu machen, müssen noch die beiden Ersatzrauschquellen in Abhängigkeit der Rauschquellen aus Abb. 5.30 bestimmt werden. Dazu berechnet man die Spannung u_a am Ausgang in Abhängigkeit der Rauschquellen für zwei unterschiedliche Beschaltungen am Eingang. Am einfachsten verwendet man einen Kurzschluß und einen Leerlauf. Im ersten Fall ist von den Ersatzquellen nur die Rauschspannungsquelle wirksam, im zweiten Fall nur die Rauschstromquelle. Betrachten wir zunächst den Kurzschlußfall. Für die Ausgangsspannung u_{aks} ergibt sich

$$u_{\text{aks}}^2 = \left(\frac{R_2}{R_1}\right)^2 u_{rEamp} \,. \tag{5.136}$$

Die Ausgangsspannung in Abhängigkeit aller Rauschquellen erhält man durch Anwendung des Überlagerungssatzes

$$u_{aks}^2 = u_{rR1}^2 \left(\frac{R_2}{R_1}\right)^2 + i_{rop}^2 R_2^2 + u_{rop}^2 \left(\frac{R_2}{R_1} + 1\right)^2 + u_{rR_2}^2 \quad . \tag{5.137}$$

Durch Gleichsetzen von (5.136) und (5.137) kann nun die Ersatzrauschspannungsquelle berechnet werden

$$u_{rEamp}^2 = u_{rR1}^2 + u_{rop}^2 \left(1 + \frac{R_1}{R_2}\right)^2 + i_{rop}^2 R_1^2 + u_{rR2}^2 \frac{R_1^2}{R_2^2} \quad . \tag{5.138}$$

In analoger Weise betrachtet man den Leerlauffall zur Berechnung der Ersatzrauschstromquelle

$$u_{all}^2 = i_{rEamp}^2 \cdot R_2^2$$

$$u_{all}^2 = i_{rop}^2 \cdot R_2^2 + u_{rop}^2 + u_{rR2}^2$$

$$i_{rEamp}^2 = i_{rop}^2 + \frac{u_{rop}^2 + u_{rR2}^2}{R_2^2} \quad . \tag{5.139}$$

Man beachte, daß in diesem Fall u_{rR1} keinen Beitrag zum Ergebnis liefert.

d) Für die Rauschzahl F gilt

$$F = 1 + \frac{R_r + G_r R_Q^2}{R_Q} \quad . \tag{5.140}$$

Den Rauschwiderstand R_r und den Rauschleiterwert G_r der Verstärkerschaltung erhält man aus

$$R_r = \frac{u_{rEamp}^2}{4\,kTB} \tag{5.141}$$

$$G_r = \frac{i_{rEamp}^2}{4\,kTB} \,. \tag{5.142}$$

Dabei bedeuten u_{rEamp} und i_{rEamp} die auf den Eingang bezogenen Ersatzrauschquellen und $B = f_2 - f_1$ die Beobachtungsbandbreite. Verwendet man die Nyquistformel für das Widerstandsrauschen

$$u_{rR}^2 = 4\,kTBR \tag{5.143}$$

und setzt die gegebenen Zahlenwerte ein, so erhält man

$$R_r \approx 5.1\,k\Omega \tag{5.144}$$

$$G_r \approx 16.2\,\mu S \tag{5.145}$$

$$F \approx 52 \quad . \tag{5.146}$$

Die Verstärkerschaltung verschlechtert also das Signal/Rausch-Verhältnis deutlich, denn sie ist nicht angepaßt an den kleinen Innenwiderstand der Signalquelle. Der optimale Innenwiderstand R_{Qopt} betrüge

$$R_{Qopt} = \sqrt{\frac{R_r}{G_r}} \approx 20\,k\Omega \quad . \tag{5.147}$$

e) An den Eingang der Rauschersatzschaltung nach Abb. 5.31 wird nun eine Signalquelle u_{sig} mit Innenwiderstand R_Q geschaltet (Abb. 5.32). Ein

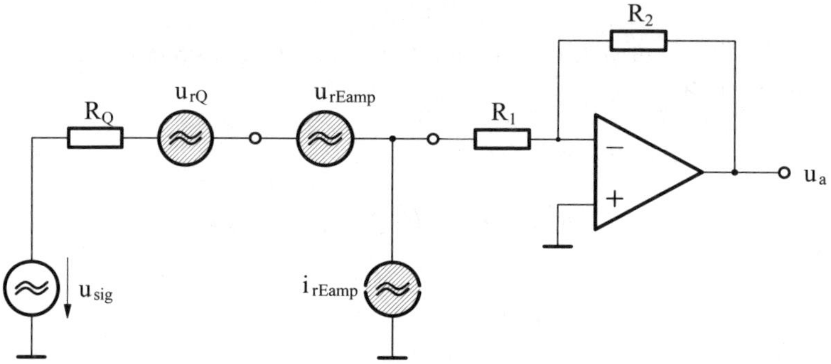

Abb. 5.32. Invertierender Verstärker mit Eingangsspannung u_{sig}.

Signal/Rausch-Verhältnis von $0\,dB$ bedeutet, daß das von den Rauschquellen erzeugte Ausgangssignal u_{ar} gerade genauso groß ist wie das von der Signalquelle hervorgerufene Ausgangssignal u_{asig}. Durch Anwenden des Überlagerungssatzes erhält man

$$u_{ar}^2 = \left(u_{rQ}^2 + u_{rEamp}^2\right)\left(\frac{R_2}{R_Q + R_1}\right)^2 + i_{rEamp}^2\left(\frac{R_1 \parallel R_Q}{R_1}R_2\right)^2 \tag{5.148}$$

$$u_{asig}^2 = u_{sig}^2\left(\frac{R_2}{R_Q + R_1}\right)^2 \quad . \tag{5.149}$$

Gleichsetzen und Auflösen nach u_{sig}^2 liefert

$$u_{sig}^2 = u_{rQ}^2 + u_{rEamp}^2 + R_Q^2 \cdot i_{rEamp}^2 \quad . \tag{5.150}$$

Aufgabe 5.7: *Nichtinvertierender Verstärker*

Gegeben sei ein gewöhnlicher nichtinvertierender Verstärker, der eine Signalspannung u_{sig} mit Innenwiderstand R_Q verstärkt. Die Bauelemente seinen abgesehen von ihrem Rauschen ideal. Für den Operationsverstärker seien Ersatzrauschquellen u_{rop} und i_{rop} gegeben.

a) Zeichnen Sie eine Rauschersatzschaltung.
b) Berechnen Sie die Effektivwerte des Signals und der gesamten Rauschanteile am Ausgang. Verwenden Sie als Näherung die Tatsache, daß die Verstärkung wesentlich größer als 1 ist.
c) Ab welchem Effektivwert geht das Signal im Rauschen unter?

Lösung:

a) Siehe Abb. 5.33.

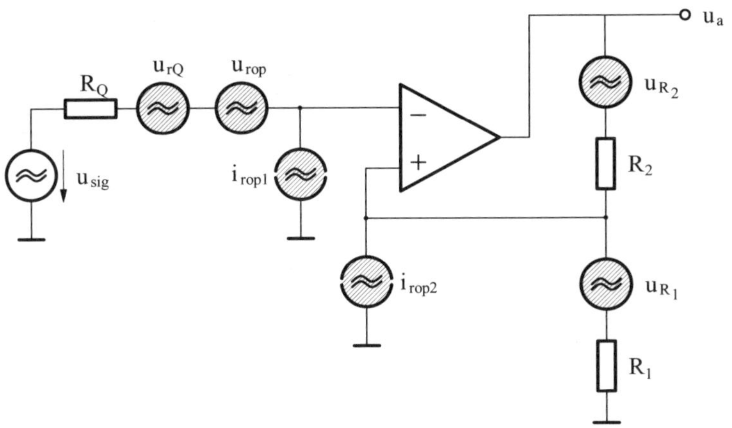

Abb. 5.33. Rauschersatzschaltung des nichtinvertierenden Verstärkers

b)

$$u_{a,sig}^2 = V^2 u_{sig}^2 \tag{5.151}$$

$$u_{a,r}^2 = V^2 u_{rop}^2 + \left(V^2 R_Q^2 + R_2^2\right) i_{rop}^2 + 4\,kTB \cdot V\left(VR_Q + R_2\right) \tag{5.152}$$

c)

$$u_{sig}^2 = u_{rop}^2 + \left(R_Q^2 + \frac{R_2^2}{V^2}\right) i_{rop}^2 + 4\,kTB\left(R_Q + \frac{R_2}{V}\right) \tag{5.153}$$

6

Leistungsmessung

6.1 Grundlagen der Leistungsmessung

Das Produkt aus Spannung $u(t)$ und Strom $i(t)$ an einem Zweipol wird als Momentanleistung

$$p(t) = u(t)i(t) \tag{6.1}$$

bezeichnet. Bei periodischen Größen ist man i. a. nicht an der Momentanleistung interessiert, sondern an deren zeitlichem Mittelwert, der sog. *Wirkleistung*

$$P_{\mathrm{W}} = \overline{p(t)} = \frac{1}{T}\int\limits_0^T u(t)i(t)\,dt\,, \tag{6.2}$$

die z. B. mit Hilfe eines elektrodynamischen Meßwerkes gemessen werden kann. Im Gleichstromfall vereinfacht sich Gl. (6.2) zur bekannten Gleichung

$$P = UI\,. \tag{6.3}$$

Für sinusförmige Spannungen und Ströme

$$u(t) = \hat{U}\sin(\omega t + \varphi_{\mathrm{u}})\text{und} \qquad i(t) = \hat{I}\sin(\omega t + \varphi_{\mathrm{i}}), \tag{6.4}$$

berechnet sich die Momentanleistung zu

$$\begin{aligned} p(t) &= \hat{U}\hat{I}\sin(\omega t + \varphi_{\mathrm{u}})\sin(\omega t + \varphi_{\mathrm{i}}) \\ &= \hat{U}\hat{I}\frac{1}{2}\left[\cos\varphi_{\mathrm{ui}} - \cos(2\omega t + \varphi_{\mathrm{u}} + \varphi_{\mathrm{i}})\right]\,. \end{aligned} \tag{6.5}$$

Dabei wurde $\varphi_{\mathrm{ui}} = \varphi_{\mathrm{u}} - \varphi_{\mathrm{i}}$ gesetzt. Die entsprechende Wirkleistung ergibt sich nach Gl. (6.2)

$$P_{\mathrm{W}} = \frac{1}{T}\int_0^T \hat{U}\hat{I}\frac{1}{2}\left(\cos\varphi_{\mathrm{ui}} - \cos(2\omega t + \varphi_{\mathrm{u}} + \varphi_{\mathrm{i}})\right)\,dt$$

$$= \frac{\hat{U}\hat{I}}{2}\cos\varphi_{\mathrm{ui}} = U_{\mathrm{eff}} I_{\mathrm{eff}} \cos\varphi_{\mathrm{ui}}\,. \tag{6.6}$$

Wenn mit den in der Wechselstromrechnung üblichen Strom- und Spannungszeigern gearbeitet wird

$$\underline{U} = U_{\mathrm{eff}} e^{j\varphi_{\mathrm{u}}} \mathrm{und} \underline{I} = I_{\mathrm{eff}} e^{j\varphi_{\mathrm{i}}}\,, \tag{6.7}$$

können folgende Leistungsgrößen definiert werden:

- **Komplexe Leistung $\underline{P}$:**

$$\underline{P} = \underline{U}\,\underline{I}^* = U_{\mathrm{eff}} I_{\mathrm{eff}} e^{j(\varphi_{\mathrm{u}} - \varphi_{\mathrm{i}})} = U_{\mathrm{eff}} I_{\mathrm{eff}} e^{j\varphi_{\mathrm{ui}}} \tag{6.8}$$

- **Wirkleistung P_{W}:**

$$P_{\mathrm{W}} = \mathrm{Re}(\underline{P}) = U_{\mathrm{eff}} I_{\mathrm{eff}} \cos\varphi_{\mathrm{ui}} \tag{6.9}$$

  Die Wirkleistung P_{W} ist die einem Zweipol entsprechend Gl. (6.6) im zeitlichen Mittel zugeführte Leistung (Verbraucher) bzw. im Falle einer elektrischen Quelle die von dem Zweipol gelieferte elektrische Leistung.

- **Blindleistung P_{B}:**

$$P_{\mathrm{B}} = \mathrm{Im}(\underline{P}) = U_{\mathrm{eff}} I_{\mathrm{eff}} \sin\varphi_{\mathrm{ui}} \tag{6.10}$$

  Die Blindleistung P_{B} ist auf die in dem Zweipol enthaltenen Speicherelemente (Induktivitäten und Kapazitäten) zurückzuführen und pendelt periodisch zwischen dem Zweipol und der Quelle hin und her. Aus der Tatsache, daß durch dieses periodische Pendeln dem komplexen Zweipol im zeitlichen Mittel keine Energie zugeführt wird, leitet sich der Name Blindleistung her.

- **Scheinleistung P_{S}:**

$$P_{\mathrm{S}} = |\underline{P}| = U_{\mathrm{eff}} I_{\mathrm{eff}} = \sqrt{P_{\mathrm{W}}^2 + P_{\mathrm{B}}^2} \tag{6.11}$$

  Um die Belastbarkeit von elektrischen Maschinen und Apparaten zu beschreiben, wird meist die Scheinleistung P_{S} angegeben, weil in dieser implizit die für die Belastungsfähigkeit relevanten Maximalwerte der Betriebsspannung und des Betriebsstromes enthalten sind.

Da im weiteren bei Wechselspannungen und Wechselströmen **immer** mit den Effektivwerten gerechnet wird, werden in den Formeln Effektivwerte **nicht mehr** gesondert durch ein tiefgestelltes „eff“ gekennzeichnet.

6.2 Leistungsmessung in Gleich- und Wechselstromkreisen

Entsprechend Gl. (6.2) wird zur Messung der Leistung ein multiplizierendes Meßwerk eingesetzt, das aufgrund seiner mechanischen Trägheit den zeitlichen Mittelwert bildet. Wie man aus Gl. (4.116) ablesen kann, erfüllt das elektrodynamische Meßwerk diese Voraussetzungen und ist daher bestens zur Leistungsmessung geeignet.

Leistungsmessung im Gleichstromkreis

Abbildung 6.1 zeigt eine Schaltung zur Leistungsmessung im Gleichstromkreis.

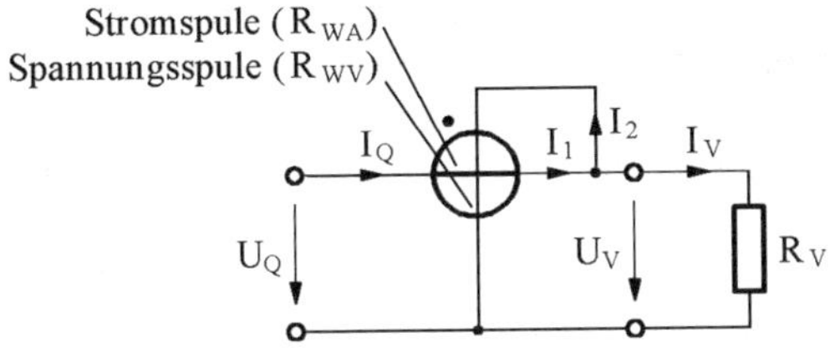

Abb. 6.1. Schaltung zur Leistungsmessung im Gleichstromkreis

Entsprechend Gl. (4.119) ist der Zeigerausschlag α eines elektrodynamischen Meßwerkes

$$\alpha = kI_1I_2 \tag{6.12}$$

proportional zum Produkt der beiden Spulenströme I_1 und I_2. Wie Abb. 6.1 erkennen läßt, setzt sich der durch die Stromspule fließende Strom I_1 aus dem Verbraucherstrom I_V und dem von der Spannungsspule aufgenommenen Strom I_2 zusammen. Aus diesem Grund gilt für den Zeigerausschlag

$$\alpha = kI_2(I_2 + I_\mathrm{V}) = k\frac{U_\mathrm{V}}{R_\mathrm{WV}}(I_2 + I_\mathrm{V}) = \tilde{k}(P_\mathrm{WV} + P_\mathrm{RV})\,. \tag{6.13}$$

Gleichung (6.13) zeigt, daß das Meßwerk die Summe aus Verbraucherleistung P_RV **und** der im Spannungspfad verbrauchten Leistung P_WV anzeigt und somit der Eigenverbrauch des Spannungspfades mitgemessen wird. Weil bei dieser Schaltungsvariante die Verbraucherspannung richtig gemessen wird, spricht man von einer spannungsrichtigen Schaltung. Entsprechend der zweiten Anschlußmöglichkeit für den Spannungspfad (Abb. 6.2b) gibt es auch eine stromrichtige Variante, bei der der Verbraucherstrom richtig gemessen wird und der Eigenverbrauch des Strompfades in die Leistungsmessung eingeht. Daraus folgt nun, daß das Meßwerk nur bei vernachlässigbarem Eigenverbrauch die tatsächlich im Lastwiderstand verbrauchte Leistung anzeigt, also

$$\alpha \approx \tilde{k} P_{\mathrm{RV}} \qquad (6.14)$$

gilt.

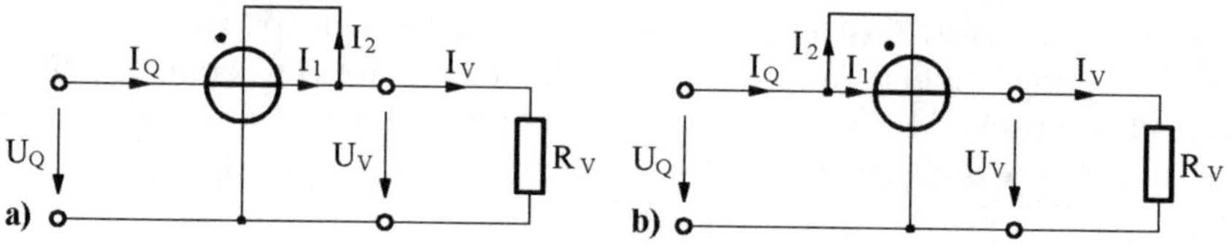

Abb. 6.2. Anschlußmöglichkeiten für den Spannungspfad bei der Leistungsmessung: **a)** Spannungsrichtige Messung, **b)** Stromrichtige Messung

Um den Meßfehler aufgrund des Eigenverbrauches zu vermeiden, können elektrodynamische Meßwerke mit einer *Korrekturspule* ausgestattet werden. Diese Korrekturspule entspricht einer zweiten Feldspule, welche vom Strom I_2 des Spannungspfades durchflossen wird und bei entsprechender Beschaltung (Abb. 6.3) die richtige Messung der Verbraucherleistung bzw. der Quelleistung ermöglicht.

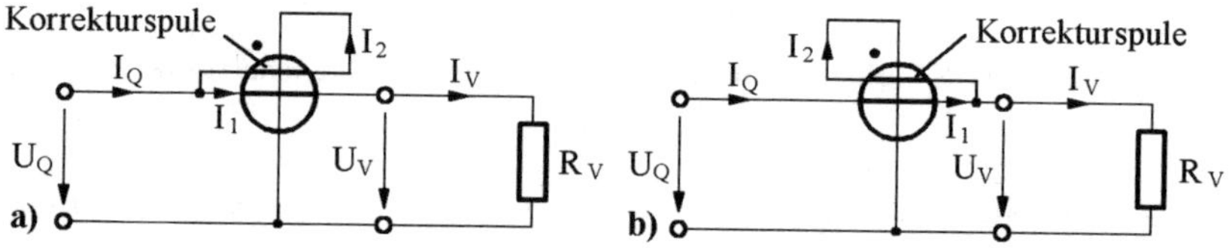

Abb. 6.3. Leistungsmessung mit einem elektrodynamischen Meßwerk, das mit einer Korrekturspule ausgestattet ist: **a)** Quellrichtige Messung, **b)** Verbraucherrichtige Messung

Leistungsmessung im Wechselstromkreis

Die Scheinleistung P_{S} ermittelt man am einfachsten durch eine getrennte Strom- und Spannungsmessung. Für die Messung der Wirkleistung P_{W} und der Blindleistung P_{B} kommen wieder elektrodynamische Meßwerke zum Einsatz. Gleichung (4.119) zeigt, daß unter Vernachlässigung des Eigenverbrauches die in Abb. 6.1 gezeigte Meßschaltung auch zur Wirkleistungsmessung im Wechselstromkreis verwendet werden kann. Durch die folgende Umformung von Gl. (6.10)

$$P_{\mathrm{B}} = U_{\mathrm{eff}} I_{\mathrm{eff}} \sin(\varphi_{\mathrm{u}} - \varphi_{\mathrm{i}}) = U_{\mathrm{eff}} I_{\mathrm{eff}} \cos(\varphi_{\mathrm{u}} - \varphi_{\mathrm{i}} - 90°) \qquad (6.15)$$

lassen sich zwei Möglichkeiten ableiten, ein elektrodynamisches Meßwerk zur Blindleistungsmessung einzusetzen:

- Man dreht die Phase des Stromes, der durch die Spannungsspule fließt, um $-90°$ gegenüber der Phase der Verbraucherspannung.
- Man dreht die Phase des Stromes, der durch die Stromspule fließt, um $+90°$ gegenüber der Phase des Verbraucherstromes.

Da nur die erste Möglichkeit sinnvoll realisierbar ist, wird diese bei der Blindleistungsmessung eingesetzt und mit Hilfe von phasendrehenden Netzwerken implementiert.

Die bei der Leistungsmessung im Gleichstromkreis hergeleiteten Aussagen über die vom Meßgeräteeigenverbrauch herrührenden Meßfehler und deren Vermeidung lassen sich unmittelbar auf die Leistungsmessung im Wechselstromkreis übertragen.

Die Wattmeterkonstante

Ein als Wirkleistungsmesser arbeitendes elektrodynamisches Meßwerk wird als Wattmeter bezeichnet. Da die Skala eines solchen Wattmeters normalerweise nicht mit der Einheit Watt beschriftet ist, muß bei der Messung mit einem Wattmeter die sog. *Wattmeterkonstante* bekannt sein. Die Wattmeterkonstante gibt die Leistung pro Skalenteil (die Skala hat N Skalenteile) an und muß für den jeweils verwendeten Meßbereich aus

$$C_{\mathrm{W}} = \frac{U_{\max} I_{\max} \cos\varphi_{\max}}{N} \tag{6.16}$$

berechnet werden. $U_{\max}$, $I_{\max}$ und $\cos\varphi_{\max}$ bezeichnen die im jeweiligen Meßbereich gültigen Maximalwerte. Mit der bekannten Wattmeterkonstanten C_{W} ergibt sich dann bei einer Anzeige von n Skalenteilen die gemessene Leistung zu

$$P_{\mathrm{W}} = C_{\mathrm{W}}\, n\,. \tag{6.17}$$

6.3 Wirkleistungsmessung

Beispiel 6.1: *Dimensionierung der Korrekturspule eines elektrodynamischen Meßwerkes*

Zeigen Sie für ein mit einer Korrekturspule ausgestattetes elektrodynamisches Meßwerk, daß die Windungszahl der Korrekturspule gleich der der Stromspule (Feldspule) gewählt werden muß, damit entsprechend Abschn. 6.2 mit diesem Meßwerk in bezug auf die Wirkleistung verbraucher- bzw. quellrichtig gemessen werden kann. Vernachlässigen Sie bei ihren Überlegungen den Innenwiderstand der Korrekturspule.

Musterlösung:

Die Anzeige (Zeigerausschlag α) des Meßgerätes ergibt sich im Gleichstromfall und bei verbraucherrichtiger Meßschaltung mit den in Abb. 6.3 verwendeten Bezeichnungen und Gl. (4.119) zu

$$\begin{aligned}\alpha &= k_1(N_{\text{WA}}(I_{\text{V}} + I_2) - N_{\text{WK}} I_2) N_{\text{WV}} I_2 \\ &= k_1(N_{\text{WA}} I_{\text{V}} + (N_{\text{WA}} - N_{\text{WK}}) I_2) N_{\text{WV}} I_2 \,, \end{aligned} \tag{6.18}$$

wobei N_{WA}, N_{WK} und N_{WV} die Windungszahlen der Strom-, Korrektur- und Spannungsspule bezeichnen. Die im Lastwiderstand R_{V} verbrauchte Leistung errechnet sich aus

$$P_{\text{RV}} = U_{\text{V}} I_{\text{V}} = I_2 R_{WV} I_{\text{V}} = k_2 I_2 I_{\text{V}} \,. \tag{6.19}$$

Damit die angezeigte Leistung gleich der Verbraucherleistung werden kann, muß notwendigerweise

$$N_{\text{WA}} = N_{\text{WK}} \tag{6.20}$$

gelten, wie aus dem Vergleich von Gl. (6.18) mit Gl. (6.19) zu erkennen ist. Der Zeigerausschlag bei der quellrichtigen Leistungsmessung folgt analog zu Gl. (6.18)

$$\begin{aligned}\alpha &= k_1(N_{\text{WA}}(I_{\text{Q}} - I_2) + N_{\text{WK}} I_2) N_{\text{WV}} I_2 \\ &= k_1(N_{\text{WA}} I_{\text{Q}} + (N_{\text{WK}} - N_{\text{WA}}) I_2) N_{\text{WV}} I_2 \,. \end{aligned} \tag{6.21}$$

Die von der Quelle abgegebene Leistung errechnet sich aus

$$P_{\text{Q}} = U_{\text{Q}} I_{\text{Q}} = I_2 R_{\text{WV}} I_{\text{Q}} = k_2 I_2 I_{\text{Q}} \,. \tag{6.22}$$

Aus dem Vergleich von Gl. (6.21) mit Gl. (6.22) ergibt sich wiederum der Zusammenhang nach Gl. (6.20).

Beispiel 6.2: *Meßfehler bei Berücksichtigung des Eigenverbrauches*

Mit der in Abb. 6.4 dargestellten Schaltung soll eine Wirkleistungsmessung (Verlustleistungsmessung) an einer verlustbehafteten Induktivität $\underline{Z}_{\text{V}}$ mit $L_{\text{V}} = 220\,\text{mH}$ und $\tan\delta = 0,1$ (bei 50 Hz; s. Gl. (7.8)) durchgeführt werden. Die Eingangsspannung beträgt $U_{\text{Q}} = 220\,\text{V}$.
Das verwendete elektrodynamische Meßwerk hat folgende Daten:

Spannungsspule:	$U_{\max} = 240\,\text{V}$
	$R_{\text{WV}} = 100\,\text{k}\Omega$
Stromspule:	$I_{\max} = 1\,\text{A}$(dauernd 4-fach überlastbar)
	$R_{\text{WA}} = 0,1\,\Omega$

Bei $U_{\max}$, $I_{\max}$ und $\cos\varphi_{\max} = 1$ tritt Vollausschlag mit $N = 100$ Skalenteilen auf.

a) Berechnen Sie den Bereichsendwert P_{Wend} und die Wattmeterkonstante C_{W} des Leistungsmessers.

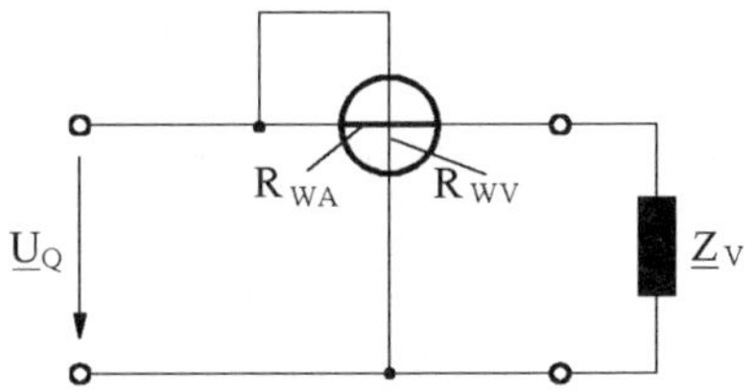

Abb. 6.4. Schaltung zur Wirkleistungsmessung an einer Impedanz $\underline{Z}_V$

b) Begründen Sie, daß die Verlustleistungsmessung an $\underline{Z}_V$ durchgeführt werden kann, ohne das Wattmeter zu überlasten. Wie groß ist der Ausschlag n in Skalenteilen bei dieser Verlustleistungsmessung? Vernachlässigen Sie bei Ihren Berechnungen den Eigenverbrauch des Meßwerkes.

c) Welchen relativen Meßfehler machen Sie bei der Messung nach Punkt b), wenn Sie den Eigenverbrauch des Wattmeters berücksichtigen und zur Messung die stromrichtige Schaltung verwenden? Der wahre Wert sei hierbei die bei Beschaltung mit dem Leistungsmesser tatsächlich in $\underline{Z}_V$ umgesetzte Wirkleistung. Welche geringfügige Änderung der Meßschaltung würde eine Verringerung des Meßfehlers bewirken und wie groß wäre dieser?

d) Berechnen Sie jenen Betrag von $\underline{Z}_V$ als Funktion von R_{WV} und R_{WA}, bei dem der Wechsel zwischen strom- und spannungsrichtiger Schaltung erfolgen muß, damit der durch den Eigenverbrauch des Meßgerätes verursachte relative Meßfehler möglichst gering bleibt.

Musterlösung:

a) Aus dem Bereichsendwert P_{Wend}

$$P_{Wend} = U_{max} I_{max} \cos\varphi_{max} = 240\,W \tag{6.23}$$

ergibt sich mit Gl. (6.16) die Wattmeterkonstante zu

$$C_W = \frac{P_{Wend}}{N} = 2,4\,\frac{W}{Skt.}\,. \tag{6.24}$$

b) Mit der Definition des Verlustfaktors für die Serienersatzschaltung einer verlustbehafteten Induktivität (Gl. (7.8))

$$\tan\delta = \frac{R_{LV}}{\omega L_V} = 0,1 \tag{6.25}$$

kann ihr ohmscher Serienwiderstand aus

$$R_{LV} = \omega L_V \tan\delta = 6,912\,\Omega \tag{6.26}$$

berechnet werden. Die damit ebenfalls bekannte komplexe Impedanz $\underline{Z}_V$

$$\underline{Z}_\text{V} = R_\text{LV} + j\omega L_\text{V} = 6,912\,\Omega + j69,115\,\Omega = 69,46\,\Omega\, e^{j84,29^\circ} \tag{6.27}$$

ermöglicht dann die Berechnung des durch die Stromspule fließenden Verbraucherstromes I_ZV

$$I_\text{ZV} = \frac{U_\text{Q}}{Z_\text{V}} = 3,167\,\text{A}\,. \tag{6.28}$$

Da $I_\text{ZV} \leq 4I_\text{max}$ gilt, kann diese Messung ohne Überlastung des Meßwerkes durchgeführt werden. Aus der angezeigten Leistung

$$P_\text{anz} = P_\text{ZV} = I_\text{ZV}^2 R_\text{LV} = 69,335\,\text{W} \tag{6.29}$$

folgt der Zeigerausschlag zu

$$n = \frac{P_\text{anz}}{C_\text{W}} = 28,9\,\text{Skt.}\,. \tag{6.30}$$

c) Aus Abb. 6.5 kann man ersehen, daß vom Meßwerk die Leistung

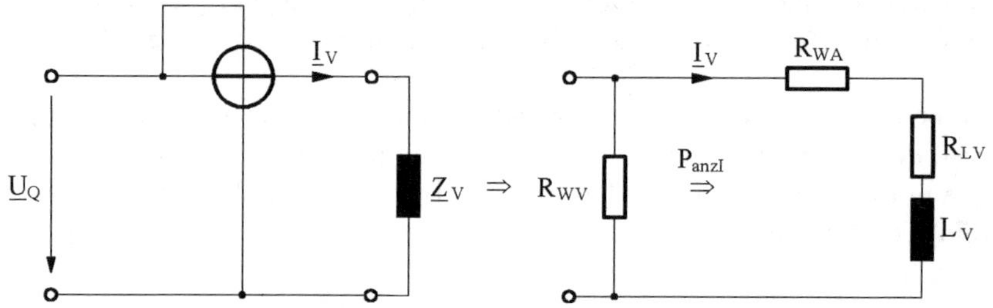

Abb. 6.5. Stromrichtige Schaltung mit Ersatzschaltbild zur Leistungsmessung

$$P_\text{anzI} = P_\text{WA} + P_\text{ZV} = I_\text{V}^2 R_\text{WA} + I_\text{V}^2 R_\text{LV} \tag{6.31}$$

angezeigt wird. Der relative Meßfehler bei der stromrichtigen Meßschaltung ergibt sich daraus zu

$$f_\text{I} = \frac{P_\text{anzI} - P_\text{ZV}}{P_\text{ZV}} = \frac{P_\text{WA}}{P_\text{ZV}} = \frac{R_\text{WA}}{R_\text{LV}} = 1,45\,\%\,. \tag{6.32}$$

Dieser Meßfehler kann nun verringert werden, wenn die spannungsrichtige Meßschaltung verwendet wird. Unter Beachtung von Abb. 6.6 ergibt sich die vom Meßwerk angezeigte Leistung zu

$$P_\text{anzU} = P_\text{WV} + P_\text{ZV} = \frac{U_\text{V}^2}{R_\text{WV}} + I_\text{V}^2 R_\text{LV} = \frac{U_\text{V}^2}{R_\text{WV}} + \left(\frac{U_\text{V}}{Z_\text{V}}\right)^2 R_\text{LV}\,, \tag{6.33}$$

woraus ein relativer Meßfehler bei spannungsrichtiger Messung von

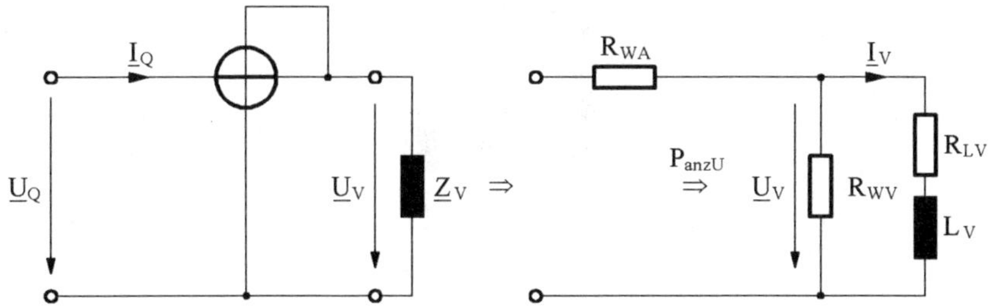

Abb. 6.6. Spannungsrichtige Schaltung mit Ersatzschaltbild zur Leistungsmessung

$$f_\mathrm{U} = \frac{P_\mathrm{anzU} - P_\mathrm{ZV}}{P_\mathrm{ZV}} = \frac{\frac{U_\mathrm{V}^2}{R_\mathrm{WV}}}{\frac{U_\mathrm{V}^2}{Z_\mathrm{V}^2} R_\mathrm{LV}} = \frac{Z_\mathrm{V}^2}{R_\mathrm{WV} R_\mathrm{LV}} = 0,7\,\% \tag{6.34}$$

resultiert.

d) Durch Gleichsetzen der relativen Fehler aus den Gln. (6.32) und (6.34)

$$\frac{R_\mathrm{WA}}{R_\mathrm{LV}} = \frac{Z_\mathrm{VG}^2}{R_\mathrm{WV} R_\mathrm{LV}} \tag{6.35}$$

erhält man den Grenzwert des Betrages von $\underline{Z}_\mathrm{V}$

$$Z_\mathrm{VG} = \sqrt{R_\mathrm{WA} R_\mathrm{WV}}\,. \tag{6.36}$$

Aus Gl. (6.36) lassen sich die beiden folgenden Regeln ableiten:

- spannungsrichtige Schaltung verwenden, wenn

$$Z_\mathrm{V} \leq \sqrt{R_\mathrm{WA} R_\mathrm{WV}} \tag{6.37}$$

- stromrichtige Schaltung verwenden, wenn

$$Z_\mathrm{V} \geq \sqrt{R_\mathrm{WA} R_\mathrm{WV}}\,. \tag{6.38}$$

Für den angegebenen Leistungsmesser gilt somit

$$Z_\mathrm{VG} = \sqrt{100\,\mathrm{k}\Omega\ 0,1\,\Omega} = 100\,\Omega\,. \tag{6.39}$$

6.4 Blindleistungsmessung im Einphasennetz

Beispiel 6.3: *Blindleistungsmesser mit Resonanzphasenschieber*

Abbildung 6.7 zeigt die Schaltung eines Blindleistungsmessers mit Resonanzphasenschieber. Die Bauelemente der Schaltung sollen für den Betrieb im 50 Hz-Netz so dimensioniert werden, daß der Blindleistungsmesser bei $U_\mathrm{Vmax} = 10\,\mathrm{V}$, $I_\mathrm{max} = 1\,\mathrm{A}$ und $\sin(\sphericalangle \underline{U}_\mathrm{V}, \underline{I}) = 1$ Vollausschlag hat.
Das zum Aufbau des Blindleistungsmessers verwendete elektrodynamische Meßwerk hat folgende Daten:

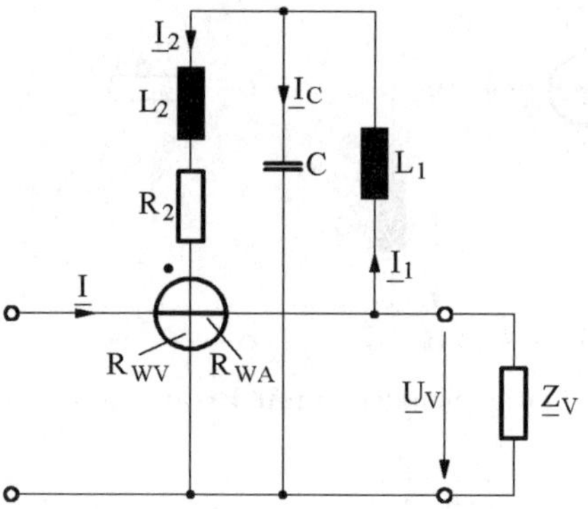

Abb. 6.7. Schaltung des Blindleistungsmessers

Spannungsspule:	$U_{max} = 10\,\text{V}$
	$R_{WV} = 314\,\Omega$
Stromspule:	$I_{max} = 1\,\text{A}$
	$R_{WA} = 0,1\,\Omega$

a) Dimensionieren Sie L_1, L_2, R_2 und C für folgende Bedingungen:

$$\underline{U}_V \perp \underline{I}_2 \tag{6.40}$$

$$\underline{I}_1 \perp \underline{I}_2 \tag{6.41}$$

$$|\underline{I}_1| = |\underline{I}_2| \tag{6.42}$$

b) Zeichnen Sie das Zeigerdiagramm für den Blindleistungsmesser und überprüfen Sie damit die im Punkt a) berechneten Werte von L_1, L_2, R_2 und C.

c) Läßt sich der Meßbereich dieses Blindleistungsmessers durch Vorschalten von ohmschen Widerständen in Serie zu L_1 erweitern?

Musterlösung:

a) Unter Verwendung der Abkürzung $R_{2ges} = R_2 + R_{WV}$ folgt durch Anwendung der Spannungsteilerregel der Zusammenhang zwischen $\underline{I}_2$ und $\underline{U}_V$

$$\underline{I}_2 = \underline{U}_V \frac{\frac{(R_{2ges}+j\omega L_2)\frac{1}{j\omega C}}{R_{2ges}+j\omega L_2+\frac{1}{j\omega C}}}{\frac{(R_{2ges}+j\omega L_2)\frac{1}{j\omega C}}{R_{2ges}+j\omega L_2+\frac{1}{j\omega C}} + j\omega L_1} \frac{1}{R_{2ges} + j\omega L_2}$$

$$= \underline{U}_V \frac{\frac{1}{j\omega C}}{(R_{2ges} + j\omega L_2)\frac{1}{j\omega C} + j\omega L_1\left(R_{2ges} + j\omega L_2 + \frac{1}{j\omega C}\right)}$$

$$= \underline{U}_V \frac{1}{R_{2ges}(1 - \omega^2 C L_1) + j\omega(L_1 + L_2 - \omega^2 C L_1 L_2)} \,. \tag{6.43}$$

Um Gl. (6.40) zu erfüllen, muß der Realteil des Nenners von Gl. (6.43) Null werden, was zu

$$\omega^2 C L_1 = 1 (\text{Bedingung 1}) \tag{6.44}$$

führt. Durch Einsetzen von Gl. (6.44) in Gl. (6.43) erhält man

$$\underline{I}_2 = \frac{\underline{U}_\mathrm{V}}{j\omega(L_1 + L_2 - \omega^2 C L_1 L_2)} = \frac{\underline{U}_\mathrm{V}}{j\omega(L_1 + L_2 - L_2)}$$

$$= \frac{\underline{U}_\mathrm{V}}{j\omega L_1} \,. \tag{6.45}$$

Durch Anwendung der Stromteilerregel berechnet sich der Zusammenhang zwischen $\underline{I}_1$ und $\underline{I}_2$ zu

$$\underline{I}_2 = \underline{I}_1 \frac{\frac{1}{j\omega C}}{R_{2\mathrm{ges}} + j\omega L_2 + \frac{1}{j\omega C}} = \underline{I}_1 \frac{1}{1 - \omega^2 C L_2 + j\omega C R_{2\mathrm{ges}}} \,, \tag{6.46}$$

der unter Beachtung von Gl. (6.41) zu der Bedingung

$$\omega^2 C L_2 = 1 (\text{Bedingung 2}) \tag{6.47}$$

führt. Das Einsetzen von Gleichung (6.47) in Gl. (6.46) ergibt

$$\underline{I}_2 = \underline{I}_1 \frac{1}{j\omega C R_{2\mathrm{ges}}} \,. \tag{6.48}$$

Vergleicht man die Gln. (6.44) und (6.47), so erhält man folgenden Zusammenhang zwischen L_1 und L_2

$$L_1 = L_2 = \frac{1}{\omega^2 C} \,. \tag{6.49}$$

Aus Gl. (6.48) in Verbindung mit Gl. (6.42) folgt

$$\omega C R_{2\mathrm{ges}} = 1 (\text{Bedingung 3}) \,. \tag{6.50}$$

Bei maximaler Verbraucherspannung $\underline{U}_\mathrm{V}$ fließt aufgrund von Gl. (6.45) der Strom

$$I_{2\max} = \frac{U_{\mathrm{V}\max}}{\omega L_1} \tag{6.51}$$

durch L_2 und somit auch durch die Spannungsspule. Da bei Endausschlag des Meßwerkes

$$I_{2\max} = \frac{U_{\max}}{R_\mathrm{WV}} \tag{6.52}$$

gelten muß, berechnen sich die Induktivitäten L_1 und L_2 zu

$$L_1 = L_2 = \frac{U_{\mathrm{V}\max}}{U_{\max}} \frac{R_\mathrm{WV}}{\omega} = 1\,\mathrm{H} \,. \tag{6.53}$$

Mit dem nun bekannten Wert von L_1 ergibt sich mit Gl. (6.44) die Kapazität C zu

$$C = \frac{1}{\omega^2 L_1} = 10,1\,\mu\text{F}\,. \tag{6.54}$$

Mit den Gln. (6.47), (6.50), (6.53) und unter Beachtung von $U_{\text{Vmax}} = U_{\text{max}}$ (s. Angabe) ergibt sich aus

$$R_{\text{2ges}} = \frac{1}{\omega C} = \omega L_1 = R_{\text{WV}} \tag{6.55}$$

in Verbindung mit dem Zusammenhang $R_{\text{2ges}} = R_2 + R_{\text{WV}}$ die Dimensionierung des Widerstandes R_2

$$R_2 = 0\,\Omega\,. \tag{6.56}$$

b) Das in Abb. 6.8 gezeigte Zeigerdiagramm für den Blindleistungsmesser ergibt sich aus folgenden Konstruktionsschritten:

- Strom $\underline{I}_2$ in Richtung der reellen Achse auftragen.
- Spannung $\underline{U}_{\text{R2ges}}$ zeigt in Richtung von $\underline{I}_2$.
- Spannung $\underline{U}_{\text{L2}}$ eilt $\underline{I}_2$ um 90° vor und hat vorerst unbekannte Länge.
- Mit $\underline{U}_{\text{C}} = \underline{U}_{\text{R2ges}} + \underline{U}_{\text{L2}}$ und $\underline{I}_{\text{C}} = j\omega C\underline{U}_{\text{C}}$ folgt mit den Gln. (6.41), (6.42) und $\underline{I}_1 = \underline{I}_2 + \underline{I}_{\text{C}}$, daß $\underline{I}_1$ um +90° gegen $\underline{I}_2$ gedreht ist und die gleiche Länge wie $\underline{I}_2$ hat.
- Durch Einzeichnen von $\underline{I}_1$, $\underline{I}_{\text{C}}$ und $\underline{U}_{\text{C}}$ ergibt sich aus den geometrischen Verhältnissen, daß $\underline{U}_{\text{L2}}$ gleich lang wie $\underline{U}_{\text{R2ges}}$ ist.
- Da $\underline{U}_{\text{L1}}$ dem Strom $\underline{I}_1$ um 90° voreilt und $\underline{U}_{\text{V}}$ senkrecht auf $\underline{I}_2$ stehen muß (Gl. (6.40)), ergeben sich daraus die noch fehlenden Spannungen $\underline{U}_{\text{L1}}$ und $\underline{U}_{\text{V}}$.

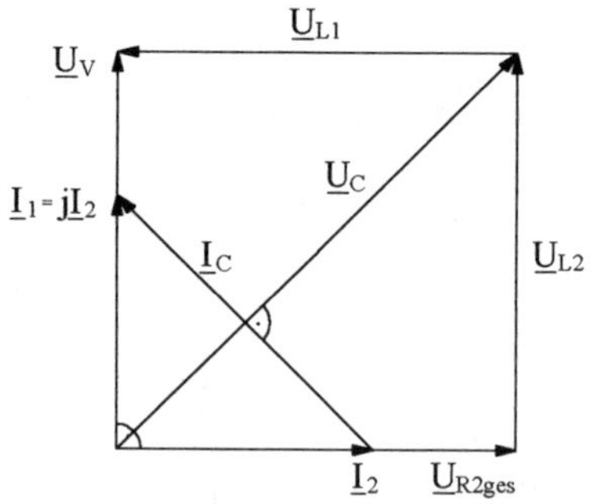

Abb. 6.8. Zeigerdiagramm für den Blindleistungsmesser

Aus der Geometrie des Zeigerdiagrammes können folgende Zusammenhänge abgelesen werden

$$|\underline{U}_{\mathrm{V}}| = |\underline{U}_{\mathrm{L1}}| = |\underline{U}_{\mathrm{L2}}| = |\underline{U}_{\mathrm{R2ges}}| = \frac{|\underline{U}_{\mathrm{C}}|}{\sqrt{2}}\,, \tag{6.57}$$

$$|\underline{I}_1| = |\underline{I}_2| = \frac{|\underline{I}_C|}{\sqrt{2}}\,. \tag{6.58}$$

Mit den bei Endausschlag (Nennbetrieb) gelten Werten

$$|\underline{U}_{\mathrm{Vmax}}| = U_{\mathrm{max}} = 10\,\mathrm{V}\,, \tag{6.59}$$

$$|\underline{I}_{\mathrm{2max}}| = \frac{U_{\mathrm{max}}}{R_{\mathrm{WV}}} = \frac{10}{314}\,\mathrm{A} \tag{6.60}$$

kann jetzt die Dimensionierung der Bauelemente erfolgen. Die Induktivitäten berechnen sich aus

$$\omega L_1 = \omega L_2 = \frac{|\underline{U}_{\mathrm{L1max}}|}{|\underline{I}_{\mathrm{1max}}|} = \frac{|\underline{U}_{\mathrm{Vmax}}|}{|\underline{I}_{\mathrm{2max}}|} \tag{6.61}$$

zu

$$L_1 = L_2 = \frac{314}{2\pi 50} = 1\,\mathrm{H}\,. \tag{6.62}$$

Der Widerstand R_2 kann entfallen, wie aus

$$R_{\mathrm{2ges}} = R_2 + R_{\mathrm{WV}} = \frac{|\underline{U}_{\mathrm{R2gesmax}}|}{|\underline{I}_{\mathrm{2max}}|} = \frac{|\underline{U}_{\mathrm{Vmax}}|}{|\underline{I}_{\mathrm{2max}}|} = R_{\mathrm{WV}} \tag{6.63}$$

zu entnehmen ist. Die Kapazität C ergibt sich aus

$$\omega C = \frac{|\underline{I}_{\mathrm{Cmax}}|}{|\underline{U}_{\mathrm{Cmax}}|} = \frac{|\underline{I}_{\mathrm{2max}}|}{|\underline{U}_{\mathrm{Vmax}}|} \tag{6.64}$$

zu

$$C = \frac{1}{2\pi 50\,314} = 10,1\,\mu\mathrm{F}\,. \tag{6.65}$$

c) Da der Eingangswiderstand des Phasenschiebernetzwerkes ohmsch ist

$$\underline{Z}_{\mathrm{E}} = \frac{\underline{U}_{\mathrm{V}}}{\underline{I}_1} = \frac{\underline{U}_{\mathrm{V}}}{j\underline{I}_2} = \frac{j\omega L_1}{j} = \omega L_1\,, \tag{6.66}$$

läßt sich der Spannungspfad durch ohmsche Serienwiderstände erweitern.

Beispiel 6.4: *Hummel-Schaltung zur Blindleistungsmessung*

Die in Abb. 6.9 gezeigte Schaltung (Hummel-Schaltung) wird zur Blindleistungsmessung eingesetzt.
Das in der Hummel-Schaltung verwendete elektrodynamische Meßwerk hat folgende Daten:

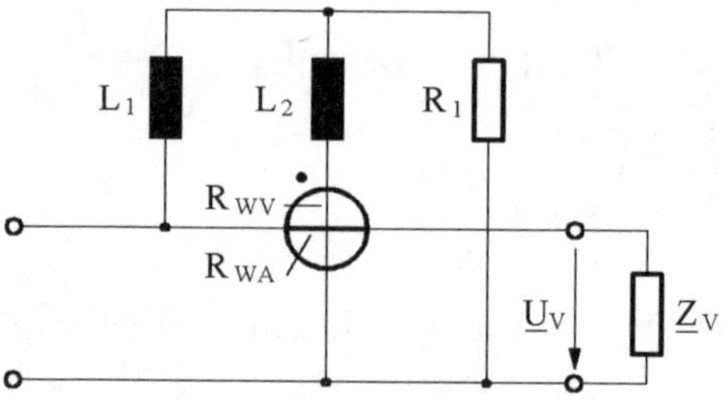

Abb. 6.9. Hummel-Schaltung

Spannungsspule:	$U_{\mathrm{max}} = 10\,\mathrm{V}$
	$R_{\mathrm{WV}} = 1\,\mathrm{k}\Omega$
Stromspule:	$I_{\mathrm{max}} = 1\,\mathrm{A}$
	$R_{\mathrm{WA}} = 0\,\Omega$

Die Schaltung ist mit $L_1 = 1\,\mathrm{H}$, $L_2 = 0{,}1471\,\mathrm{H}$ und $R_1 = 14{,}518\,\Omega$ so dimensioniert, daß im 50 Hz-Netz die Blindleistung richtig angezeigt wird.

a) Aufgrund eines nicht-linearen Verhaltens des Verbrauchers $\underline{Z}_{\mathrm{V}}$ tritt bei sinusförmiger Betriebsspannung im Verbraucherstrom neben der Grundwelle auch noch die dritte Harmonische auf, d. h. der Verbraucherstrom wird durch
$i_{\mathrm{ZV}}(t) = \hat{I}_1 \sin(\omega t + \psi_1) + \hat{I}_3 \sin(3\omega t + \psi_3)$ beschrieben. Untersuchen Sie, ob bei einer an diesem Verbraucher durchgeführten Blindleistungsmessung ein Meßfehler auftritt oder nicht.
Hinweis: Die Blindleistung bei nichtsinusförmigen aber periodischen Spannungen und Strömen

$$u(t) = \sum_{n=1}^{\infty} \sqrt{2} U_n \sin(n\omega t + \varphi_n) \tag{6.67}$$

$$i(t) = \sum_{n=1}^{\infty} \sqrt{2} I_n \sin(n\omega t + \psi_n) \tag{6.68}$$

ist durch

$$P_{\mathrm{B}} = \sum_{n=1}^{\infty} U_n I_n \sin(\varphi_n - \psi_n) \tag{6.69}$$

gegeben.

b) Welcher relative Meßfehler tritt auf, wenn mit diesem Blindleistungsmesser die Blindleistung an einer **linearen** Induktivität mit $\tan\delta = 0{,}1$ (bei 50 Hz; s. Gl. (7.8)) im amerikanischen Netz (Netzfrequenz $f = 60\,\mathrm{Hz}$) gemessen wird?

Musterlösung:

a) Die im Verbraucher $\underline{Z}_V$ umgesetzte Blindleistung berechnet sich unter der Annahme von $\varphi_1 = 0$ zu

$$Q_{\mathrm{ZVw}} = U_1 \frac{\hat{I}_1}{\sqrt{2}} \sin(-\psi_1) = -U_1 I_1 \sin\psi_1 \,. \tag{6.70}$$

Ein Vergleich mit der vom Meßwerk angezeigten Blindleistung

$$\begin{aligned}
Q_{\mathrm{ZVr}} &= \frac{1}{T} \int_0^T \hat{U}_1 \sin(\omega t - 90^\circ)[\hat{I}_1 \sin(\omega t + \psi_1) + \hat{I}_3 \sin(3\omega t + \psi_3)]\, dt \\
&= \frac{1}{T} \int_0^T \hat{U}_1 \hat{I}_1 \sin(\omega t - 90^\circ) \sin(\omega t + \psi_1)\, dt \\
&\quad \underbrace{+ \frac{1}{T} \int_0^T \hat{U}_1 \hat{I}_3 \sin(\omega t - 90^\circ) \sin(3\omega t + \psi_3)\, dt}_{=0} \\
&= \frac{1}{T} \int_0^T \hat{U}_1 \hat{I}_1 \, \frac{1}{2} (\cos(-90^\circ - \psi_1) - \cos(2\omega t - 90^\circ + \psi_1))\, dt \\
&= \hat{U}_1 \hat{I}_1 \, \frac{1}{2} \cos(90^\circ + \psi_1) = -U_1 I_1 \sin\psi_1
\end{aligned} \tag{6.71}$$

beweist, daß die Blindleistung richtig angezeigt wird!

b) Die an der Spannungsspule anliegende Spannung $\underline{U}_{\mathrm{WV}}$ ergibt sich durch Anwendung der Spannungsteilerregel zu

$$\begin{aligned}
\underline{U}_{\mathrm{WV}} &= U_V \, \frac{\frac{R_1 (R_{\mathrm{WV}} + j\omega L_2)}{R_1 + R_{\mathrm{WV}} + j\omega L_2}}{\frac{R_1 (R_{\mathrm{WV}} + j\omega L_2)}{R_1 + R_{\mathrm{WV}} + j\omega L_2} + j\omega L_1} \, \frac{R_{\mathrm{WV}}}{R_{\mathrm{WV}} + j\omega L_2} \\
&= U_V \, \frac{R_1 R_{\mathrm{WV}}}{R_1 R_{\mathrm{WV}} - \omega^2 L_1 L_2 + j\omega(R_1 L_2 + L_1 (R_1 + R_{\mathrm{WV}}))} \,.
\end{aligned} \tag{6.72}$$

Zur Berechnung des bei $f = 60\,\mathrm{Hz}$ auftretenden Betrags- und Phasenfehlers ist das komplexe Verhältnis $\underline{U}_{\mathrm{WV}}/U_V$ bei $f = 50\,\mathrm{Hz}$

$$\frac{\underline{U}_{\mathrm{WV}}}{U_V} = 0{,}045455\, e^{-j90^o} = k_1\, e^{-j90^o} \tag{6.73}$$

und bei $f = 60\,\text{Hz}$

$$\frac{\underline{U}_{\text{WV}}}{\underline{U}_{\text{V}}} = 0,037874\, e^{-j90,955^o} = k_2\, e^{-j(90^o + \Delta\varphi)} \tag{6.74}$$

auszuwerten. Aus der in $\underline{Z}_{\text{V}}$ umgesetzten Blindleistung

$$Q_{\text{ZVw}} = U_{\text{V}}\, \frac{U_{\text{V}}}{|\underline{Z}_{\text{V}}|}\, \sin\varphi_{\text{ZV}} \tag{6.75}$$

und der vom Meßwerk angezeigten Blindleistung

$$Q_{\text{ZVr}} = U_{\text{V}} \underbrace{\frac{k_2}{k_1}}_{\text{Betragsfehler}} \frac{U_{\text{V}}}{|\underline{Z}_{\text{V}}|}\, \sin(\varphi_{\text{ZV}} - \underbrace{\Delta\varphi}_{\text{Phasenfehler}}) \tag{6.76}$$

berechnet sich der relative Meßfehler zu

$$\begin{aligned} f = \frac{Q_{\text{ZVr}}}{Q_{\text{ZVw}}} - 1 &= \frac{U_{\text{V}}^2 \frac{k_2}{k_1} \frac{1}{|\underline{Z}_{\text{V}}|} \sin(\varphi_{\text{ZV}} - \Delta\varphi)}{U_{\text{V}}^2 \frac{1}{|\underline{Z}_{\text{V}}|} \sin\varphi_{\text{ZV}}} - 1 \\ &= \frac{\sin\varphi_{\text{ZV}}\cos\Delta\varphi - \cos\varphi_{\text{ZV}}\sin\Delta\varphi}{\sin\varphi_{\text{ZV}}}\,\frac{k_2}{k_1} - 1 \\ &= \left(\cos\Delta\varphi - \frac{1}{\tan\varphi_{\text{ZV}}}\sin\Delta\varphi\right)\frac{k_2}{k_1} - 1\,. \end{aligned} \tag{6.77}$$

Mit der für eine verlustbehaftete Induktivität geltenden Gl. (7.8) und $\tan\varphi_{\text{ZV}} = \omega L_{\text{V}}/R_{\text{LV}}$ (Reihenersatzschaltbild der verlustbehafteten Spule (Abb. 7.4)) folgt aus

$$\tan\varphi_{\text{ZV}} = \frac{1}{\tan\delta} \tag{6.78}$$

der relative Meßfehler

$$f = (\cos\Delta\varphi - \tan\delta\sin\Delta\varphi)\frac{k_2}{k_1} - 1 = -16,57\,\%\,. \tag{6.79}$$

Aufgabe 6.1: *Berechnung und Dimensionierung der Hummel-Schaltung*

Abbildung 6.10 zeigt eine Schaltung zur Blindleistungsmessung, die sog. *Hummel*-Schaltung.

Das zum Aufbau der Hummel-Schaltung verwendete elektrodynamische Meßwerk hat folgende Daten:

Spannungsspule:	$U_{\text{max}} = 10\,\text{V}$
	$R_{\text{WV}} = 1\,\text{k}\Omega$
Stromspule:	$I_{\text{max}} = 1\,\text{A}$
	$R_{\text{WA}} = 0\,\Omega$

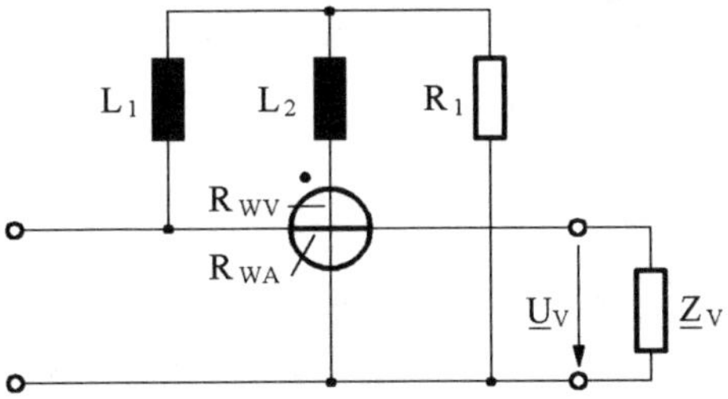

Abb. 6.10. Hummel-Schaltung

a) Berechnen Sie den Zusammenhang zwischen L_1, L_2, R_1 und R_{WV} so, daß die Hummel-Schaltung als Blindleistungsmesser arbeitet.
b) Dimensionieren Sie R_1 und L_2 des Blindleistungsmessers für $L_1 = 1\,\mathrm{H}$, $f = 50\,\mathrm{Hz}$ und eine maximale Verbraucherspannung von $U_{\mathrm{V}} = 220\,\mathrm{V}$.

Lösung:

a) $R_1 R_{\mathrm{WV}} = \omega^2 L_1 L_2$
b) $R_1 = 14{,}518\,\Omega$, $L_2 = 0{,}147\,\mathrm{H}$.

7

Messung von elektrischen Impedanzen

7.1 Ersatzquellenprinzip

Für die Berechnung linearer elektrischer Netzwerke, die Spannungs- und Stromquellen enthalten, ist es oft von Vorteil, wenn man mehrere Zweige des zu analysierenden Netzwerkes bezüglich ihres Klemmenverhaltens zu einem aktiven Zweipol, der eine Spannungs- oder eine Stromquelle und einen ohmschen Widerstand enthält, zusammenfaßt. Ein solcher aktiver Zweipol, der nach außen hin das Netzwerk hinsichtlich seines Strom-Spannungsverhaltens an seinen beiden Torklemmen vollständig repräsentiert, wird als Ersatzspannungsquelle bzw. Ersatzstromquelle bezeichnet (Abb. 7.1). Bei Leerlauf (keine

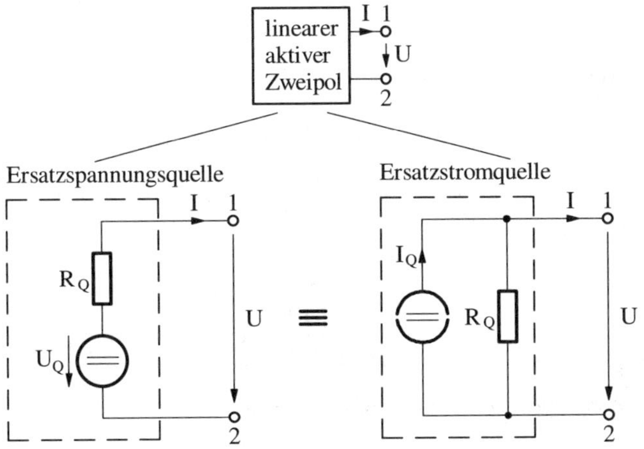

Abb. 7.1. Aktiver Zweipol und Ersatzschaltungen

impedanzmäßige Belastung an den äußeren Klemmen) mißt man an den Klemmen der Ersatzspannungsquelle die *Leerlaufspannung* U_Q und bei Kurzschluß den *Kurzschlußstrom* I_Q, womit sich der Ersatzwiderstand R_Q als Quotient dieser beiden Größen ergibt. Bei Belastung der Ersatzspannungsquelle mit dem Strom I berechnet sich die Klemmenspannung U zu

$$U = U_Q - R_Q I \,. \tag{7.1}$$

Dividiert man Gl. (7.1) durch den Ersatzwiderstand R_Q, so ergibt sich

$$I = I_Q - \frac{U}{R_Q} \,. \tag{7.2}$$

Diesen Zusammenhang erhält man auch durch Aufstellen der für den inneren Knoten der Ersatzstromquelle geltenden Knotengleichung. Damit sind die beiden Ersatzquellen hinsichtlich der Berechnung von U und I einander äquivalent.
Die rechnerische Bestimmung des Ersatzwiderstandes R_Q (Innenwiderstand der Quelle) erfolgt derart, daß man zunächst alle Spannungsquellen des aktiven Zweipols kurzschließt, alle seine Stromquellen unterbricht, um dann den Widerstand zwischen den Klemmen 1 und 2 des nun passiven Zweipols zu berechnen.

7.2 Grundlagen zur Messung ohmscher Widerstände

Von den vielen Möglichkeiten zur Messung ohmscher Widerstände werden hier nur die Messung mittels Konstantstromquelle und die Brückenschaltungen behandelt.

Messung mittels Konstantstromquelle

Das Meßprinzip beruht auf der in Abb. 7.2 dargestellten Meßschaltung, bei der durch den zu messenden Widerstand R_X ein Konstantstrom I_0 fließt. Durch

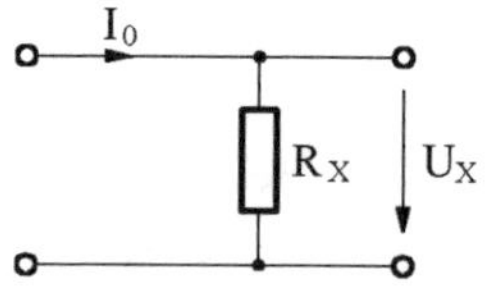

Abb. 7.2. Widerstandsmessung mit Hilfe einer Konstantstromquelle

Messung der Spannung U_X kann bei bekanntem Strom I_0 auf den Widerstand R_X geschlossen werden

$$R_X = \frac{U_X}{I_0} \,. \tag{7.3}$$

Meßbrücken

Abbildung 7.3 zeigt die auf einen Vorschlag von Wheatstone zurückgehende Brückenschaltung, deren Funktionsprinzip auf der Verwendung von zwei ohmschen Spannungsteilern beruht.

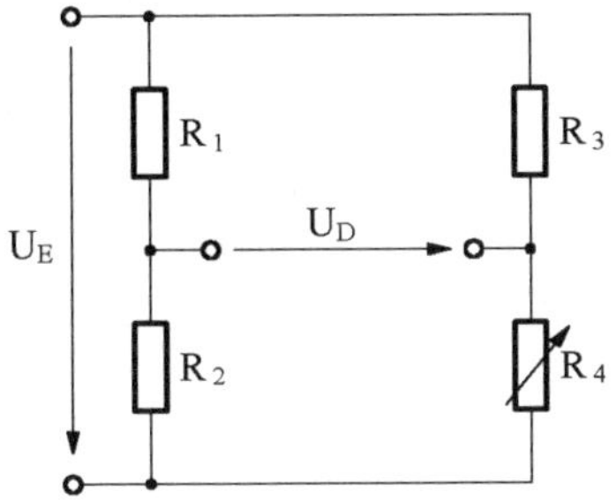

Abb. 7.3. Meßbrücke zur Messung ohmscher Widerstände

Die Diagonalspannung U_D berechnet sich entsprechend Abb. 7.3 zu

$$U_\mathrm{D} = U_\mathrm{E}\left(\frac{R_2}{R_1+R_2} - \frac{R_4}{R_3+R_4}\right) = U_\mathrm{E}\,\frac{R_2R_3 - R_1R_4}{(R_1+R_2)(R_3+R_4)}\,. \tag{7.4}$$

Aus Gl. (7.4) ergeben sich zwei prinzipielle Möglichkeiten zur Widerstandsmessung:

- Man mißt U_D und berechnet daraus bei bekanntem U_E und drei bekannten Widerständen den gesuchten vierten Widerstand.
- Einer der drei bekannten Widerstände wird abgleichbar ausgeführt und stets so eingestellt, daß die sog. *Abgleichbedingung* $U_\mathrm{D} = 0\,\mathrm{V}$ erfüllt ist, aus der sich dann mit Gl. (7.4) der der Berechnung des unbekannten Widerstandes dienende Zusammenhang

$$R_2R_3 = R_1R_4 \tag{7.5}$$

  ergibt.

Die erste Methode, bei der kein Abgleich erforderlich ist, wird *Ausschlagverfahren* genannt und hauptsächlich in der Sensorik eingesetzt. Das Ausschlagverfahren hat jedoch den Nachteil, daß die Brückenversorgungsspannung U_E und die Diagonalspannung U_D wertemäßig bekannt sein müssen und deren Fehler direkt in die Meßgenauigkeit eingehen. Außerdem tritt bei der Messung von U_D aufgrund des endlichen Innenwiderstandes des Spannungsmeßgerätes ein Belastungsfehler auf. Die eben genannten Nachteile können beim Betrieb als *Abgleichbrücke* vermieden werden, weil hier nur die Erfüllung der Abgleichbedingung $U_\mathrm{D} = 0\,\mathrm{V}$ detektiert werden muß. Das zur Messung von U_D eingesetzte Meßwerk muß eine hohe Empfindlichkeit haben und darf natürlich keinen Nullpunktfehler aufweisen.

7.3 Grundlagen zur Messung von Schein- und Blindwiderständen

Eine beliebige komplexe Impedanz $\underline{Z}$ enthält eine Wirkkomponente R ($R \geq 0$) und eine Blindkomponente X ($-\infty < X < \infty$). Sie läßt sich mathematisch in Form folgender Gleichung

$$\underline{Z} = \mathrm{Re}(\underline{Z}) + j\mathrm{Im}(\underline{Z}) = R + jX \tag{7.6}$$

beschreiben. Je nach Vorzeichen von X spricht man von einem kapazitiven ($X < 0$) bzw. induktiven ($X > 0$) Verhalten. Da es keine idealen, d. h. verlustlosen, Bauelemente gibt, hat man es bei den in der Praxis verwendeten Kapazitäten und Induktivitäten stets mit verlustbehafteten Bauelementen zu tun. Zur Beschreibung solcher verlustbehafteter Bauelemente wurden einige Begriffe eingeführt, die im folgenden kurz erläutert werden.

Reihen- und Parallelersatzschaltbilder einer verlustbehafteten Induktivität

Abbildung 7.4 zeigt die beiden Standard-Ersatzschaltbilder zur Beschreibung einer verlustbehafteten Induktivität.

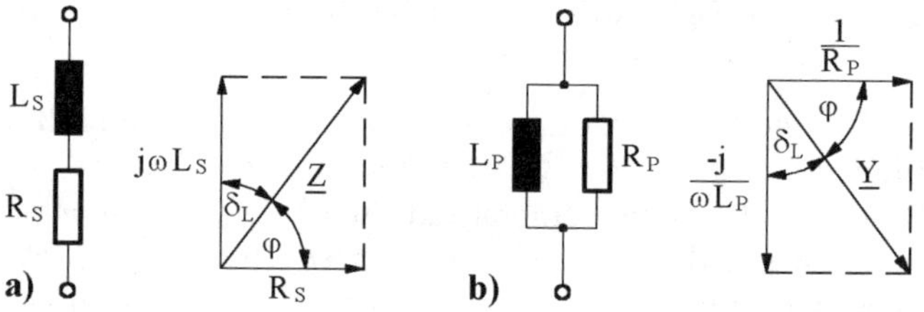

Abb. 7.4. Ersatzschaltbilder einer verlustbehafteten Induktivität mit entsprechenden Impedanz- bzw. Admittanz-Diagrammen: **a)** Reihenersatzschaltbild (Serienersatzschaltbild), **b)** Parallelersatzschaltbild

Mit

$$\underline{Z}_\mathrm{L} = R_\mathrm{S} + j\omega L_\mathrm{S} = \frac{1}{\underline{Y}_\mathrm{L}} = \frac{1}{\frac{1}{R_\mathrm{P}} + \frac{1}{j\omega L_\mathrm{P}}} \tag{7.7}$$

berechnet sich der Verlustfaktor $\tan\delta_\mathrm{L}$ der verlustbehafteten Induktivität zu

$$\tan\delta_\mathrm{L} = \frac{R_\mathrm{S}}{\omega L_\mathrm{S}} = \frac{\omega L_\mathrm{P}}{R_\mathrm{P}} \, . \tag{7.8}$$

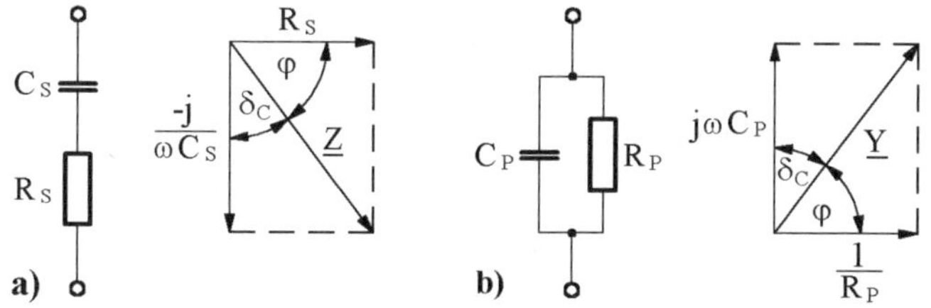

Abb. 7.5. Ersatzschaltbilder einer verlustbehafteten Kapazität mit entsprechenden Impedanz- bzw. Admittanz-Diagrammen: **a)** Reihenersatzschaltbild (Serienersatzschaltbild), **b)** Parallelersatzschaltbild

Reihen- und Parallelersatzschaltbilder einer verlustbehafteten Kapazität

Abbildung 7.5 zeigt die beiden Standard-Ersatzschaltbilder zur Beschreibung einer verlustbehafteten Kapazität.
Mit

$$\underline{Z}_C = R_S - j\frac{1}{\omega C_S} = \frac{1}{\underline{Y}_C} = \frac{1}{\frac{1}{R_P} + j\omega C_P} \tag{7.9}$$

berechnet sich der Verlustfaktor $\tan\delta_C$ der verlustbehafteten Kapazität zu

$$\tan\delta_C = \omega R_S C_S = \frac{1}{\omega C_P R_P} \,. \tag{7.10}$$

Bei **allen** in diesem Buch enthaltenen Beispielen wird für verlustbehaftete Induktivitäten zur Berechnung immer das Serienersatzschaltbild und für verlustbehaftete Kapazitäten immer des Parallelersatzschaltbild herangezogen.

Auswertung von Auf- bzw. Entladevorgängen zur Messung von verlustfreien Kapazitäten

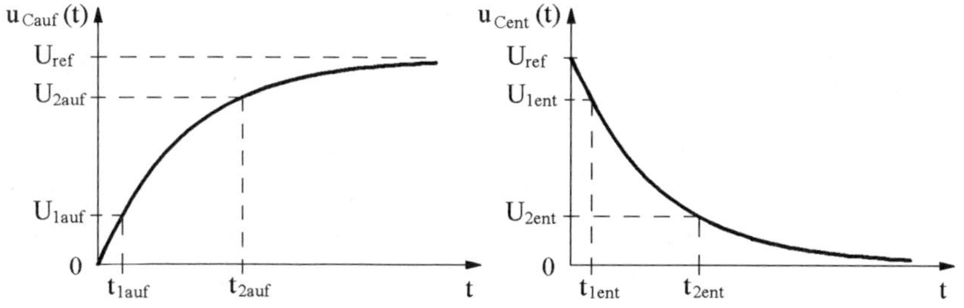

Abb. 7.6. Zeitverläufe bei Auf- und Entladevorgängen von Kapazitäten

Bei dieser Meßmethode wird von der Tatsache gebrauch gemacht, daß bei einem Auf- bzw. Entladevorgang (Abb. 7.6)

$$u_{\mathrm{Cauf}}(t) = U_{\mathrm{ref}}\left(1 - e^{-\frac{t}{RC}}\right) \text{bzw.} u_{\mathrm{Cent}}(t) = U_{\mathrm{ref}}\, e^{-\frac{t}{RC}} \tag{7.11}$$

jenes Zeitintervall, das beim Auf- bzw. Entladen von einem frei wählbaren Spannungswert

$$U_{\mathrm{1auf}} = U_{\mathrm{ref}}\left(1 - e^{-\frac{t_{\mathrm{1auf}}}{RC}}\right) \text{bzw.} \quad U_{\mathrm{1ent}} = U_{\mathrm{ref}}\, e^{-\frac{t_{\mathrm{1ent}}}{RC}} \tag{7.12}$$

zu einem zweiten, ebenfalls vorgebbaren Spannungswert

$$U_{\mathrm{2auf}} = U_{\mathrm{ref}}\left(1 - e^{-\frac{t_{\mathrm{2auf}}}{RC}}\right) \text{bzw.} \quad U_{\mathrm{2ent}} = U_{\mathrm{ref}}\, e^{-\frac{t_{\mathrm{2ent}}}{RC}} \tag{7.13}$$

benötigt wird, proportional zum Kapazitätswert C ist

$$\begin{aligned} t_{\mathrm{2auf}} - t_{\mathrm{1auf}} &= RC \ln\left(\frac{U_{\mathrm{ref}}}{U_{\mathrm{ref}} - U_{\mathrm{2auf}}}\right) - RC \ln\left(\frac{U_{\mathrm{ref}}}{U_{\mathrm{ref}} - U_{\mathrm{1auf}}}\right) \\ &= RC \ln\left(\frac{1 - \frac{U_{\mathrm{1auf}}}{U_{\mathrm{ref}}}}{1 - \frac{U_{\mathrm{2auf}}}{U_{\mathrm{ref}}}}\right) \text{bzw.} \end{aligned} \tag{7.14}$$

$$\begin{aligned} t_{\mathrm{2ent}} - t_{\mathrm{1ent}} &= RC \ln\left(\frac{U_{\mathrm{ref}}}{U_{\mathrm{2ent}}}\right) - RC \ln\left(\frac{U_{\mathrm{ref}}}{U_{\mathrm{1ent}}}\right) \\ &= RC \ln\left(\frac{U_{\mathrm{1ent}}}{U_{\mathrm{2ent}}}\right). \end{aligned} \tag{7.15}$$

Da in den eben abgeleiteten Zusammenhängen nur Spannungsverhältnisse vorkommen, können die Auf- bzw. Entladezeiten von absoluten Spannungswerten unabhängig gemacht werden, wenn die Vergleichsspannungen U_{1auf} und U_{2auf} bzw. U_{1ent} und U_{2ent} durch Spannungsteiler aus der Referenzspannung U_{ref} abgeleitet werden. Außerdem muß die Referenzspannung nur stabil, aber nicht wertemäßig bekannt sein. Dieses Meßprinzip kann entsprechend den Gln. (7.14) und (7.15) auch zur Widerstandsmessung eingesetzt werden.

Meßbrücken

In Analogie zu den in Kap. 7.2 zur Messung ohmscher Widerstände vorgestellten Gleichstrombrücken werden strukturgleiche Meßbrücken zur Messung komplexer Impedanzen eingesetzt. Wie man Abb. 7.7 entnehmen kann, berechnet sich die Diagonalspannung $\underline{U}_{\mathrm{D}}$ analog zu Gl. (7.4)

$$\underline{U}_{\mathrm{D}} = \underline{U}_{\mathrm{E}} \frac{\underline{Z}_2 \underline{Z}_3 - \underline{Z}_1 \underline{Z}_4}{(\underline{Z}_1 + \underline{Z}_2)(\underline{Z}_3 + \underline{Z}_4)}. \tag{7.16}$$

Wechselstrombrücken können wiederum als Ausschlag- und Abgleichbrücken betrieben werden. Im weiteren wird nur auf die Abgleichbrücken eingegangen.

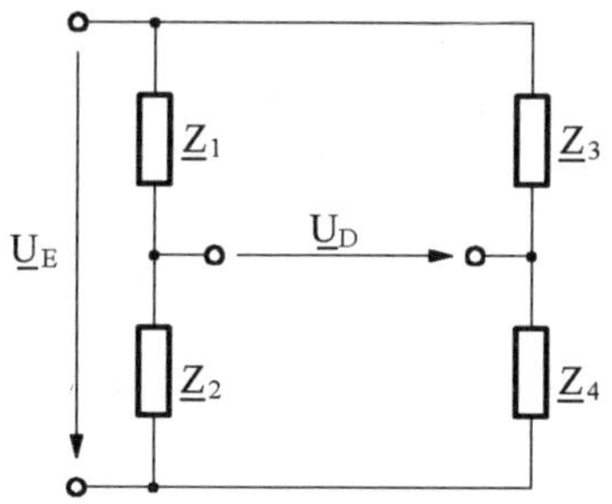

Abb. 7.7. Wechselstrom-Meßbrücke

Mit der Abgleichbedingung $\underline{U}_\text{D} = 0\,\text{V}$ ergibt sich aus Gl. (7.16) folgender Zusammenhang

$$\underline{Z}_2\underline{Z}_3 = \underline{Z}_1\underline{Z}_4\,. \tag{7.17}$$

Entsprechend den beiden Darstellungsmöglichkeiten komplexer Zahlen durch Real- und Imaginärteil bzw. Betrag und Phase

$$\underline{Z}_\text{X} = R_\text{X} + jX_\text{X} = |\underline{Z}_\text{X}|e^{j\varphi_\text{X}} \tag{7.18}$$

kann Gl. (7.17) in jeweils eine Gleichung für Betrag und Phase

$$|\underline{Z}_2||\underline{Z}_3| = |\underline{Z}_1||\underline{Z}_4| \tag{7.19}$$

$$\varphi_2 + \varphi_3 = \varphi_1 + \varphi_4 \tag{7.20}$$

oder in jeweils eine Gleichung für Real- und Imaginärteil

$$R_2R_3 - X_2X_3 = R_1R_4 - X_1X_4 \tag{7.21}$$

$$X_2R_3 + R_2X_3 = X_1R_4 + R_1X_4 \tag{7.22}$$

aufgespaltet werden. Da die zu messende Impedanz zwei unabhängige Bestimmungsgrößen (R_X und X_X) enthält, müssen zwei Abgleichelemente vorhanden sein, was sich auch darin äußert, daß die Aufspaltung von Gl. (7.17) auf zwei unabhängig voneinander zu erfüllende Gleichungen führt.

Resonanzverfahren

Beim Resonanzverfahren wird das Bauelement, dessen Wirk- und Blindkomponente zu bestimmen sind, durch ein komplementäres verlustarmes Bauelement zu einem Schwingkreis ergänzt. So wird beispielsweise eine Induktivität durch einen Kondensator bekannter Kapazität zu einem Serienschwingkreis zusammengeschaltet. Dieses Meßprinzip basiert auf den speziellen Eigenschaften so aufgebauter Resonanzschwingkreise. Die Messung kann durch Auswertung der Verhältnisse beim Betrieb mit erzwungenen Schwingungen variabler Frequenz (z. B. durch Messung der Resonanzfrequenz und der Resonanzüberhöhung beim Durchfahren der Resonanzkurve) oder durch Auswertung von angeregten freien Schwingungen (z. B. durch Messung der Schwingfrequenz und des Abklingverhaltens) erfolgen.

7.4 Messung ohmscher Widerstände

Beispiel 7.1: *Widerstandsmessung mit einer Konstantstromquelle*

Abbildung 7.8 zeigt die schaltungstechnische Realisierung einer Widerstandsmessung, bei der eine mittels eines Operationsverstärkers aufgebaute Konstantstromquelle verwendet wird.

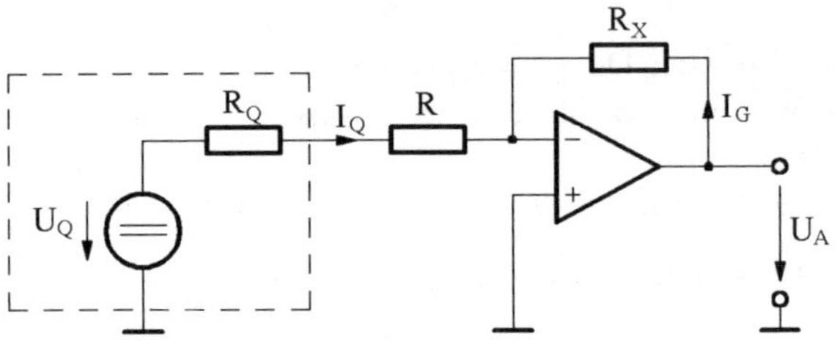

Abb. 7.8. Operationsverstärkerschaltung zur Widerstandsmessung

a) Wie muß unter der Annahme eines idealen Operationsverstärkers für die Werte $U_{\mathrm{Q}} = 5\,\mathrm{V}$ und $R_{\mathrm{Q}} = 0\,\Omega$ der Widerstand R dimensionieren werden, damit eine Variation des Rückkoppelwiderstandes R_{X} im Wertebereich $R_{\mathrm{X}} = (0 \ldots 10\,\mathrm{k}\Omega)$ zu einer entsprechenden Ausgangsspannung U_{A} im Wertebereich $U_{\mathrm{A}} = (0 \ldots -10\,\mathrm{V})$ führt?
b) Berechnen Sie für die unter Punkt a) ermittelte Dimensionierung den maximalen relativen Fehler, wenn die Spannungsquelle nun einen Innenwiderstand von $R_{\mathrm{Q}} = 100\,\Omega$ hat und ein Operationsverstärker mit $V_0 = 1000$ (restliche Daten des Operationsverstärkers sind ideal) verwendet wird.

Musterlösung:

a) Da es sich bei der Meßschaltung um einen invertierenden Verstärker handelt, folgt aus

$$U_{\mathrm{Aw}} = -U_{\mathrm{Q}} \frac{R_{\mathrm{X}}}{R} \tag{7.23}$$

die Dimensionierungsvorschrift für den Widerstand R

$$R = -U_{\mathrm{Q}} \frac{R_{\mathrm{Xmax}}}{U_{\mathrm{Amin}}} = 5\,\mathrm{k}\Omega\,. \tag{7.24}$$

b) Aus den beiden Maschengleichungen

$$I_\mathrm{Q}(R+R_\mathrm{Q}) = U_\mathrm{Q} + u_\mathrm{D} \tag{7.25}$$

$$U_\mathrm{Ar} = I_\mathrm{G} R_\mathrm{X} - u_\mathrm{D} \tag{7.26}$$

folgt mit $I_\mathrm{Q} = -I_\mathrm{G}$ und $U_\mathrm{A} = V_0 u_\mathrm{D}$ eine Bestimmungsgleichung für die Ausgangsspannung

$$\begin{aligned} U_\mathrm{Ar} &= -\frac{U_\mathrm{Q}+u_\mathrm{D}}{R+R_\mathrm{Q}} R_\mathrm{X} - u_\mathrm{D} \\ &= -U_\mathrm{Q}\frac{R_\mathrm{X}}{R+R_\mathrm{Q}} - U_\mathrm{Ar}\left(\frac{R_\mathrm{X}}{V_0(R+R_\mathrm{Q})} + \frac{1}{V_0}\right). \end{aligned} \tag{7.27}$$

Der relative Meßfehler berechnet sich mit den Gln. (7.23) und (7.27) zu

$$f = \frac{U_\mathrm{Ar}}{U_\mathrm{Aw}} - 1 = \frac{\frac{R}{R+R_\mathrm{Q}}}{1 + \frac{R_\mathrm{X}}{V_0(R+R_\mathrm{Q})} + \frac{1}{V_0}} - 1\,. \tag{7.28}$$

Er erreicht seinen maximalen Wert für R_Xmax

$$f_\mathrm{max} = \frac{\frac{R}{R+R_\mathrm{Q}}}{1 + \frac{R_\mathrm{Xmax}}{V_0(R+R_\mathrm{Q})} + \frac{1}{V_0}} - 1 = -2,3\,\%\,. \tag{7.29}$$

Beispiel 7.2: *Ausschlagbrücke*

Abbildung 7.9 zeigt eine Ausschlagbrücke, die zur Messung der Widerstandsänderung von R_X (potentiometrischer Sensor) verwendet wird.

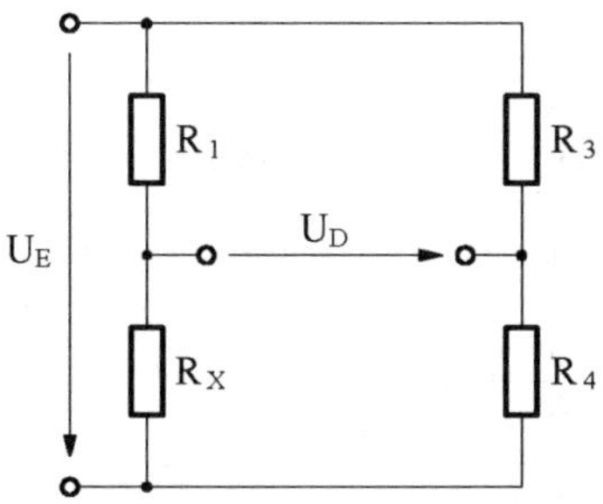

Abb. 7.9. Schaltung der Ausschlagbrücke

a) Wie müssen Sie R_1, R_3, R_4 und U_E dimensionieren, damit für $R_\mathrm{X0} = 1\,\mathrm{k}\Omega$ die Brückenspannung $U_\mathrm{D} = 0\,\mathrm{V}$ ist und die Empfindlichkeit $dU_\mathrm{D}/dR_\mathrm{X}$ an der Stelle R_{X0} maximal wird? Beachten Sie, daß am Widerstand R_X eine maximale Verlustleistung von $P_{W\max} = 0,125\,\mathrm{W}$ auftreten darf und bei der Dimensionierung von U_E die Änderung von R_X vernachlässigt werden kann.

b) Wie groß darf ΔR_X maximal sein, damit der durch die Näherung $U_D \sim \Delta R_X$ verursachte Fehler $\leq 1\,\%$ ist.

Musterlösung:

a) Aus der Brückendiagonalspannung (Gl. (7.4))

$$U_D = U_E \frac{R_X}{R_1 + R_X} - U_E \frac{R_4}{R_3 + R_4} \tag{7.30}$$

folgt für die Empfindlichkeit bei $U_D = 0\,\mathrm{V}$

$$\left.\frac{dU_D}{dR_X}\right|_{R_X = R_{X0}} = U_E \frac{R_1 + R_{X0} - R_{X0}}{(R_1 + R_{X0})^2} = U_E \frac{R_1}{(R_1 + R_{X0})^2}$$

$$= U_E\, v(R_1)\,. \tag{7.31}$$

Durch Differenzieren des Terms $v(R_1)$ nach R_1

$$\frac{dv}{dR_1} = U_E \frac{(R_1 + R_{X0})^2 - 2R_1(R_1 + R_{X0})}{(R_1 + R_{X0})^4}$$

$$= U_E \frac{R_1^2 + 2R_1R_{X0} + R_{X0}^2 - 2R_1^2 - 2R_{X0}R_1}{(R_1 + R_{X0})^4}$$

$$= U_E \frac{R_{X0}^2 - R_1^2}{(R_1 + R_{X0})^4} \tag{7.32}$$

ergibt sich mit $dv/dR_1 = 0$ der Widerstand

$$R_1 = R_{X0}\,, \tag{7.33}$$

bei dem die Empfindlichkeit maximal wird. Für $U_D = 0$ folgt aus Gl. (7.30)

$$\frac{R_1}{R_{X0}} = \frac{R_3}{R_4} \Longrightarrow \qquad R_3 = R_4 \tag{7.34}$$

und damit die sinnvolle Wahl

$$R_1 = R_3 = R_4 = R_{X0} = 1\,\mathrm{k}\Omega. \tag{7.35}$$

Aus der Proportionalität $dU_D/dR_X \sim U_E$ kann man schließen, daß die Versorgungsspannung U_E für eine hohe Empfindlichkeit möglichst groß gewählt werden muß. Der maximale Wert von U_E wird durch die Verlustleistung an R_X bestimmt

$$P_\mathrm{Wmax} = \frac{U_\mathrm{Emax}^2}{4R_\mathrm{X0}} \Longrightarrow U_\mathrm{Emax} = 2\sqrt{P_\mathrm{Wmax} R_\mathrm{X0}} = 22{,}4\,\mathrm{V} \tag{7.36}$$

und führt zu einer maximalen Empfindlichkeit von

$$\left(\frac{dU_\mathrm{D}}{dR_\mathrm{X}}\right)_\mathrm{max} = U_\mathrm{Emax}\,\frac{R_1}{(R_1 + R_\mathrm{X0})^2} = U_\mathrm{Emax}\,\frac{1}{4R_\mathrm{X0}} = 5{,}6\,\frac{\mathrm{mV}}{\Omega}\,. \tag{7.37}$$

b) Mit den Gln. (7.30) und (7.35) berechnet sich die Diagonalspannung als Funktion von ΔR_X zu

$$\begin{aligned} U_\mathrm{D} &= U_\mathrm{E}\left(\frac{R_\mathrm{X0} + \Delta R_\mathrm{X}}{R_\mathrm{X0} + R_\mathrm{X0} + \Delta R_\mathrm{X}} - \frac{1}{2}\right) \\ &= U_\mathrm{E}\,\frac{2R_\mathrm{X0} + 2\Delta R_\mathrm{X} - 2R_\mathrm{X0} - \Delta R_\mathrm{X}}{2(2R_\mathrm{X0} + \Delta R_\mathrm{X0})} \\ &= U_\mathrm{E}\,\frac{\Delta R_\mathrm{X}}{2(2R_\mathrm{X0} + \Delta R_\mathrm{X})}\,. \end{aligned} \tag{7.38}$$

Aus der Näherung

$$U_\mathrm{D} \approx U_\mathrm{E}\,\frac{\Delta R_\mathrm{X}}{4R_\mathrm{X0}} \tag{7.39}$$

folgt für die angezeigte Widerstandsänderung

$$\Delta R_\mathrm{Xr} \approx 4R_\mathrm{X0}\,\frac{U_\mathrm{D}}{U_\mathrm{E}}\,. \tag{7.40}$$

Unter Verwendung der tatsächlichen Widerstandsänderung (Gl. (7.38))

$$\Delta R_\mathrm{Xw} = 4R_\mathrm{X0}\,\frac{U_\mathrm{D}}{U_\mathrm{E} - 2U_\mathrm{D}} \tag{7.41}$$

berechnet sich die maximal tolerable Widerstandsänderung $|\Delta R_\mathrm{X}|_\mathrm{max}$ aus dem vorgegebenen relativen Fehler

$$\begin{aligned} f &= \frac{\Delta R_\mathrm{Xr}}{\Delta R_\mathrm{Xw}} - 1 = \frac{U_\mathrm{E} - 2U_\mathrm{D}}{U_\mathrm{E}} - 1 = -2\,\frac{U_\mathrm{D}}{U_\mathrm{E}} \\ &\approx -2\,\frac{\Delta R_\mathrm{X}}{4R_\mathrm{X0}} \end{aligned} \tag{7.42}$$

zu

$$|\Delta R_\mathrm{X}|_\mathrm{max} \le |f_\mathrm{max} 2R_\mathrm{X0}| = 20\,\Omega\,. \tag{7.43}$$

Beispiel 7.3: *Brückenschaltung zur Temperaturmessung*

Mit der in Abb. 7.10 dargestellten Brückenschaltung soll ein Temperaturmeßgerät aufgebaut werden. Zur Anzeige wird ein Drehspulinstrument ($I_{\mathrm{Mend}} = 1\,\mathrm{mA}$, $R_{\mathrm{M}} = 0\,\Omega$) verwendet, dessen Anzeigeskala linear von $-20\,°\mathrm{C}$ bis $40\,°\mathrm{C}$ beschriftet ist.

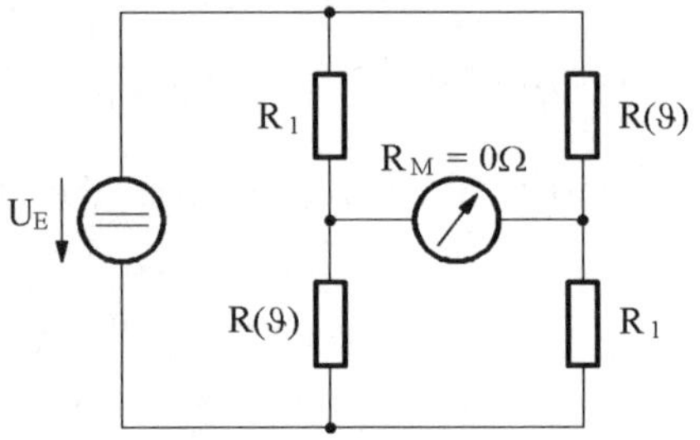

Abb. 7.10. Brückenschaltung zur Temperaturmessung

Zur Messung der Temperatur wird ein Si-Halbleitersensor eingesetzt, dessen Widerstands-Temperatur-Kennlinie durch

$$R(\vartheta) = R_0(1 + \alpha(\vartheta - \vartheta_0)) \tag{7.44}$$

mit den Parametern

$R_0 = 2000\,\Omega$	Widerstandswert bei ϑ_0,
$\vartheta_0 = 20\,°\mathrm{C}$	Bezugstemperatur,
$\alpha = 8 \cdot 10^{-3}\,\mathrm{K}^{-1}$	linearer Temperaturkoeffizient

beschrieben wird.

a) Berechnen Sie R_1 und U_{E} derart, daß das Meßgerät bei den Temperaturwerten $\vartheta = -20\,°\mathrm{C}$ und $\vartheta = 40\,°\mathrm{C}$ fehlerfrei anzeigt.
b) Berechnen Sie den maximalen absoluten Meßfehler (in °C) dieses Meßgerätes für den angegebenen Meßbereich ($-20\,°\mathrm{C} \leq \vartheta \leq 40\,°\mathrm{C}$).

Musterlösung:

a) Um den durch das Meßwerk fließenden Strom auf einfache Weise berechnen zu können, wird zunächst bezüglich der Brückendiagonalen eine Ersatzspannungsquelle mit folgenden Komponenten ermittelt

$$U_{\mathrm{Q}}(\vartheta) = U_{\mathrm{E}} \left(\frac{R(\vartheta)}{R_1 + R(\vartheta)} - \frac{R_1}{R_1 + R(\vartheta)} \right) = U_{\mathrm{E}} \frac{R(\vartheta) - R_1}{R_1 + R(\vartheta)}\,, \tag{7.45}$$

$$R_{\mathrm{Q}}(\vartheta) = 2\,\frac{R_1 R(\vartheta)}{R_1 + R(\vartheta)}\,. \tag{7.46}$$

Mit diesen Ersatzgrößen berechnet sich der Strom I_M durch das Drehspulinstrument zu

$$I_M(\vartheta) = \frac{U_Q(\vartheta)}{R_Q(\vartheta)} = U_E \frac{R(\vartheta) - R_1}{2R_1 R(\vartheta)} . \tag{7.47}$$

Aus der Überlegung, daß der Strom I_M bei $\vartheta = -20\,°C$ gleich Null sein muß, folgt aus Gl. (7.47) der Brückenwiderstand R_1

$$R_1 = R(-20\,°C) = 1360\,\Omega . \tag{7.48}$$

Da das Drehspulinstrument bei $\vartheta = 40\,°C$ Endausschlag haben soll, berechnet sich mit $R(40\,°C) = 2320\,\Omega$ die benötigte Eingangsspannung U_E aus Gl. (7.47) zu

$$U_E = I_{Mend} \frac{2R_1 R(40\,°C)}{R(40\,°C) - R_1} = 6,573\,V . \tag{7.49}$$

b) Abbildung 7.11 zeigt die Ist- und Sollkennlinien des Meßwerkstromes I_M.

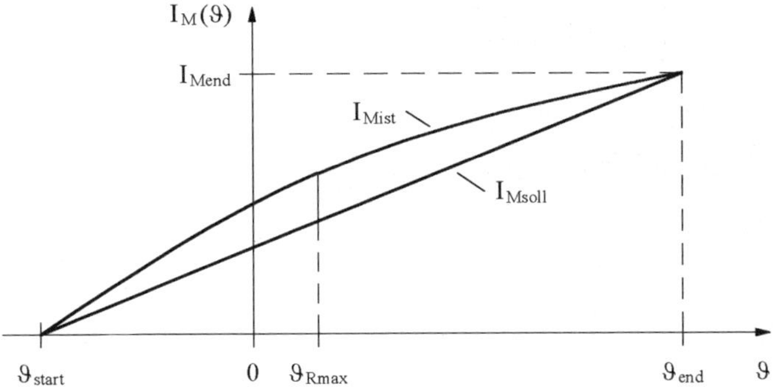

Abb. 7.11. Verläufe der Ist- und Sollkennlinien des Meßwerkstromes $I_M(\vartheta)$

Der Sollwert von I_M ergibt sich aus der durch die Endpunkte gelegten Geraden

$$I_{Msoll}(\vartheta) = I_M(\vartheta_{start}) + \frac{I_M(\vartheta_{end}) - I_M(\vartheta_{start})}{\vartheta_{end} - \vartheta_{start}} (\vartheta - \vartheta_{start})$$

$$= \frac{I_{Mend}}{\vartheta_{end} - \vartheta_{start}} (\vartheta - \vartheta_{start}) . \tag{7.50}$$

Der Istwert ist durch Gl. (7.47) gegeben

$$I_{Mist}(\vartheta) = U_E \frac{R(\vartheta) - R_1}{2R_1 R(\vartheta)} . \tag{7.51}$$

Aus dem absoluten Fehler

$$F = I_{Mist}(\vartheta) - I_{Msoll}(\vartheta) \tag{7.52}$$

ergibt sich durch Ableiten

$$\frac{dF}{d\vartheta} = \frac{U_\mathrm{E}}{2R_1} \frac{R_0 \alpha R(\vartheta_\mathrm{Rmax}) - (R(\vartheta_\mathrm{Rmax}) - R_1) R_0 \alpha}{R^2(\vartheta_\mathrm{Rmax})}$$

$$- \frac{I_\mathrm{Mend}}{\vartheta_\mathrm{end} - \vartheta_\mathrm{start}} = 0 \tag{7.53}$$

mit folgender Umformung

$$R^2(\vartheta_\mathrm{Rmax}) = U_\mathrm{E} \frac{R_0 \alpha}{2} \frac{\vartheta_\mathrm{end} - \vartheta_\mathrm{start}}{I_\mathrm{Mend}} \tag{7.54}$$

der Widerstandswert, bei dem der größte Fehler auftritt, zu

$$R(\vartheta_\mathrm{Rmax}) = 1776,3\,\Omega\,. \tag{7.55}$$

Daraus erhält man mit $R(\vartheta_\mathrm{Rmax}) = R_0(1 + \alpha(\vartheta_\mathrm{Rmax} - \vartheta_0))$ die Temperatur ϑ_Rmax

$$\vartheta_\mathrm{Rmax} = \frac{R(\vartheta_\mathrm{Rmax}) - R_0}{R_0 \alpha} + \vartheta_0 = 6,018\,^\circ\mathrm{C}\,, \tag{7.56}$$

bei der der maximale absolute Fehler

$$F_\mathrm{max} = I_\mathrm{Mist}(\vartheta_\mathrm{Rmax}) - I_\mathrm{Msoll}(\vartheta_\mathrm{Rmax}) = 0,1326\,\mathrm{mA} \tag{7.57}$$

auftritt. Die Umrechnung von F_max in eine Temperaturdifferenz liefert

$$\Delta\vartheta_\mathrm{max} = \frac{\vartheta_\mathrm{end} - \vartheta_\mathrm{start}}{I_\mathrm{Mend}} F_\mathrm{max} = 7,96\,^\circ\mathrm{C}\,. \tag{7.58}$$

Aufgabe 7.1: *Belastungsfehler bei einer Ausschlagbrücke*

Die Brückenspannung U_D der in Abb. 7.12 dargestellten Meßbrücke wird mit einem Spannungsmeßgerät ($R'_\mathrm{Vber} = 100\,\mathrm{k\Omega/V}$) gemessen.

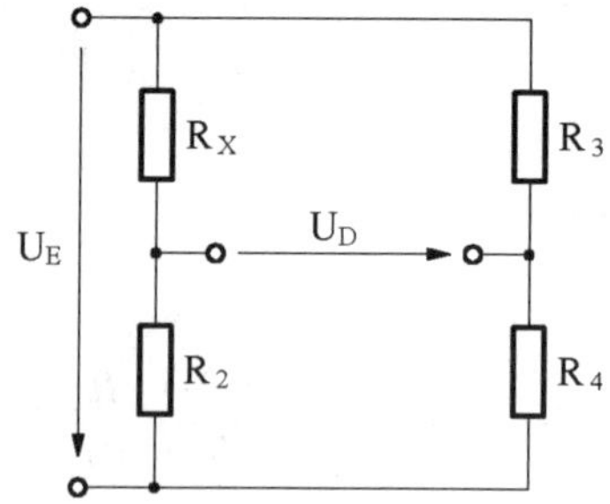

Abb. 7.12. Aufbau der Meßbrücke

a) Berechnen Sie die beiden Komponenten U_Q und R_Q der Ersatzspannungsquelle bezüglich der Brückendiagonalen für $R_2 = R_3 = R_4 = R = 1\,\mathrm{k}\Omega$, $R_X = 0{,}9\,\mathrm{k}\Omega$ und $U_E = 10\,\mathrm{V}$.

b) Wie groß ist der relative Meßfehler f_{bel}, wenn die Brückenspannung mit dem oben angegebenen Spannungsmeßgerät im 0,5 V-Bereich gemessen wird?

c) Wie groß ist der maximale relative Meßfehler f_{max}, wenn außerdem die Genauigkeitsklasse des Spannungsmeßgerätes (1 %) berücksichtigt wird?

Lösung:

a) $U_Q = 0{,}263\,\mathrm{V}$, $R_Q = 0{,}974\,\mathrm{K}\Omega$
b) $f_{bel} = -1{,}91\,\%$
c) $f_{max} = -3{,}85\,\%$

7.5 Messung von Kapazitäten und Induktivitäten

Beispiel 7.4: *Kapazitätsmeßgerät*

Die in Abb. 7.13 gezeigte Schaltung wird als Kapazitätsmeßgerät verwendet. Der Meßbereich des Meßgerätes soll 1 nF betragen. Zur Anzeige wird ein Drehspulinstrument mit einem Endausschlag von 5 V verwendet. Die digitalen Gatter werden mit $U_B = 15\,\mathrm{V}$ versorgt. Der zugeführte Takt ist symmetrisch (Impulsdauer = Pausendauer) und hat eine Frequenz von 10 kHz.

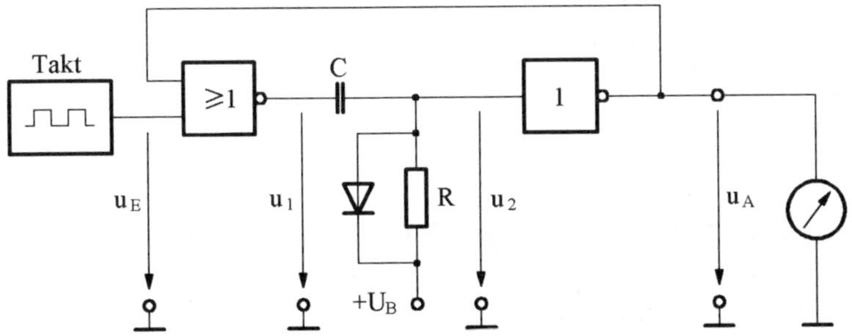

Abb. 7.13. Schaltung des Kapazitätsmeßgerätes

a) Skizzieren Sie die Zeitverläufe der Spannungen u_E, u_1, u_2 und u_A für $C = C_{max}$. Tragen Sie **alle** Spannungs- und Zeitwerte, die Sie zu diesem Zeitpunkt kennen, in das Diagramm ein. Berechnen Sie den Widerstand R.
Gehen Sie bei Ihren Überlegungen davon aus, daß die verwendeten digitalen Gatter an ihren Ausgängen die Betriebsspannungsgrenzen (U_B und

Masse) erreichen, die Eingangswiderstände unendlich groß sind, die Schaltschwelle des Inverters bei $U_\mathrm{B}/2$ liegt und die Diode ideal (d. h. $U_\mathrm{D} = 0\,\mathrm{V}$ in Durchlaßrichtung) ist.

b) Welche Genauigkeitsklasse G_C kann für dieses Kapazitätsmeßgerät garantiert werden, wenn folgende relative Fehler gegeben sind:

Drehspulmeßwerk:	$G = 0{,}5\,\%$
Widerstand R:	$\lvert f_\mathrm{R}\rvert_\mathrm{max} = 1\,\%$
Takt:	$f_\mathrm{T} = 10\,\mathrm{kHz} \ldots\ 10{,}05\,\mathrm{kHz}$
Inverterschaltschwelle:	$U_\mathrm{schw} = \frac{U_\mathrm{B}}{2} \pm 0{,}01 U_\mathrm{B}$

c) Welche Anzeige liefert das Meßgerät bei $C = C_\mathrm{max}$, wenn die Diode aufgrund eines Defektes in Durchlaßrichtung nicht mehr leitet? Gehen Sie bei Ihren Berechnungen von der unter Punkt a) ermittelten Dimensionierung aus.

d) Nennen Sie **einfache** Möglichkeiten, wie der Meßbereich des Meßgerätes erweitert werden kann.

Musterlösung:

a) Aus der Überlegung, daß für $C = C_\mathrm{max}$ das Drehspulinstrument Endausschlag haben soll, folgt für die Impulsdauer der Ausgangsspannung u_A

$$\overline{u}_\mathrm{A} = U_\mathrm{B}\,\frac{T_\mathrm{E}}{T} = 5\,\mathrm{V} \Longrightarrow T_\mathrm{E} = \frac{\overline{u}_\mathrm{A}}{U_\mathrm{B}}\,T = \frac{T}{3} = \frac{1}{3f}\,. \tag{7.59}$$

Daraus ergeben sich nun die in Abb. 7.14 dargestellten Spannungsverläufe. Der Widerstand R berechnet sich aus dem Aufladevorgang

$$U_\mathrm{schw} = \frac{U_\mathrm{B}}{2} = U_\mathrm{B}\left(1 - e^{-\frac{T_\mathrm{E}}{RC_\mathrm{max}}}\right) = U_\mathrm{B}\left(1 - e^{-\frac{T}{3RC_\mathrm{max}}}\right) \tag{7.60}$$

zu

$$R = \frac{T}{3C_\mathrm{max}\ln 2} = 48{,}09\,\mathrm{k}\Omega\,. \tag{7.61}$$

b) Die Anzeige (Zeigerausschlag) des Meßgerätes ergibt sich zu

$$\alpha = S_\mathrm{u}\overline{U}_A = S_\mathrm{u}T_\mathrm{E}\frac{U_\mathrm{B}}{T} = S_\mathrm{u}RC\ln\left(\frac{U_\mathrm{B}}{U_\mathrm{B} - U_\mathrm{schw}}\right)\frac{U_\mathrm{B}}{T}\,. \tag{7.62}$$

Für den relativen Anzeigefehler folgt daher

$$\begin{aligned}\frac{d\alpha}{\alpha} &= \frac{dS_\mathrm{u}}{S_\mathrm{u}} + \frac{dR}{R} + \frac{1}{\ln 2}\,\frac{U_\mathrm{B} - U_\mathrm{schw}}{U_\mathrm{B}}\,\frac{-U_\mathrm{B}U_\mathrm{schw}}{(U_\mathrm{B} - U_\mathrm{schw})^2}\,\frac{-dU_\mathrm{schw}}{U_\mathrm{schw}} - \frac{dT}{T}\\ &= \frac{dS_\mathrm{u}}{S_\mathrm{u}} + \frac{dR}{R} + \frac{1}{\ln 2}\,\frac{\pm 0{,}01 U_\mathrm{B}}{\frac{U_\mathrm{B}}{2}} - \frac{dT}{T}\,.\end{aligned} \tag{7.63}$$

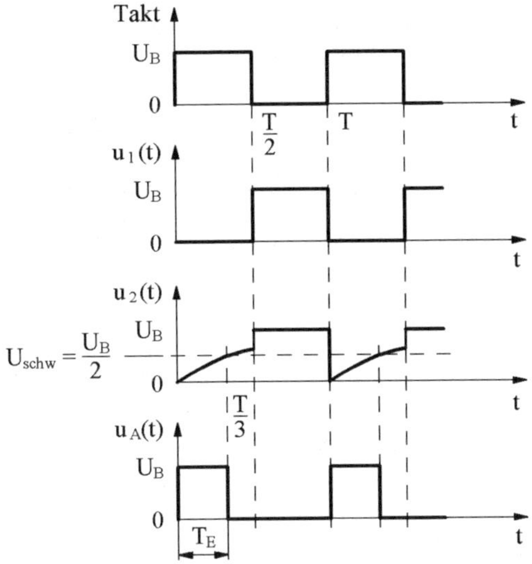

Abb. 7.14. Zeitliche Verläufe des Taktsignals sowie der Spannungen u_1, u_2 und u_A

Da die Periodendauer nur einen negativen Fehler besitzt, ergibt sich für das gesamte Kapazitätsmeßgerät im schlechtesten Fall folgende Genauigkeitsklasse

$$G_C = G + |f_R|_{\max} + \frac{2}{\ln 2} 0,01 + |f_{fT}|_{\max} = 4,89\,\% . \tag{7.64}$$

c) Wenn die Diode in Durchlaßrichtung nicht leitet, ergeben sich die in Abb. 7.15 dargestellten Zeitverläufe.

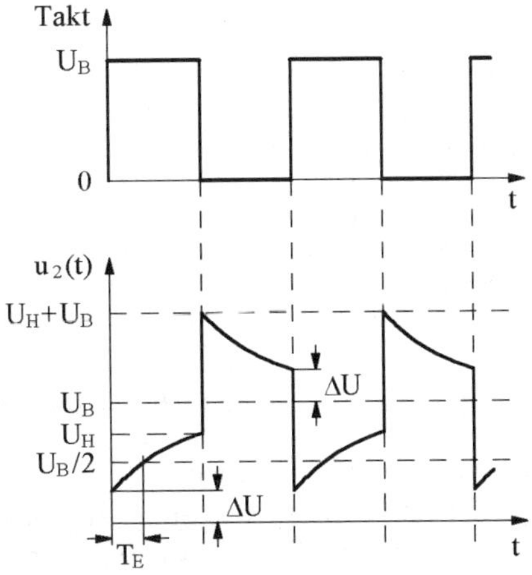

Abb. 7.15. Zeitliche Verläufe des Taktsignals sowie der Spannung u_2 bei defekter Diode

Aus Abb. 7.15 folgt für den Aufladevorgang (Gl. (10.7)) und somit für den Spannungswert U_H die Beziehung

$$U_H = U_B + (\Delta U - U_B)e^{-\frac{T}{2RC}} . \tag{7.65}$$

Durch Einsetzen von U_H (Gl. (7.65)) in die den Entladevorgang beschreibende Gleichung

$$U_B + \Delta U = U_B + (U_H + U_B - U_B)e^{-\frac{T}{2RC}} \tag{7.66}$$

erhält man eine Bestimmungsgleichung für ΔU

$$\Delta U = \left(U_B + (\Delta U - U_B)e^{-\frac{T}{2RC}}\right) e^{-\frac{T}{2RC}} , \tag{7.67}$$

die nach einer Umformung zur Lösung von ΔU führt

$$\Delta U = U_B \frac{\left(1 - e^{-\frac{T}{2RC}}\right) e^{-\frac{T}{2RC}}}{1 - e^{-\frac{T}{RC}}} = 3,918\,\mathrm{V} . \tag{7.68}$$

Mit dieser Lösung kann jetzt unter Verwendung von Gl. (7.65)

$$\frac{U_B}{2} = U_B + (\Delta U - U_B)e^{-\frac{T_E}{RC}} \tag{7.69}$$

die Zeit T_E berechnet werden

$$T_E = RC \ln\left(\frac{U_B - \Delta U}{\frac{U_B}{2}}\right) = 18,775\,\mu\mathrm{s} . \tag{7.70}$$

Die vom Meßgerät angezeigte Spannung (Kapazität) beträgt daher

$$\overline{u}_A = U_B \frac{T_E}{T} = 2,816\,\mathrm{V} \mathrel{\hat{=}} 563,3\,\mathrm{pF} . \tag{7.71}$$

d) Folgende einfache Möglichkeiten der Meßbereichserweiterung sind vorhanden:

- Widerstand R veränderbar ausführen
- Takt variabel ausführen.

Beispiel 7.5: *Messung einer Induktivität mittels Resonanzverfahren*

Mit der in Abb. 7.16 gezeigten Meßschaltung sollen verlustbehaftete Induktivitäten gemessen werden. Für diese Messung stehen ein einstellbarer Sinusgenerator, ein Strommeßgerät (Effektivwertmesser) und eine Kapazität $C = 100\,\mathrm{nF}$ zur Verfügung.
Die Messung wird auf folgende Weise durchgeführt:

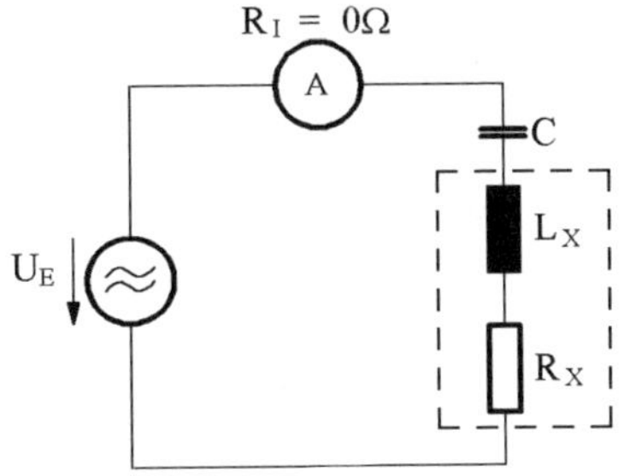

Abb. 7.16. Schaltung zur Messung einer verlustbehafteten Induktivität

1. Die Frequenz des Sinusgenerators wird solange verändert, bis der Zeigerausschlag des Amperemeters nicht mehr zunimmt. Die am Sinusgenerator eingestellte Frequenz beträgt dann $f_1 = 1591,5\,\mathrm{Hz}$.
2. Nun wird, ausgehend von f_1, die Frequenz solange erhöht, bis das Amperemeter nur noch $1/\sqrt{2}$ des Wertes von Punkt 1. anzeigt. Die am Sinusgenerator eingestellte Frequenz beträgt jetzt $f_2 = 1622\,\mathrm{Hz}$.

Die Eingangsspannung U_E bleibt während der gesamten Messung konstant!

a) Berechnen Sie die Werte von L_X und R_X der zu messenden Induktivität.
b) Mit welcher Genauigkeit können L_X und R_X gemessen werden, wenn das Amperemeter fehlerfrei anzeigt, der Kondensator C eine Toleranz von 1 % hat und der Sinusgenerator die eingestellte Frequenz mit einer relativen Genauigkeit von ±0, 1 % abgibt? Geben Sie L_X und R_X auf folgende Weise an:

$$L_\mathrm{X} = L_\mathrm{Xnom}(1 \pm f_\mathrm{LX})(f_\mathrm{LX}\text{: relativer Fehler von } L_\mathrm{X}) \tag{7.72}$$

$$R_\mathrm{X} = R_\mathrm{Xnom}(1 \pm f_\mathrm{RX})(f_\mathrm{RX}\text{: relativer Fehler von } R_\mathrm{X}) \tag{7.73}$$

Musterlösung:

a) Aus der Tatsache, daß ein Serienschwingkreis bei seiner Resonanzfrequenz minimale Impedanz aufweist und somit bei konstanter Spannung der größte Strom fließt, folgt, daß es sich bei der Frequenz f_1 um die Serienresonanzfrequenz handelt. Mit der Resonanzfrequenz (Kreisfrequenz)

$$\omega_1^2 = \frac{1}{L_\mathrm{X} C} \tag{7.74}$$

des Serienschwingkreises folgt für L_X

$$L_\mathrm{X} = \frac{1}{\omega_1^2 C} = 0,1\,\mathrm{H}\,. \tag{7.75}$$

Der Betrag von $\underline{Z}$ ist durch

$$|\underline{Z}| = \sqrt{R_X^2 + \left(\omega L_X - \frac{1}{\omega C}\right)^2} \tag{7.76}$$

gegeben. Mit $|\underline{Z}(\omega_1)| = R_X$ und

$$|\underline{Z}(\omega_2)| = \sqrt{2} R_X = \sqrt{R_X^2 + \left(\omega_2 L_X - \frac{1}{\omega_2 C}\right)^2} \tag{7.77}$$

läßt sich der Widerstand R_X berechnen

$$\begin{aligned} R_X &\overset{(-)}{+} \left(\omega_2 L_X - \frac{1}{\omega_2 C}\right) = \omega_2 \frac{1}{\omega_1^2 C} - \frac{1}{\omega_2 C} \\ &= \frac{1}{C}\left(\frac{\omega_2}{\omega_1^2} - \frac{1}{\omega_2}\right) = 37,97\,\Omega\,. \end{aligned} \tag{7.78}$$

b) Aus dem totalen Differential für L_X

$$dL_X = -2\,\frac{1}{\omega_1^3 C}\,d\omega_1 - \frac{1}{\omega_1^2 C^2}\,dC \tag{7.79}$$

ergibt sich der maximale Betrag des relativen Fehlers zu

$$|f_{LX}|_{max} = \left|\frac{dL_X}{L_X}\right|_{max} = 2|f_{\omega 1}|_{max} + |f_C|_{max} = 1,2\,\%\,. \tag{7.80}$$

Die Induktivität kann daher folgendermaßen angegeben werden

$$L_X = 0,1\,\mathrm{H}(1 \pm 0,012)\,. \tag{7.81}$$

Das Differential für R_X berechnet sich zu

$$\begin{aligned} dR_X &= -\frac{1}{C^2}\left(\frac{\omega_2}{\omega_1^2} - \frac{1}{\omega_2}\right)dC - 2\,\frac{1}{C}\,\frac{\omega_2}{\omega_1^3}\,d\omega_1 + \frac{1}{C}\left(\frac{1}{\omega_1^2} + \frac{1}{\omega_2^2}\right)d\omega_2 \\ &= \frac{1}{C}\left(\frac{1}{\omega_2} - \frac{\omega_2}{\omega_1^2}\right)f_C - 2\,\frac{\omega_2}{C\omega_1^2}\,f_{\omega 1} + \frac{1}{C}\left(\frac{\omega_2}{\omega_1^2} + \frac{1}{\omega_2}\right)f_{\omega 2} \\ &= -37,97 f_C - 2038,39 f_{\omega 1} + 2000,42 f_{\omega 2}\,. \end{aligned} \tag{7.82}$$

Unter Verwendung des maximalen Betrages von dR_X

$$\begin{aligned} |dR_X|_{max} &= 37,97|f_C|_{max} + 2038,39|f_{\omega 1}|_{max} + 2000,42|f_{\omega 2}|_{max} \\ &= 4,419\,\Omega \end{aligned} \tag{7.83}$$

läßt sich R_X wie folgt beziffern

$$R_X = R_{X\text{nom}} \left(1 \pm \frac{|dR_X|_{\max}}{R_{X\text{nom}}}\right) = 37,97\,\Omega(1 \pm 0,1164)\,. \tag{7.84}$$

Beispiel 7.6: *Maxwell-Wien Brücke*

Abbildung 7.17 zeigt die *Maxwell-Wien* Brücke, die zur Messung von Induktivitäten eingesetzt wird. Folgende Daten sind bekannt:

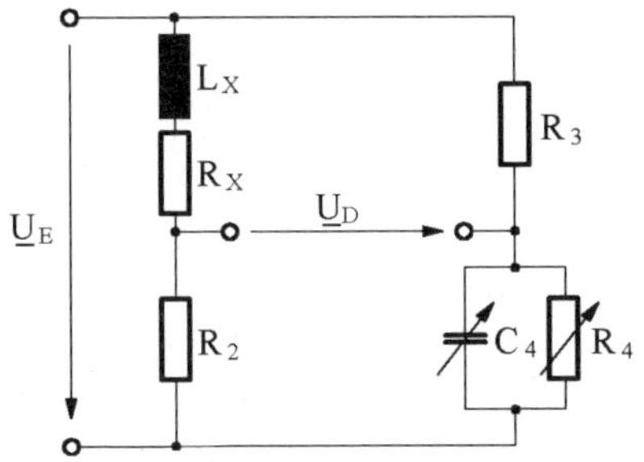

Abb. 7.17. Schaltung der Maxwell-Wien Brücke

$L_X = (0,1\,\text{H} \ldots 1\,\text{H})$ $\tan\delta_{LX} = (0,005 \ldots 0,1)$ bei 50 Hz
$R_2 = R_3 = 1\,\text{k}\Omega$
$f_B = 1\,\text{kHz}$ (Frequenz der Brückenspeisespannung)

a) Berechnen Sie die Abgleichbedingungen der Brücke.
b) Welche Wertebereiche für R_4 und C_4 werden benötigt?
c) Welcher maximale relative Fehler für L_X und R_X tritt auf, wenn R_2, R_3, R_4 und C_4 eine Toleranz von 1 % haben?
d) Kann die Brücke mit unveränderter Dimensionierung auch bei $f_B = 2\,\text{kHz}$ betrieben werden?

Musterlösung:

a) Aus der allgemeinen Abgleichbedingung nach Gl. (7.17) ergibt sich der folgende Zusammenhang

$$\frac{R_X + j\omega L_X}{R_2} = \frac{R_3}{\frac{R_4 \frac{1}{j\omega C_4}}{R_4 + \frac{1}{j\omega C_4}}} = \frac{R_3 + j\omega R_3 R_4 C_4}{R_4}\,. \tag{7.85}$$

Durch Vergleich von Real- und Imaginärteil (Gln. (7.21) und (7.22)) erhält man die hier geltenden Abgleichbedingungen

$$R_X = \frac{R_2 R_3}{R_4}\,, \tag{7.86}$$

$$L_X = R_2 R_3 C_4\,. \tag{7.87}$$

Eine Alternative zur Berechnung der Abgleichbedingungen bieten die Gln. (7.19) und (7.20). Mit Gl. (7.20) erhält man aus Gl. (7.85)

$$\arctan\left(\frac{\omega L_X}{R_X}\right) - \arctan(0) = \arctan\left(\frac{\omega R_3 R_4 C_4}{R_3}\right) - \arctan(0) \tag{7.88}$$

eine Bestimmungsgleichung für L_X

$$L_X = R_X R_4 C_4 \,. \tag{7.89}$$

Unter Verwendung von Gl. (7.19) folgt aus

$$\frac{R_X^2 + \omega^2 L_X^2}{R_2^2} = \frac{R_3^2 + \omega^2 R_3^2 R_4^2 C_4^2}{R_4^2} \tag{7.90}$$

durch Einsetzen von Gl. (7.89)

$$R_X^2 R_4^2 + \omega^2 R_4^2 R_X^2 R_4^2 C_4^2 = R_2^2 R_3^2 + \omega^2 R_2^2 R_3^2 R_4^2 C_4^2 \tag{7.91}$$

der Zusammenhang

$$R_X^2 R_4^2 (1 + \omega^2 R_4^2 C_4^2) = R_2^2 R_3^2 (1 + \omega^2 R_4^2 C_4^2) \,. \tag{7.92}$$

Daraus berechnet sich die Abgleichbedingung für R_X

$$R_X = \frac{R_2 R_3}{R_4} \,, \tag{7.93}$$

die durch Einsetzen in Gl. (7.89) die noch fehlende Abgleichbedingung

$$L_X = R_2 R_3 C_4 \tag{7.94}$$

liefert. Aus dem angegebenen Wertebereich für L_X ergibt sich der benötigte Wertebereich von C_4 wie folgt

$$C_4 = \frac{L_X}{R_2 R_3} \Longrightarrow \qquad C_4 = (100\,\mathrm{nF} \,\ldots\, 1\,\mu\mathrm{F}) \,. \tag{7.95}$$

Mit Gl. (7.8) und dem in der Aufgabenstellung angegebenen Wertebereich des Verlustfaktors $\tan\delta_{LX}$ berechnet sich aus

$$R_X = \omega L_X \tan\delta_{LX} \Longrightarrow \qquad R_X = (0{,}157\,\Omega \,\ldots\, 31{,}42\,\Omega) \tag{7.96}$$

der benötigte Einstellbereich von R_4 zu

$$R_4 = \frac{R_2 R_3}{R_X} \Longrightarrow \qquad R_4 = (31{,}83\,\mathrm{k}\Omega \,\ldots\, 6{,}37\,\mathrm{M}\Omega) \,. \tag{7.97}$$

c) Die maximalen relativen Meßfehler erhält man durch Anwendung der Fehlerfortpflanzungsgesetze

$$f_{\mathrm{RX}} = f_{\mathrm{R2}} + f_{\mathrm{R3}} - f_{\mathrm{R4}}\,, \tag{7.98}$$

$$f_{\mathrm{LX}} = f_{\mathrm{R2}} + f_{\mathrm{R3}} + f_{\mathrm{C4}}\,, \tag{7.99}$$

$$|f_{\mathrm{RX}}|_{\mathrm{max}} = |f_{\mathrm{R2}}|_{\mathrm{max}} + |f_{\mathrm{R3}}|_{\mathrm{max}} + |f_{\mathrm{R4}}|_{\mathrm{max}} = 3\,\%\,, \tag{7.100}$$

$$|f_{\mathrm{LX}}|_{\mathrm{max}} = |f_{\mathrm{R2}}|_{\mathrm{max}} + |f_{\mathrm{R3}}|_{\mathrm{max}} + |f_{\mathrm{C4}}|_{\mathrm{max}} = 3\,\%\,. \tag{7.101}$$

d) Die Brücke kann auch bei $f_{\mathrm{B}} = 2\,\mathrm{kHz}$ betrieben werden, weil die Abgleichbedingungen laut Gl. (7.93) und Gl. (7.94) frequenzunabhängig sind.

Aufgabe 7.2: *Kapazitätsmessung*

Mit der in Abb. 7.18 gezeigten Brückenschaltung sollen verlustbehaftete Kapazitäten im Wertebereich $C_{\mathrm{X}} = (1\,\mu\mathrm{F}\,\ldots\,10\,\mu\mathrm{F})$ und einem für 1 kHz geltenden Wertebereich des Verlustfaktors $\tan\delta_{\mathrm{CX}} = (10^{-3}\,\ldots\,10^{-5})$ gemessen werden.

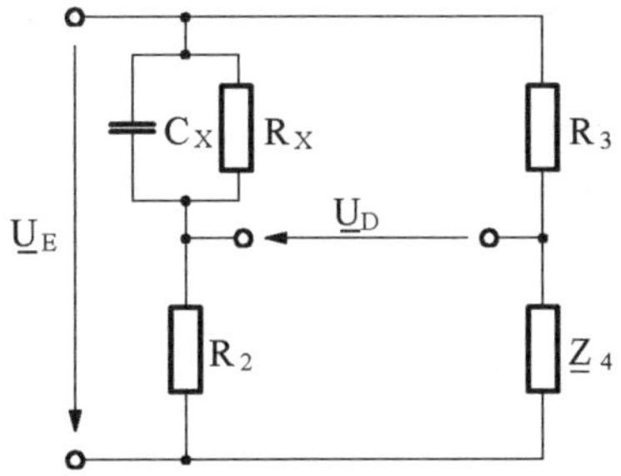

Abb. 7.18. Meßbrücke zur Kapazitätsmessung

a) Aus welchen Bauelementen muß die Serienersatzschaltung von $\underline{Z}_4$ bestehen, damit die Brücke prinzipiell abgleichbar ist? Berechnen Sie die Abgleichbedingungen.

b) Als Abgleichelemente werden die Bauelemente der Serienersatzschaltung von $\underline{Z}_4$ verwendet. Berechnen Sie für $R_2 = 1\,\mathrm{k}\Omega$ und $R_3 = 100\,\Omega$ die benötigten Einstellbereiche der Serienersatzschaltungsbauelemente von $\underline{Z}_4$.

c) Kann die Brücke für die angegebenen Bereiche von C_{X} und $\tan\delta_{\mathrm{CX}}$ auch dann abgeglichen werden, wenn als Abgleichelemente nicht die Bauelemente von $\underline{Z}_4$ sondern die ohmschen Widerstände R_2 und R_3 verwendet werden?

Lösung:

a) Zum Abgleich der Brücke sind ein Widerstand und eine Induktivität erforderlich. Die Abgleichbedingungen lauten

$$R_X = \frac{R_2 R_3}{R_4} \text{und} \qquad C_X = \frac{L_4}{R_2 R_3} . \tag{7.102}$$

b) $L_4 = (0,1\,\mathrm{H} \ldots 1\,\mathrm{H})$, $R_4 = (6,3\,\mathrm{m}\Omega \ldots 6,3\,\Omega)$

c) Da in beiden Abgleichbedingungen das Produkt $R_2 R_3$ vorkommt, sind die Abgleichbedingungen nicht unabhängig voneinander und können nur für den speziellen Fall

$$R_X C_X = \frac{R_2 R_3}{R_4} \frac{L_4}{R_2 R_3} = \frac{L_4}{R_4} \tag{7.103}$$

erfüllt werden.

Aufgabe 7.3: *Induktivitätsmessung*

Die in Abb. 7.19 gezeigte Schaltung soll zur Induktivitätsmessung eingesetzt werden. Zur Anzeige wird ein Drehspulinstrument mit einem Endausschlag von 5 V verwendet. Der Operationsverstärker und die Diode sind als ideal (d. h. für die Diode ist $u_D = 0\,\mathrm{V}$ in Durchlaßrichtung) zu betrachten.

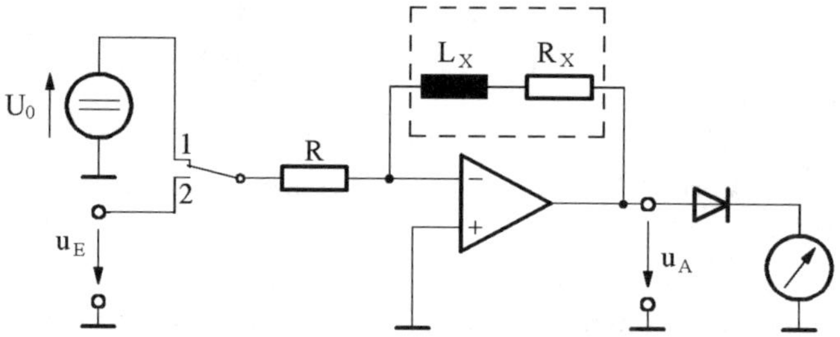

Abb. 7.19. Schaltung zur Messung einer verlustbehafteten Induktivität

Die Messung wird auf folgende Weise durchgeführt:

1. In Schalterstellung 1 wird R_X gemessen.
2. In Schalterstellung 2 wird die in Abb. 7.20 gezeigte Eingangsspannung $u_E(t)$ angelegt und L_X gemessen.

a) Dimensionieren Sie den Widerstand R so, daß das Meßgerät für die Messung von R_X mit $U_0 = 2,5\,\mathrm{V}$ einen Meßbereich von $1\,\mathrm{k}\Omega$ abdeckt.

b) Berechnen und zeichnen Sie die Ausgangsspannung $u_A(t)$ (in zeitlichem Bezug zu $u_E(t)$) für die Schalterstellung 2 (**Hinweis:** Nehmen Sie an, daß $\tan \delta_{LX} \ll 1$ ist).

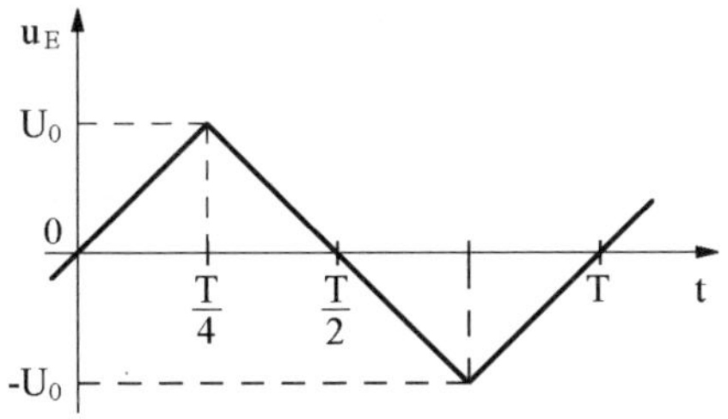

Abb. 7.20. Zeitverlauf der dreieckförmigen Eingangsspannung

c) Welche Frequenz muß die Eingangsspannung $u_E(t)$ haben, damit das Meßgerät für die Messung von L_X einen Meßbereich von (0 H … 1 H) aufweist?
d) Welchen maximalen Ausgangsstrom muß der Operationsverstärker liefern können? Für welche Sperrspannung muß die Diode dimensioniert werden?
e) Welche Genauigkeitsklasse hat das Meßgerät für die R_X- bzw. L_X-Messung, wenn folgende relative Fehler gegeben sind:

Referenzspannung U_0:	$\lvert f_{U0}\rvert_{max} = 0,5\,\%$
Widerstand R:	$\lvert f_R\rvert_{max} = 1\,\%$
Drehspulmeßwerk:	$G = 0,5\,\%$
Frequenz von U_E:	$\lvert f_{fUE}\rvert_{max} = 0,1\,\%$.

Lösung:

a) $R = 500\,\Omega$
c) $f = 500\,\text{Hz}$
d) $I_{Amax} = 6,5\,\text{mA}$, $U_{DSS} = 15\,\text{V}$
e) $G_{RX} = 2\,\%$, $G_{LX} = 2,1\,\%$.

8

Meßwandler

8.1 Grundlagen der Meßwandler

Meßwandler entsprechen hinsichtlich ihrem Aufbau einem elektrischen Transformator, bestehend aus einer Primärwicklung mit der Windungszahl N_1 und einer Sekundärwicklung mit der Windungszahl N_2, welche auf einen gemeinsamen Eisenkern aufgebracht sind (Abb. 8.1). Der in Abb. 8.1 gezeigte

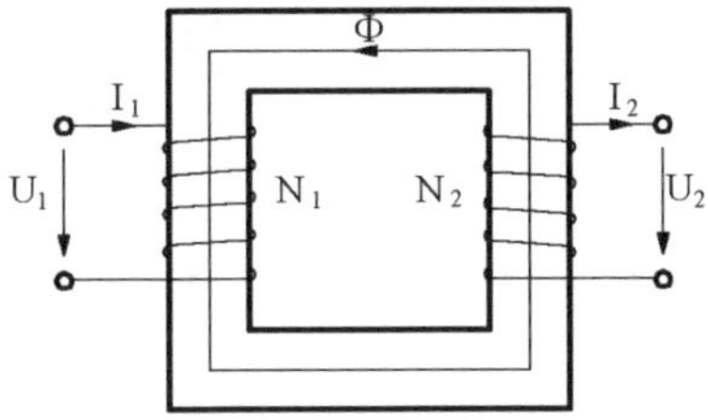

Abb. 8.1. Transformator

Transformator kann nach [6] durch das in Abb. 8.2 dargestellte elektrische Ersatzschaltbild beschrieben werden. Dabei bezeichnen $\underline{U}_1$, $\underline{I}_1$ Primärspannung und Primärstrom, R_1, $L_{1\sigma}$ den ohmschen Wicklungswiderstand und die Streuinduktivität der Primärspule, $X_{1\text{h}}$, $R_{1\text{E}}$ die Hauptinduktivität und den Verlustwiderstand (modelliert Hysterese- und Wirbelstromverluste), $\underline{I}_\mu$ den Magnetisierungsstrom, R_2, $L_{2\sigma}$ den ohmschen Wicklungswiderstand und die Streuinduktivität der Sekundärspule, $\underline{U}_2$, $\underline{I}_2$ Sekundärspannung und Sekundärstrom und $\ddot{u} = N_1/N_2$ das Nennübersetzungsverhältnis. Die Belastung der Sekundärseite wird als *Bürde* bezeichnet. Mit dem Längsspannungsabfall $\Delta\underline{U}$ und dem Nennübersetzungsverhältnis $\ddot{u}$ berechnet sich das Verhältnis von Sekundärspannung $\underline{U}_2$ zu Primärspannung $\underline{U}_1$ wie folgt

$$\ddot{u}\underline{U}_2 = \underline{U}_1 - \Delta\underline{U} = \underline{U}_1 \left(1 - \frac{\Delta\underline{U}}{\underline{U}_1}\right) \tag{8.1}$$

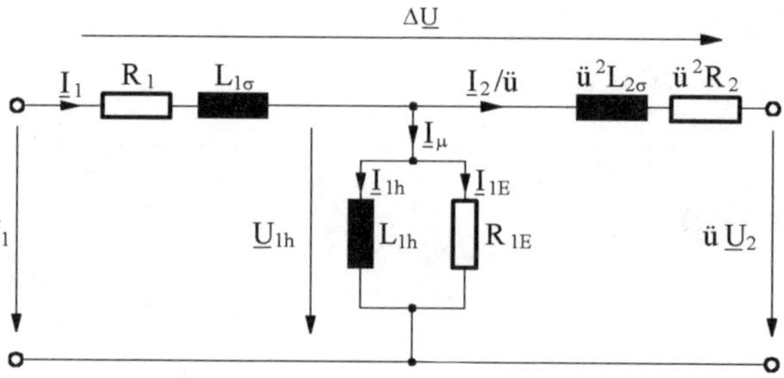

Abb. 8.2. Ersatzschaltbild eines Transformators

$$\frac{\underline{U}_2}{\underline{U}_1} = \frac{N_2}{N_1}\left(1 - \frac{\Delta\underline{U}}{\underline{U}_1}\right). \tag{8.2}$$

Mit Hilfe der Ströme $\underline{I}_1$ und $\underline{I}_2$ kann der Längsspannungsabfall wie folgt berechnet werden

$$\Delta\underline{U} = \underline{I}_1(R_1 + j\omega L_{1\sigma}) + \ddot{u}\underline{I}_2(R_2 + j\omega L_{2\sigma}). \tag{8.3}$$

Man erkennt, daß für den Betriebsfall *sekundärseitiger Leerlauf*, also $\underline{I}_2 = 0$, die Spannung $\Delta\underline{U}$ minimal wird, womit das reale Übersetzungsverhältnis nach Gl. (8.2) dem idealen Übersetzungsverhältnis $\ddot{u}$ möglichst nahe kommt. Für einen *Spannungswandler* müssen also die Längsimpedanzen möglichst klein und die Bürde möglichst hochohmig sein, damit der Spannungsfehler minimiert wird.

Durch Aufstellen der Knotengleichung (Abb. 8.2) erhält man das Stromübersetzungsverhältnis

$$\frac{1}{\ddot{u}}\underline{I}_2 = \underline{I}_1 - \underline{I}_\mu = \underline{I}_1\left(1 - \frac{\underline{I}_\mu}{\underline{I}_1}\right) \tag{8.4}$$

$$\frac{\underline{I}_2}{\underline{I}_1} = \frac{N_1}{N_2}\left(1 - \frac{\underline{I}_\mu}{\underline{I}_1}\right). \tag{8.5}$$

Dieses reale Stromübersetzungsverhältnis kommt dem idealen Stromübersetzungsverhältnis $\underline{I}_2/\underline{I}_1 = N_1/N_2$ möglichst nahe, wenn der Magnetisierungsstrom $\underline{I}_\mu$ sehr klein wird. Ein *Stromwandler* entspricht somit einem möglichst mit sekundärseitigem Kurzschluß arbeitenden Transformator.

8.2 Strom- und Spannungswandler

Beispiel 8.1: *Stromwandler*

a) Bestimmen Sie den Sekundärstrom $\underline{I}_2$ eines Stromwandlers als Funktion von ü, $\underline{I}_1$, R_1, R_2, $R_{1\mathrm{E}}$, R_L, $L_{1\sigma}$, $L_{2\sigma}$ und $L_{1\mathrm{h}}$.

b) Berechnen Sie für den speziellen Fall

ü $= 5/20$
$R_1 = 0{,}05\,\Omega$
$R_2 = 0{,}1\,\Omega$
$R_{1\mathrm{E}} = 1\,\mathrm{M}\Omega$
$L_{1\sigma} = 5\,\mathrm{mH}$
$L_{2\sigma} = 5\,\mathrm{mH}$
$L_{1\mathrm{h}} = 550\,\mathrm{mH}$
$I_1 = 20\,\mathrm{A}$
$f = 50\,\mathrm{Hz}$

die Bedingung für den Innenwiderstand R_A eines im Sekundärkreis des Stromwandlers befindlichen Amperemeters, wenn für den Stromfehlwinkel δ_i und den Betrag des relativen Fehlers $|\underline{f}_\mathrm{i}|$ folgende Bedingungen gelten

$$\delta_\mathrm{i} \leq 0{,}1^\circ \quad , \quad |\, \underline{f}_\mathrm{i} \,| \leq 1\,\% \,. \tag{8.6}$$

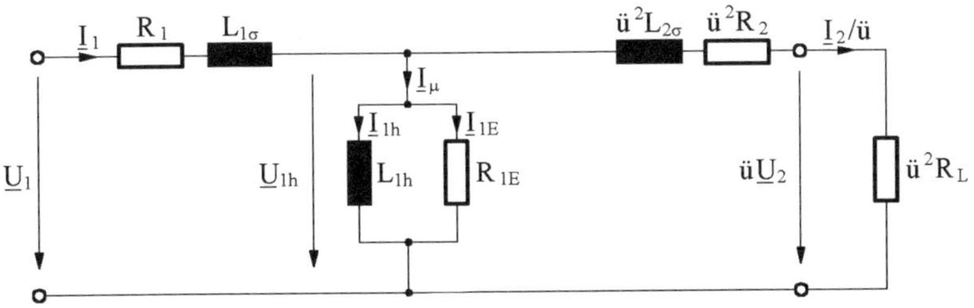

Abb. 8.3. Ersatzschaltbild des mit R_L belasteten Stromwandlers

Musterlösung:

Der Sekundärstrom $\underline{I}_2$ berechnet sich entsprechend der Knotengleichung

$$\frac{1}{\ddot{u}}\underline{I}_2 = \underline{I}_1 - \underline{I}_\mu \,. \tag{8.7}$$

Der Magnetisierungsstrom $\underline{I}_\mu$ kann mit Hilfe der Stromteilerregel durch den Primärstrom $\underline{I}_1$ ausgedrückt werden

$$\frac{\underline{I}_\mu}{\underline{I}_1} = \frac{\ddot{u}^2(R_2 + R_\mathrm{L} + j\omega L_{2\sigma})}{\ddot{u}^2(R_2 + R_\mathrm{L}) + j\omega\left(\ddot{u}^2 L_{2\sigma} + \frac{R_{1\mathrm{E}} L_{1\mathrm{h}}}{R_{1\mathrm{E}} + j\omega L_{1\mathrm{h}}}\right)} \,. \tag{8.8}$$

Setzt man nun dieses Ergebnis in Gl. (8.7) ein, so erhält man den gesuchten Sekundärstrom $\underline{I}_2$ als Funktion des Primärstromes $\underline{I}_1$

$$\underline{I}_2 = ü\underline{I}_1 \left(1 - \frac{ü^2(R_2 + R_\mathrm{L} + j\omega L_{2\sigma})}{ü^2(R_2 + R_\mathrm{L}) + j\omega \left(ü^2 L_{2\sigma} + \frac{R_\mathrm{1E} L_\mathrm{1h}}{R_\mathrm{1E} + j\omega L_\mathrm{1h}} \right)} \right)$$

$$= \left(\frac{j\omega R_\mathrm{1E} L_\mathrm{1h}}{R_\mathrm{1E} ü^2 (R_2 + R_\mathrm{L}) - ü^2 \omega^2 L_\mathrm{1h} L_{2\sigma} + j\omega [L_\mathrm{1h} ü^2 (R_2 + R_\mathrm{L}) + R_\mathrm{1E}(ü^2 L_{2\sigma} + L_\mathrm{1h})]} \right) ü\underline{I}_1 \,. \tag{8.9}$$

b) Der Stromfehlwinkel δ_i, also die Phasendifferenz zwischen den Zeigern $\underline{I}_2$ und $ü\underline{I}_1$,

$$|\delta_\mathrm{i}| = |\varphi(\underline{I}_2) - \varphi(ü\underline{I}_1)| \tag{8.10}$$

ergibt sich für $R_\mathrm{L} = R_\mathrm{A}$ mit den Rechenregeln für komplexe Zahlen (bei einer Multiplikation von komplexen Zahlen addieren sich ihre Phasenwinkel, während sich bei einer Division diese Winkel subtrahieren) zu

$$|\delta_\mathrm{i}| = \left| \varphi(ü\underline{I}_1) + 90° - \arctan \frac{\omega[ü^2 L_\mathrm{1h}(R_2 + R_\mathrm{A}) + R_\mathrm{1E}(ü^2 L_{2\sigma} + L_\mathrm{1h})]}{ü^2[R_\mathrm{1E}(R_2 + R_\mathrm{A}) - \omega^2 L_\mathrm{1h} L_{2\sigma}]} - \varphi(ü\underline{I}_1) \right| \leq 0{,}1° \,. \tag{8.11}$$

Mit den Umformungsschritten

$$\tan(89{,}9°) \leq \frac{\omega[ü^2 L_\mathrm{1h}(R_2 + R_\mathrm{A}) + R_\mathrm{1E}(ü^2 L_{2\sigma} + L_\mathrm{1h})]}{ü^2[R_\mathrm{1E}(R_2 + R_\mathrm{A}) - \omega^2 L_\mathrm{1h} L_{2\sigma}]} \tag{8.12}$$

und

$$R_\mathrm{A} ü^2 [\tan(89{,}9°) R_\mathrm{1E} - \omega L_\mathrm{1h}] \leq \omega [ü^2 L_\mathrm{1h} R_2 + R_\mathrm{1E}(ü^2 L_{2\sigma} + L_\mathrm{1h})] - ü^2 \tan(89{,}9°)(R_\mathrm{1E} R_2 - \omega^2 L_\mathrm{1h} L_{2\sigma}) \tag{8.13}$$

erhält man die folgende Bedingung für den Innenwiderstand R_A des Amperemeters

$$R_\mathrm{A} \leq \frac{\omega[ü^2 L_\mathrm{1h} R_2 + R_\mathrm{1E}(ü^2 L_{2\sigma} + L_\mathrm{1h})]}{ü^2[\tan(89{,}9°) R_\mathrm{1E} - \omega L_\mathrm{1h}]} - \frac{ü^2 \tan(89{,}9°)(R_{1E} R_2 - \omega^2 L_\mathrm{1h} L_{2\sigma})}{ü^2[\tan(89{,}9°) R_\mathrm{1E} - \omega L_\mathrm{1h}]} \,. \tag{8.14}$$

Mit Gl. (8.14) berechnet sich der maximale Wert des Amperemeter-Innenwiderstandes zu $R_{\mathrm{Amax}} = 4,728\,\Omega$.

Für den Betrag des relativen Fehlers

$$\left|\underline{f}_{\mathrm{i}}\right| = \left|\frac{\underline{I}_2 - \ddot{u}\underline{I}_1}{\ddot{u}\underline{I}_1}\right|$$

$$= \left|\frac{j\omega R_{1\mathrm{E}} L_{1\mathrm{h}}}{R_{1\mathrm{E}}\ddot{u}^2(R_2 + R_{\mathrm{A}}) - \ddot{u}^2\omega^2 L_{1\mathrm{h}} L_{2\sigma} + j\omega[L_{1\mathrm{h}}\ddot{u}^2(R_2 + R_{\mathrm{A}}) + R_{1\mathrm{E}}(\ddot{u}^2 L_{2\sigma} + L_{1\mathrm{h}})]} - 1\right| \quad (8.15)$$

erhält man durch Einsetzen von R_{Amax} einen Wert von $|f_{\mathrm{i}}| = 0,1835\,\%$, womit der errechnete Wert für R_{Amax} von $4,728\,\Omega$ beide Forderungen erfüllt.

Beispiel 8.2: *Spannungswandler*

a) Bestimmen Sie die Sekundärspannung $\underline{U}_2$ eines Spannungswandlers als Funktion von ü, $\underline{U}_1$, R_1, R_2 R_{L}, $L_{1\sigma}$, $L_{2\sigma}$ und $L_{1\mathrm{h}}$ für $R_{1\mathrm{E}} \to \infty\,\Omega$ (d. h. $R_{1\mathrm{E}}$ ist im Ersatzschaltbild nach Abb. 8.3 nicht zu berücksichtigen).
b) Berechnen Sie für den speziellen Fall

$$\begin{aligned}
\ddot{u} &= 20/5\\
R_1 &= 1\,\Omega\\
R_2 &= 0,5\,\Omega\\
L_{1\sigma} &= 5\,\mathrm{mH}\\
L_{2\sigma} &= 5\,\mathrm{mH}\\
L_{1\mathrm{h}} &= 550\,\mathrm{mH}\\
f &= 50\,\mathrm{H}z
\end{aligned}$$

den Betrag des Spannungsfehlwinkels δ_{u}, wenn die Sekundärspannung $\underline{U}_2$ mit einem Voltmeter gemessen wird, das einen Innenwiderstand von $R_{\mathrm{L}} = 1\,\mathrm{M}\Omega$ hat.

Musterlösung:

Die Meßspannung $\ddot{u}\underline{U}_2$ berechnet sich zunächst durch Anwenden der Spannungsteilerregel (Abb. 8.3) mit $\underline{U}_{1\mathrm{h}}$ zu

$$\ddot{u}\underline{U}_2 = \underline{U}_{1\mathrm{h}} \frac{R_{\mathrm{L}}}{R_2 + j\omega L_{2\sigma} + R_{\mathrm{L}}}\,. \quad (8.16)$$

Die Spannung $\underline{U}_{1\mathrm{h}}$ kann nun wiederum mit Hilfe der Spannungsteilerregel durch die Primärspannung $\underline{U}_1$ ausgedrückt werden

$$\underline{U}_{1h} = \underline{U}_1 \frac{j\ddot{u}^2\omega L_{1h}(R_2 + j\omega L_{2\sigma} + R_L)}{j\omega L_{1h} + \ddot{u}^2 R_2 + j\omega\ddot{u}^2 L_{2\sigma} + \ddot{u}^2 R_L}$$

$$\frac{1}{\frac{j\omega\ddot{u}^2 L_{1h}(R_2+j\omega L_{2\sigma}+R_L)}{j\omega L_{1h}+\ddot{u}^2 R_2+j\omega\ddot{u}^2 L_{2\sigma}+\ddot{u}^2 R_L} + R_1 + j\omega L_{1\sigma}} . \quad (8.17)$$

Damit erhält man für die gesuchte Sekundärspannung $\underline{U}_2$ den Zusammenhang

$$\underline{U}_2 = \frac{1}{\ddot{u}}\underline{U}_1 \frac{j\ddot{u}^2\omega R_L L_{1h}}{j\ddot{u}^2\omega L_{1h}(R_2 + R_L + j\omega L_{2\sigma}) + (R_1 + j\omega L_{1\sigma})(\ddot{u}^2 R_2 + \ddot{u}^2 R_L + j\omega(L_{1h} + \ddot{u}^2 L_{2\sigma}))} \quad (8.18)$$

$$= \left(\frac{j\ddot{u}\omega R_L L_{1h}}{\ddot{u}^2 R_1(R_2 + R_L) - \omega^2 L_{1\sigma}(L_{1h} + \ddot{u}^2 L_{2\sigma}) - \ddot{u}^2\omega^2 L_{1h} L_{2\sigma} + j(\ddot{u}^2\omega(R_2 + R_L)(L_{1h} + L_{1\sigma}) + \omega R_1(L_{1h} + \ddot{u} L_{2\sigma}))}\right)\underline{U}_1 . \quad (8.19)$$

b) Der Betrag des Spannungsfehlwinkels $|\delta_u|$, also die Phasendifferenz zwischen $\ddot{u}\underline{U}_2$ und $\underline{U}_1$,

$$|\delta_u| = |\varphi(\ddot{u}\underline{U}_2) - \varphi(\underline{U}_1)| \quad (8.20)$$

kann wiederum mit den Regeln der komplexen Rechnung und Gl. (8.19) wie folgt berechnet werden

$$|\delta_u| = \left| 90^o - \left(\arctan \frac{\ddot{u}^2\omega(R_2 + R_L)(L_{1h} + L_{1\sigma}) + R_1\omega(L_{1h} + \ddot{u}^2 L_{2\sigma})}{\ddot{u}^2 R_1(R_2 + R_L) - \ddot{u}^2\omega^2 L_{2\sigma}(L_{1h} + L_{1\sigma}) - \omega^2 L_{1h} L_{1\sigma}}\right)\right| .$$

Durch Einsetzen der angegebenen Zahlenwerte erhält man einen Spannungsfehlwinkel von $\delta_u = 0,329°$.

9

Analoges Elektronenstrahl-Oszilloskop

9.1 Praktischer Umgang mit einem Elektronenstrahl-Oszilloskop

Analoge Elektronenstrahl-Oszilloskope werden zur Darstellung des Zeitverlaufes von elektrischen Spannungen verwendet. Mit Hilfe einer *Braunschen Röhre* wird ein Elektronenstrahl erzeugt, der beim Durchlaufen der vertikalen (y-Richtung) und horizontalen (x-Richtung) Ablenkplatten entsprechend den an den Platten anliegenden Spannungen abgelenkt auf dem Leuchtschirm (Bildschirm) auftrifft. Zur Erläuterung einiger Begriffe, auf die in diesem Kapitel zurückgegriffen wird, ist in Abb. 9.1 der Bildschirm eines typischen 2-Kanal-Oszilloskops schematisch dargestellt.

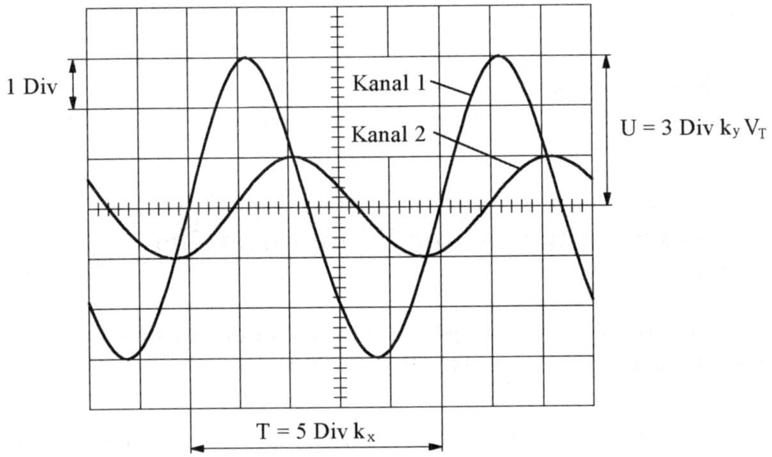

Abb. 9.1. Bildschirm eines typischen 2-Kanal-Oszilloskops. V_T bezeichnet das Teilerverhältnis des Tastkopfes.

Begriffsdefinitionen:

- **Rastereinheit („Division“):**
  Um das Ablesen der dargestellten Spannungsverläufe zu erleichtern, ist der Bildschirm mit einer gitterartigen Einteilung (Raster) versehen, wobei der Abstand zwischen zwei Rasterlinien als Rastereinheit („Division“, abgekürzt „Div“) bezeichnet wird. In der Regel weist der Bildschirm eines analogen Oszilloskops zehn Unterteilungen in x-Richtung und acht Unterteilungen in y-Richtung auf.

- **y-Ablenkkoeffizient k_{y}:**
  Dieser Ablenkkoeffizient beziffert das Verhältnis von der am Leuchtschirm in y-Richtung auftretenden Ablenkung und der an der y-Eingangsbuchse anliegenden Meßspannung. Er wird üblicherweise mit einem Drehschalter direkt am Oszilloskop eingestellt. Bei der Messung muß beachtet werden, daß bei der Verwendung eines Tastkopfes dessen Teilerverhältnis V_{T} zu berücksichtigen ist.

- **x-Ablenkkoeffizient k_{x}:**
  Der Ablenkkoeffizient k_{x} stellt in Analogie zu k_{y} den Bezug zwischen einer Rastereinheit in x-Richtung und dem dazugehörigen Zeitintervall Δt her.

- **AC-DC-Kopplung:**
  Mit dieser Einrichtung kann die Meßspannung entweder direkt (entspricht der DC-Kopplung) oder über einen zum Eingangsteiler in Serie geschalteten Kondensator, der den Gleichspannungsanteil der Meßspannung abblockt (entspricht der AC-Kopplung), an den Eingangsspannungsteiler des Oszilloskops gelegt werden.

- **2-Kanal-Oszilloskop:**
  Das 2-Kanal-Oszilloskop ermöglicht die gleichzeitige Darstellung von zwei Eingangsspannungen.

9.2 Frequenzkompensierter Spannungsteiler (Tastkopf)

Frequenzkompensierte Spannungsteiler werden zu der frequenzunabhängigen Spannungsteilung eingesetzt. Zwei Hauptgründe für den Einsatz dieser Spannungsteiler sind:

- Aufgrund der Spannungsteilung können Eingangsspannungen gemessen werden, die größer sind, als die direkt mit dem Oszilloskop meßbaren.
- Die die Meßspannung liefernde Quelle wird durch den Oszilloskopeingang unter Umständen impedanzmäßig zu sehr belastet. Wie ein später folgendes Beipiel zeigen wird, kann diese Belastung der Meßspannung durch

einen frequenzkompensierten Spannungsteiler um den Faktor des Spannungsteilerverhältnisses V_T verringert werden.

Die frequenzkompensierten Spannungsteiler sind meistens in Form von Tastköpfen verfügbar und ermöglichen üblicherweise eine Spannungsteilung im Verhältnis 10:1 bzw. 100:1. Abbildung 9.2 zeigt die Komponenten eines solchen frequenzkompensierten Tastkopfes. Die Kabelkapazität C_K wird im folgenden

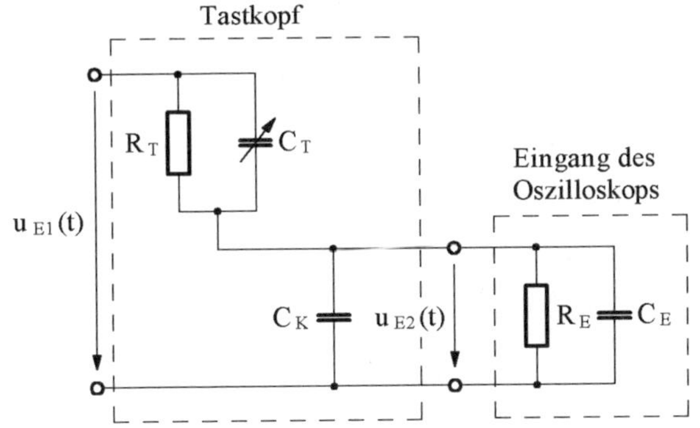

Abb. 9.2. Oszilloskopeingang mit vorgeschaltetem Tastkopf

nicht mehr gesondert betrachtet, da sie stets in der Eingangskapazität C_E enthalten sein soll.

9.3 Messungen mit einem Elektronenstrahl-Oszilloskop

Beispiel 9.1: *Frequenzkompensierter Spannungsteiler (Tastkopf)*

Abbildung 9.3 zeigt das Ersatzschaltbild eines frequenzkompensierten Spannungsteilers, wobei die Parallelschaltung von $R_E = 1\,\mathrm{M}\Omega$ und $C_E = 27\,\mathrm{pF}$ die Eingangsimpedanz eines Oszilloskops darstellt.

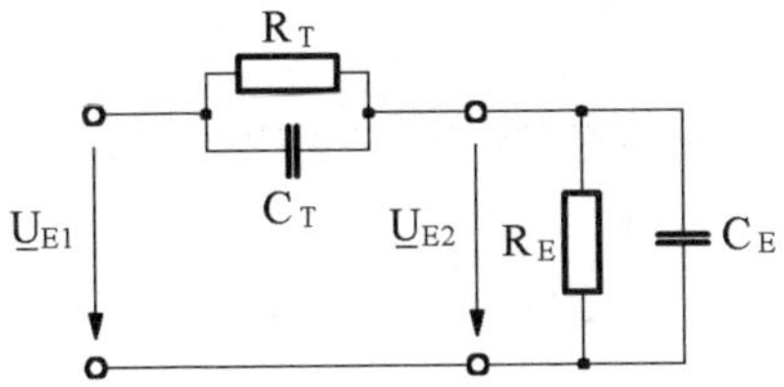

Abb. 9.3. Ersatzschaltbild eines frequenzkompensierten Spannungsteilers (Tastkopf)

a) Dimensionieren Sie R_T und C_T so, daß das Spannungsteilungsverhältnis $\underline{V}_\mathrm{T}$ nicht von der Frequenz der Eingangsspannung abhängt. Weiterhin soll $\underline{V}_\mathrm{T} = \frac{\underline{U}_\mathrm{E1}}{\underline{U}_\mathrm{E2}} = V_0 = 10$ gelten.
b) Berechnen Sie R_P und C_P der Parallelersatzschaltung des frequenzkompensierten Spannungsteilers.
c) Berechnen Sie für $C_\mathrm{T} = 0\,\mathrm{pF}$ und mit dem unter Punkt a) berechneten Widerstandswert R_T jene Frequenz f_g, bei der $|\underline{V}_\mathrm{T}(f_\mathrm{g})|$ um 3% von V_0 abweicht.

Musterlösung:

a) Mit den komplexen Impedanzen der beiden Parallelschaltungen von $C_\mathrm{T} \parallel R_\mathrm{T}$ und $C_\mathrm{E} \parallel R_\mathrm{E}$

$$\underline{Z}_\mathrm{T} = \frac{1}{\frac{1}{R_\mathrm{T}} + j\omega C_\mathrm{T}} = \frac{R_\mathrm{T}}{1 + j\omega C_\mathrm{T} R_\mathrm{T}} \tag{9.1}$$

$$\underline{Z}_\mathrm{E} = \frac{R_\mathrm{E}}{1 + j\omega C_\mathrm{E} R_\mathrm{E}} \tag{9.2}$$

folgt aus der Spannungsteilerregel

$$\underline{U}_\mathrm{E2} = \underline{U}_\mathrm{E1} \frac{\underline{Z}_\mathrm{E}}{\underline{Z}_\mathrm{E} + \underline{Z}_\mathrm{T}} \tag{9.3}$$

das komplexe Spannungsteilerverhältnis

$$\underline{V}_\mathrm{T} = \frac{\underline{U}_\mathrm{E1}}{\underline{U}_\mathrm{E2}} = \frac{\underline{Z}_\mathrm{E} + \underline{Z}_\mathrm{T}}{\underline{Z}_\mathrm{E}} = 1 + \frac{\underline{Z}_\mathrm{T}}{\underline{Z}_\mathrm{E}} = 1 + \frac{R_\mathrm{T}(1 + j\omega C_\mathrm{E} R_\mathrm{E})}{R_\mathrm{E}(1 + j\omega C_\mathrm{T} R_\mathrm{T})}\,. \tag{9.4}$$

Damit $\underline{V}_\mathrm{T}$ frequenzunabhängig wird, muß notwendigerweise

$$R_\mathrm{E} C_\mathrm{E} = R_\mathrm{T} C_\mathrm{T} \tag{9.5}$$

gelten. Durch Einsetzen dieser Bedingung in Gl. (9.4) lassen sich aus

$$\underline{V}_\mathrm{T} = V_0 = 1 + \frac{R_\mathrm{T}}{R_\mathrm{E}} \tag{9.6}$$

und Gl. (9.5) die Dimensionierungsvorschriften für R_T und C_T wie folgt ableiten

$$R_\mathrm{T} = R_\mathrm{E}(V_0 - 1) = 9\,\mathrm{M}\Omega\,, \tag{9.7}$$

$$C_\mathrm{T} = C_\mathrm{E} \frac{R_\mathrm{E}}{R_\mathrm{T}} = C_\mathrm{E} \frac{1}{V_0 - 1} = 3\,\mathrm{pF}\,. \tag{9.8}$$

b) Die Komponenten R_P und C_P des in Abb. 9.4 dargestellten Parallelersatzschaltbildes berechnen sich aus der komplexen Eingangsimpedanz

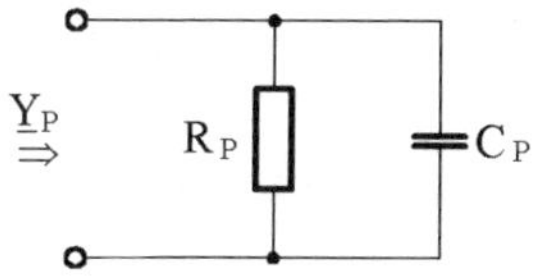

Abb. 9.4. Parallelersatzschaltbild des frequenzkompensierten Spannungsteilers

$$\underline{Z}_\mathrm{P} = \underline{Z}_\mathrm{T} + \underline{Z}_\mathrm{E} = \frac{R_\mathrm{T}}{1 + j\omega C_\mathrm{T} R_\mathrm{T}} + \frac{R_\mathrm{E}}{1 + j\omega C_\mathrm{E} R_\mathrm{E}}$$

$$= \frac{R_\mathrm{E}(V_0 - 1)}{1 + j\omega C_\mathrm{E} R_\mathrm{E}} + \frac{R_\mathrm{E}}{1 + j\omega C_\mathrm{E} R_\mathrm{E}}$$

$$= \frac{V_0 R_\mathrm{E}}{1 + j\omega C_\mathrm{E} R_\mathrm{E}} \tag{9.9}$$

durch Übergang auf den komplexen Leitwert

$$\underline{Y}_\mathrm{P} = \frac{1}{\underline{Z}_\mathrm{P}} = \frac{1 + j\omega C_\mathrm{E} R_\mathrm{E}}{V_0 R_\mathrm{E}} = \frac{1}{V_0 R_\mathrm{E}} + j\omega \frac{C_\mathrm{E}}{V_0}$$

$$= \frac{1}{R_\mathrm{P}} + j\omega C_\mathrm{P} \tag{9.10}$$

zu

$$R_\mathrm{P} = V_0 R_\mathrm{E} = 10\,\mathrm{M}\Omega\,, \tag{9.11}$$

$$C_\mathrm{P} = \frac{C_\mathrm{E}}{V_0} = 2{,}7\,\mathrm{pF}\,. \tag{9.12}$$

Aus diesen Zusammenhängen und Gl. (9.9) erkennt man, daß die Meßspannung nur noch mit der um den Faktor V_0 vergrößerten Eingangsimpedanz $\underline{Z}_\mathrm{E}$ belastet wird.

c) Für $C_\mathrm{T} = 0\,\mathrm{pF}$ ergibt sich mit Gl. (9.4) aus

$$\underline{V}_\mathrm{T} = 1 + \frac{R_\mathrm{T}}{R_\mathrm{E}}\,(1 + j\omega C_\mathrm{E} R_\mathrm{E}) \tag{9.13}$$

der Betrag von $\underline{V}_\mathrm{T}$ zu

$$|\underline{V}_\mathrm{T}| = \sqrt{\left(1 + \frac{R_\mathrm{T}}{R_\mathrm{E}}\right)^2 + (\omega C_\mathrm{E} R_\mathrm{E}(V_0 - 1))^2}$$

$$= \sqrt{V_0^2 + (\omega C_\mathrm{E} R_\mathrm{E}(V_0 - 1))^2}$$

$$= V_0 \sqrt{1 + \frac{(\omega C_\mathrm{E} R_\mathrm{E}(V_0 - 1))^2}{V_0^2}}\,. \tag{9.14}$$

Da $|\underline{V}_\mathrm{T}|$ entsprechend Gl. (9.14) nur größer als V_0 werden kann, folgt mit

$$\frac{|\underline{V}_\mathrm{T}(f_\mathrm{g})|}{V_0} = 1{,}03 \tag{9.15}$$

durch Einsetzen in Gl. (9.14) aus

$$\omega_\mathrm{g}^2 = \frac{(1{,}03^2 - 1)V_0^2}{(C_\mathrm{E}R_\mathrm{E}(V_0 - 1))^2} \tag{9.16}$$

die Grenzfrequenz

$$f_\mathrm{g} = \frac{\omega_\mathrm{g}}{2\pi} = \frac{1}{2\pi}\,\frac{V_0}{C_\mathrm{E}R_\mathrm{E}(V_0 - 1)}\sqrt{1{,}03^2 - 1} = 1616\,\mathrm{Hz}\,. \tag{9.17}$$

Beispiel 9.2: *Leistungsmessung mit einem Elektronenstrahl-Oszilloskop*

Sie führen mit einem Elektronenstrahl-Oszilloskop eine Leistungsmessung an einer externen elektrischen Anlage durch. Bei dieser Messung ergibt sich das in Abb. 9.5 dargestellte Oszillogramm.

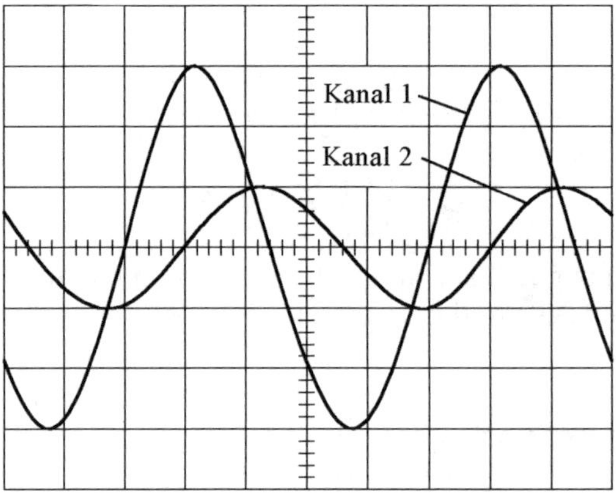

Abb. 9.5. Oszillogramm der Meßspannungen

Bei der Leistungsmessung wurden folgende Oszilloskop-Einstellungen verwendet:

Kanal 1:	Spannungsmessung
	10 V/Div
	DC-Kopplung
	Tastkopf 10:1
	Nullpunkt auf Mittellinie eingestellt
Kanal 2:	Strommessung über Shunt (1 A $\hat{=}$ 1 V)

	10 V/Div DC-Kopplung Tastkopf 1:1 Nullpunkt auf Mittellinie eingestellt
x-Ablenkung:	50 μs/Div

Die Eingangsimpedanz eines Oszilloskopeinganges ist durch $1\,\mathrm{M\Omega} \| 26\,\mathrm{pF}$ gegeben.

Nach Abschluß der Messungen kehren Sie ins Labor zurück und stellen dort fest, daß bei der oben beschriebenen Messung der Tastkopf vom Kanal 1 nicht abgeglichen war. Um dennoch zu korrekten Meßwerten zu gelangen, messen Sie, ohne den Abgleich des Tastkopfes zu verändern, mit Hilfe des an Kanal 1 angeschlossenen Tastkopfes eine positive symmetrische Rechteckspannung (d. h. die Rechteckspannung hat gleiche Impuls- und Pausendauer und nimmt nur die beiden Spannungswerte 0 V und $\hat{U}_\mathrm{R}$ an) und erhalten dabei das in Abb. 9.6 gezeigte Oszillogramm.

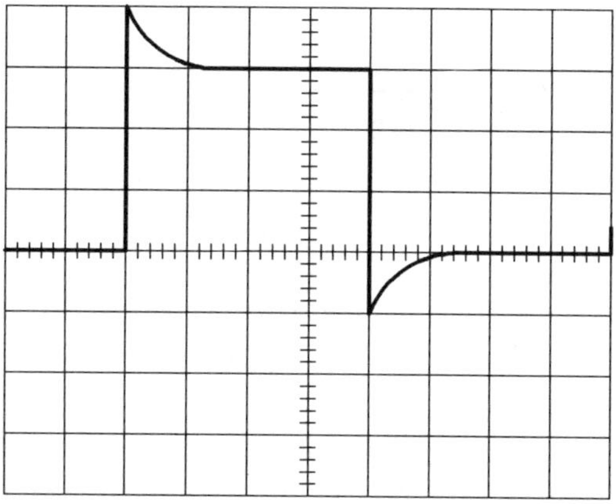

Abb. 9.6. Oszillogramm bei einer Rechteckeingangsspannung

a) Berechnen Sie die Wirkleistung, welche sich aus jenen Werten ergibt, die mit dem nicht-abgeglichenen Tastkopf gemessen wurden.
b) Berechnen Sie unter Verwendung des in Abb. 9.2 angegebenen Ersatzschaltbildes die eingestellte Kapazität und den Tastkopfwiderstand des nicht-abgeglichenen Tastkopfes.
c) Korrigieren Sie die infolge des nicht-abgeglichenen Tastkopfes entstandenen systematischen Meßfehler und berechnen Sie damit die tatsächliche Wirkleistung. Welcher relative Meßfehler ergibt sich, wenn Sie die systematischen Meßfehler nicht korrigieren?

Musterlösung:

a) Mit den aus dem Oszillogramm in Abb. 9.5 abgelesenen Werten

$$U_{\text{eff}} = \frac{3\,\text{Div} \cdot 10\,\frac{\text{V}}{\text{Div}} \cdot 10}{\sqrt{2}} = 212,13\,\text{V} \tag{9.18}$$

$$I_{\text{eff}} = \frac{1\,\text{Div} \cdot 10\,\frac{\text{A}}{\text{Div}}}{\sqrt{2}} = 7,071\,\text{A} \tag{9.19}$$

$$\varphi = 360^\circ \, \frac{1\,\text{Div}}{5\,\text{Div}} = 72\,^\circ \tag{9.20}$$

berechnet sich die Leistung zu

$$P_{\text{W}} = U_{\text{eff}} I_{\text{eff}} \cos\varphi = 463,53\,\text{W}\,. \tag{9.21}$$

b) Abbildung 9.7 zeigt das zur Berechnung der Komponenten des Tastkopfes benötigte Ersatzschaltbild.

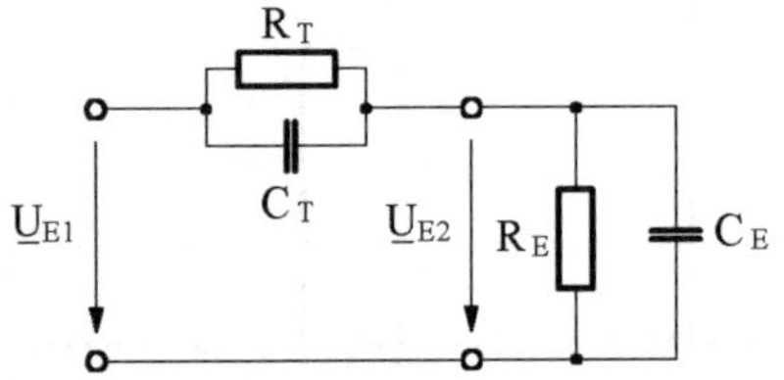

Abb. 9.7. Ersatzschaltbild des frequenzkompensierten Spannungsteilers

Um das Oszillogramm nach Abb. 9.6 auswerten zu können, muß der Zeitverlauf der Oszilloskopeingangsspannung $\underline{U}_{\text{E2}}$ für eine rechteckförmige Eingangsspannung $\underline{U}_{\text{E1}}$ berechnet werden. Wenn man zu dieser Berechnung die ansteigende Flanke von $\underline{U}_{\text{E1}}$ heranzieht, erhält man, da alle Anfangsbedingungen Null sind, aus Gl. (9.4) mit der Substitution $s = j\omega$ die Laplacetransformierte der Ausgangsspannung

$$U_{\text{E2}}(s) = U_{\text{E1}}(s)\, \frac{R_{\text{E}}(1 + sC_{\text{T}}R_{\text{T}})}{R_{\text{E}}(1 + sC_{\text{T}}R_{\text{T}}) + R_{\text{T}}(1 + sC_{\text{E}}R_{\text{E}})}\,. \tag{9.22}$$

Die Spannung $u_{\text{E2}}(t)$ zum Zeitpunkt $t = 0+$ folgt aus der Anwendung des *Anfangswertsatzes der Laplacetransformation* [3] auf Gl. (9.22)

$$\begin{aligned} u_{\text{E2}}(0+) &= \lim_{s\to\infty} sU_{\text{E2}}(s) \\ &= \lim_{s\to\infty} s\, \frac{\hat{U}_{\text{R}}}{s}\, \frac{R_{\text{E}}\left(\frac{1}{s} + C_{\text{T}}R_{\text{T}}\right)}{R_{\text{E}}\left(\frac{1}{s} + C_{\text{T}}R_{\text{T}}\right) + R_{\text{T}}\left(\frac{1}{s} + C_{\text{E}}R_{\text{E}}\right)} \end{aligned}$$

$$= \hat{U}_\mathrm{R} \, \frac{C_\mathrm{T}}{C_\mathrm{T} + C_\mathrm{E}} \,, \tag{9.23}$$

wobei $\hat{U}_\mathrm{R}$ den Spitzenwert der Rechteckspannung bezeichnet. Aus dem soeben erhaltenen Ergebnis kann man ablesen, daß $u_\mathrm{E2}(0+)$ nur von den beiden Kapazitäten C_T und C_E bestimmt wird, aber nicht von den Widerständen des Tastkopfes abhängt. Für $t \to \infty$ hingegen sind alle Ausgleichsvorgänge abgeschlossen und die Ausgangsspannung entspricht der des ohmschen Spannungsteilers

$$u_\mathrm{E2}(t \to \infty) = \hat{U}_\mathrm{R} \, \underbrace{\frac{R_\mathrm{E}}{R_\mathrm{E} + R_\mathrm{T}}}_{\frac{1}{10}} \,, \tag{9.24}$$

was durch Anwendung des *Endwertsatzes der Laplacetransformation* [3] auf Gl. (9.22) leicht nachvollziehbar ist.

Da der hier eingesetzte Tastkopf ein Teilerverhältnis von 10:1 aufweist, berechnet sich der Tastkopfwiderstand aus Gl. (9.24) notwendigerweise zu

$$R_\mathrm{T} = 9 R_\mathrm{E} = 9\,\mathrm{M}\Omega \,. \tag{9.25}$$

Mit dem aus dem Oszillogramm (Abb. 9.6) ablesbaren Verhältnis von $u_\mathrm{E2}(0+)$ zu $u_\mathrm{E2}(t \to \infty)$ läßt sich mit den Gln. (9.23) und (9.24) aus

$$\frac{u_\mathrm{E2}(0+)}{u_\mathrm{E2}(t \to \infty)} = \frac{\frac{C_\mathrm{T}}{C_\mathrm{T}+C_\mathrm{E}}}{\frac{R_\mathrm{E}}{R_\mathrm{E}+R_\mathrm{T}}} = \frac{4\,\mathrm{Div}}{3\,\mathrm{Div}} \tag{9.26}$$

die eingestellte Tastkopfkapazität C_T ermitteln

$$C_\mathrm{T} = C_\mathrm{E} \, \frac{\frac{4}{3}\left(\frac{R_\mathrm{E}}{R_\mathrm{E}+R_\mathrm{T}}\right)}{1 - \frac{4}{3}\left(\frac{R_\mathrm{E}}{R_\mathrm{E}+R_\mathrm{T}}\right)} = C_\mathrm{E} \, \frac{4}{26} = 4\,\mathrm{pF} \,. \tag{9.27}$$

c) Mit der aus Abb. 9.5 ablesbaren Signalfrequenz

$$f_\mathrm{s} = \frac{1}{T} = \frac{1}{5\,\mathrm{Div} \cdot 50\,\mu\mathrm{s}} = 4\,\mathrm{kHz} \tag{9.28}$$

berechnet sich mit den komplexen Impedanzen

$$\underline{Z}_\mathrm{T} = \frac{R_\mathrm{T}}{1 + j\omega_\mathrm{s} R_\mathrm{T} C_\mathrm{T}} = 6{,}674\,\mathrm{M}\Omega \, e^{-j42{,}14\,^\circ}$$

$$= 4{,}949\,\mathrm{M}\Omega - j4{,}478\,\mathrm{M}\Omega \tag{9.29}$$

und

$$\underline{Z}_\mathrm{E} = \frac{R_\mathrm{E}}{1 + j\omega_\mathrm{s} R_\mathrm{E} C_\mathrm{E}} = 837{,}1\,\mathrm{k}\Omega \, e^{-j33{,}16\,^\circ}$$

$$= 700{,}8\,\mathrm{k}\Omega - j457{,}9\,\mathrm{k}\Omega \tag{9.30}$$

das komplexe Verhältnis von Ausgangsspannung zu Eingangsspannung nach folgender Gleichung

$$\frac{\underline{U}_{\mathrm{E2}}}{\underline{U}_{\mathrm{E1}}} = \frac{\underline{Z}_{\mathrm{E}}}{\underline{Z}_{\mathrm{E}} + \underline{Z}_{\mathrm{T}}} = 0,1116\, e^{j7,98\,^{\circ}} . \tag{9.31}$$

Unter Verwendung des tatsächlichen Effektivwerts der Eingangsspannung

$$U_{\mathrm{eff,w}} = \frac{3\,\mathrm{Div} \cdot 10\,\frac{\mathrm{V}}{\mathrm{Div}} \cdot \frac{1}{0,1116}}{\sqrt{2}} = 190,10\,\mathrm{V} \tag{9.32}$$

und dem tatsächlichen Phasenwinkel

$$\varphi_{\mathrm{w}} = \varphi - \varphi_{\underline{\mathrm{U}}_{\mathrm{E2}},\underline{\mathrm{U}}_{\mathrm{E1}}} = 72\,^{o} - 7,98\,^{o} = 64,02\,^{o} \tag{9.33}$$

ergibt sich mit der wahren Leistung

$$P_{\mathrm{Ww}} = U_{\mathrm{eff,w}} I_{\mathrm{eff}} \cos\varphi_{\mathrm{w}} = 588,79\,\mathrm{W} \tag{9.34}$$

der aus dem nicht-abgeglichenen Tastkopf resultierende relative Meßfehler

$$f = \frac{P_{\mathrm{W}} - P_{\mathrm{Ww}}}{P_{\mathrm{Ww}}} = -21,28\,\% . \tag{9.35}$$

10

Digitale Meßtechnik

10.1 Grundlagen der Analog-Digital- und Digital-Analog-Umsetzer

Digital-Analog-Umsetzer (DA-Umsetzer) mit gewichteten Strömen

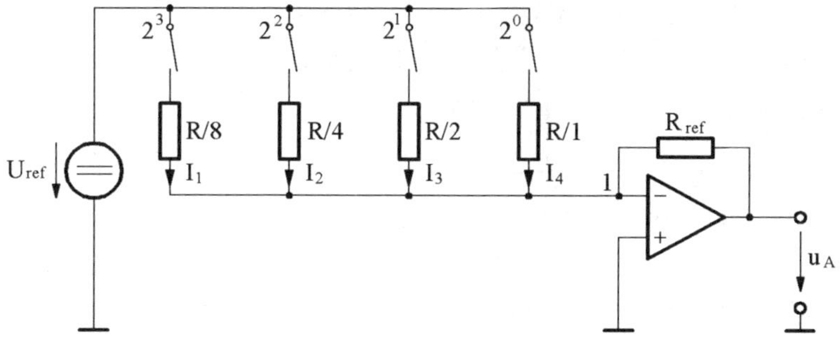

Abb. 10.1. DA-Umsetzer nach dem Prinzip der gewichteten Ströme

Abb. 10.1 zeigt den Aufbau eines 4-Bit DA-Umsetzers nach dem Prinzip der gewichteten Ströme. Mit der Referenzspannung U_{ref} berechnen sich die einzelnen Ströme zu

$$I_1 = \frac{8U_{\mathrm{ref}}}{R}\ ;\ I_2 = \frac{4U_{\mathrm{ref}}}{R}\ ;\ I_3 = \frac{2U_{\mathrm{ref}}}{R}\ ;\ I_4 = \frac{U_{\mathrm{ref}}}{R}\ . \tag{10.1}$$

Diese Ströme werden im Stromknoten 1 aufsummiert und ergeben multipliziert mit dem Gegenkopplungswiderstand R_{ref} des Operationsverstärkers die Ausgangsspannung u_{A}.

Die hauptsächliche Problematik dieser Schaltung besteht in der genauen Fertigung der unterschiedlich großen Widerstände (der multiplikative Faktor zwischen dem kleinsten und dem größten Widerstandswert beträgt bei einem

N-Bit-Umsetzer 2^{N-1}). Ein weiterer Nachteil dieser Schaltung besteht darin, daß die Potentiale der unteren Schalterkontakte stark schwanken (bei offenem Schalter auf Massepotential, bei geschlossenem Schalter auf dem Potential der Referenzspannung U_{ref}), woraufhin bei jedem Schaltvorgang die parasitären Kapazitäten umgeladen werden müssen (siehe Beispiel 8.1).

Analog-Digital-Umsetzer (AD-Umsetzer) nach dem Nachlaufverfahren

Dieser Umsetzer gehört zur Gruppe der direkt vergleichenden AD-Umsetzer. Der interne DA-Umsetzer bildet aus dem aktuellen Zählerstand eines Vorwärts-Rückwärtszählers ein analoges Signal und führt dieses als Vergleichsspannung dem invertierenden Eingang des Komparators zu. Damit wird bei

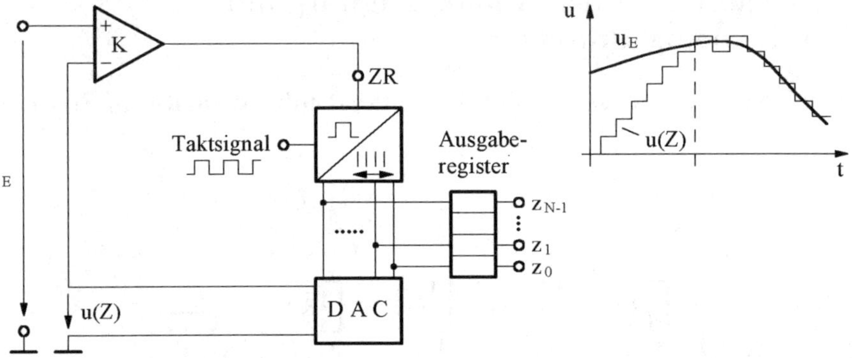

Abb. 10.2. AD-Umsetzer nach dem Nachlaufverfahren

$u_{\mathrm{E}} < u(Z)$ vorwärts gezählt und bei $u_{\mathrm{E}} > u(Z)$ rückwärts gezählt. Um die Begrenzung des Quantisierungsfehlers auf ±1LSB (Least-Significant-Bit) [6] garantieren zu können, darf sich die Eingangsspannung u_{E} während einer Taktperiode des Zählers nicht um mehr als ein U_{LSB} ändern.

Single-Slope-Umsetzer

Das Grundprinzip dieses Umsetzers besteht darin, die Eingangsspannung u_{E} in ein proportionales Zeitintervall zu wandeln. Wird die Sägezahnspannung u_{S} größer als 0 V, liefert der Komparator K_2 ein '1'-Signal, woraufhin das Referenztaktsignal mit der Frequenz f_{ref} über das UND-Gatter direkt an den Zähler geleitet wird. Erreicht die Sägezahnspannung u_{S} den Wert der Eingangsspannung u_{E}, erfolgt durch den Komparator K1 mit Hilfe des Äquivalenzgatters ein Sperren des UND-Gatters, wodurch der Zähler gestoppt wird. Mit dem Proportionalitätsfaktor K, welcher dem Kehrwert der Steigung der Sägezahnspannung u_{S} entspricht, gelten folgende Zusammenhänge

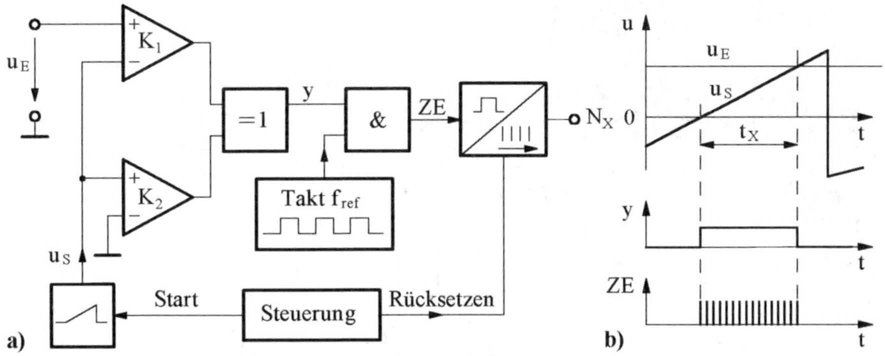

Abb. 10.3. Single-Slope-Umsetzer (Sägezahnumsetzer): **a)** Prinzipschaltbild, **b)** Signalverläufe

$$t_X = K u_E \tag{10.2}$$

$$N_X = K f_{ref} u_E \,. \tag{10.3}$$

Dieses Ergebnis macht den entscheidenden Nachteil dieses AD-Umsetzers offenkundig. Denn eine Änderungen von K, z. B. durch zeitliche Drift der Bauelementewerte, führt unweigerlich zu Meßfehlern.

Dual-Slope-Umsetzer

Abbildung 10.4 zeigt die Grundschaltung eines Dual-Slope-Umsetzers. Bei diesem Prinzip wird sowohl die Eingangsspannung u_E als auch die Referenzspannung U_{ref} integriert. Damit ist es möglich, das Ergebnis von den zeitlichen Änderungen (Driften) des Integrators unabhängig zu machen. Zunächst wird für eine Zeitdauer von $t_2 - t_1$ das Eingangssignal integriert. Zum Zeitpunkt t_2 wird dann die Referenzspannung U_{ref} an den Eingang des Integrators gelegt und gleichzeitig der Zähler gestartet. Mit Hilfe des Komparators erfolgt die Detektion des Nulldurchgangs der Ausgangsspannung u_A, bei dem dann der Zähler gestoppt wird. Die Grunddimensionierungsgleichung für den Dual-Slope-Umsetzer ergibt sich somit zu

$$t_X - t_2 = \frac{u_E}{U_{ref}} \,(t_2 - t_1)\,. \tag{10.4}$$

Spannungs-Frequenz-Umsetzer

Beim Spannungs-Frequenz-Umsetzer erfolgt die Wandlung der zu messenden Spannung in eine proportionale Frequenz, welche dann mittels eines Zählers auf einfache Weise in eine digitale Information umgesetzt werden kann. Zunächst wird die Eingangsspannung u_E über den Schalter S direkt

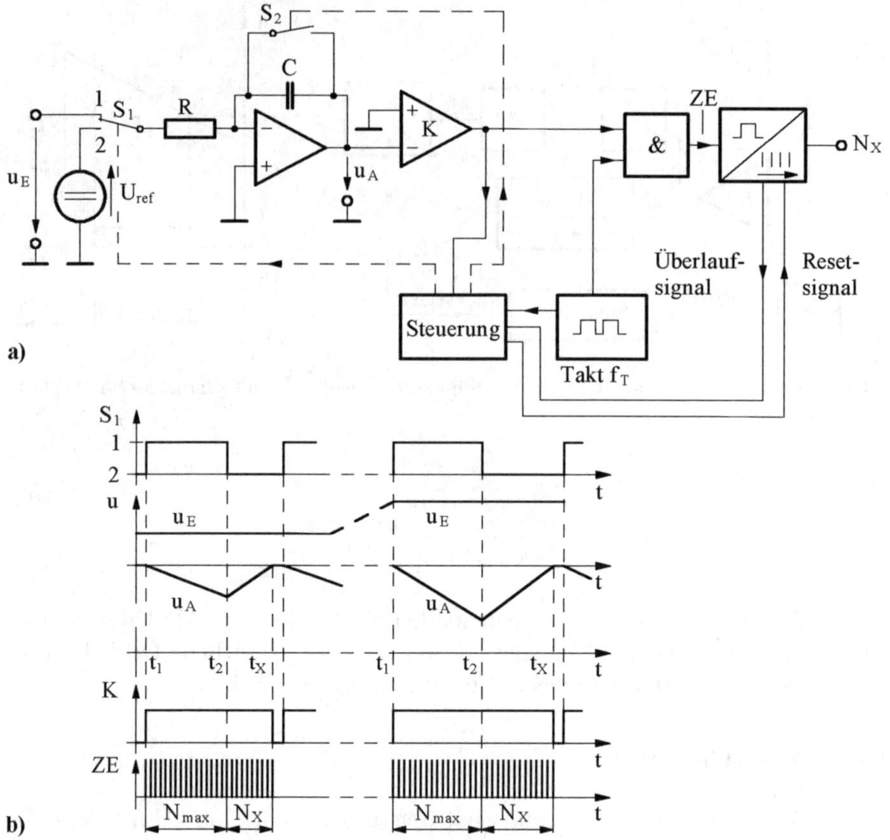

Abb. 10.4. Dual-Slope-Umsetzer: **a)** Prinzipschaltbild, **b)** Signalverläufe

auf den Integrator gegeben. Bei positiver Eingangsspannung nimmt die Ausgangsspannung u_A linear ab, und bei Unterschreiten des Spannungswertes $-U_{ref}$ schaltet der Komparator K_2 um und gibt über den Schalter S die invertierte Eingangsspannnug auf den Integrator. Damit steigt (bei konstanter Eingangsspannung) die Ausgangsspannung u_A linear mit der Zeit an. Die obere Umschaltschwelle wird durch die Referenzspannung U_{ref} festgelegt. Die sich ergebende Frequenz f_X ist somit proportional der Eingangsspannung u_E.

10.2 Auf- und Entladekurven von Kondensatoren

Die zeitliche Auf- bzw. Entladekurve eines Kondensators mit beliebiger Anfangsspannung kann durch Lösen der entsprechenden Differentialgleichung berechnet werden. Im folgenden wird gezeigt, wie diese Lösung durch einfache Überlegungen sofort angegeben werden kann. Betrachtet man die Schaltung

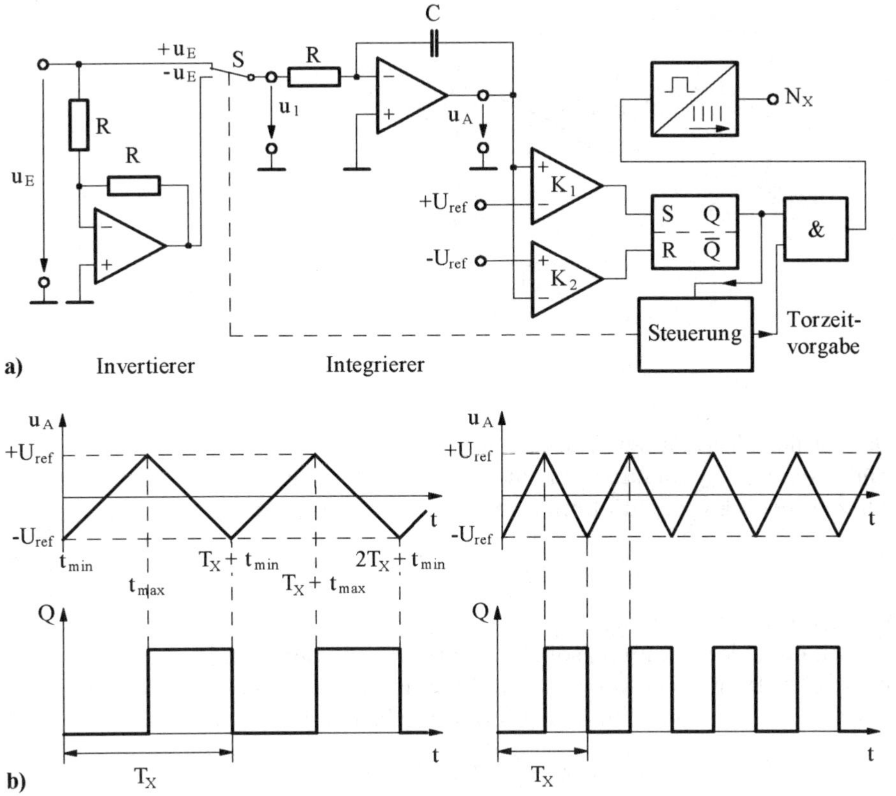

Abb. 10.5. Spannungs-Frequenz-Umsetzer

nach Abb. 10.6, so läßt sich die Zeitkonstante τ, welche sowohl den Auflade- als auch den Entladevorgang bestimmt, wie folgt berechnen

$$\tau = R_\mathrm{Q} C\,. \tag{10.5}$$

Zum Zeitpunkt $t = 0$ sei die Kondensatorspannung $u_\mathrm{C} = U_1$ (Abb. 10.7). Damit beträgt die verbleibende Spannungsdifferenz, welche ein weiteres Aufladen des Kondensators ermöglicht,

$$\Delta u = U_\mathrm{Q} - u_\mathrm{C}(0) = U_\mathrm{Q} - U_1\,. \tag{10.6}$$

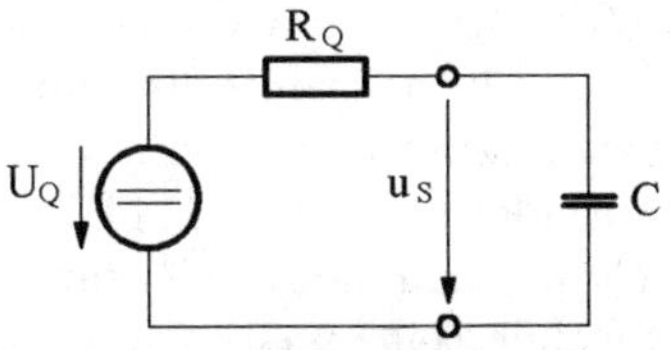

Abb. 10.6. Ersatzspannungsquelle mit Ladekondensator C

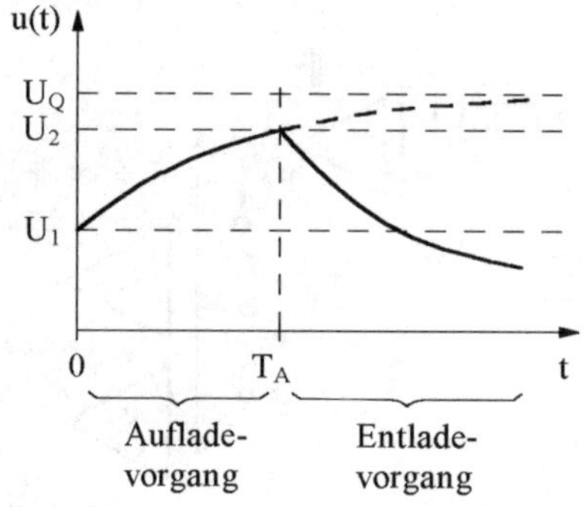

Abb. 10.7. Auf- und Entladevorgang

Der zeitliche Verlauf der Aufladekurve ergibt sich somit aus der Differenz von Endspannung U_{Q} (maximal mögliche Spannung am Kondensator) und der mit der zeitlichen Exponentialfunktion $e^{-t/\tau}$ gewichteten Spannung Δu

$$u_{\mathrm{C}}(t) = U_{\mathrm{Q}} - \Delta u e^{-t/\tau} = U_{\mathrm{Q}} + (U_1 - U_{\mathrm{Q}})e^{-t/\tau}\,. \tag{10.7}$$

Wenn die Quellspannung U_{Q} zum Zeitpunkt $t = T_{\mathrm{A}}$ Null wird (z.B. durch Ausschalten der Spannungsquelle), entlädt sich der Kondensator über R_{Q}. Wenn sich der Kondensator von der Spannung U_2 beginnend entlädt, wird die entsprechende Entladekurve $u_{\mathrm{C}}(t)$ durch folgende Funktion beschrieben

$$u_{\mathrm{C}}(t) = U_2 e^{-(t-T_{\mathrm{A}})/\tau}\,. \tag{10.8}$$

10.3 Digital-Analog-Umsetzer

Beispiel 10.1: *DA-Umsetzer nach dem Prinzip der gewichteten Ströme*

Abbildung 10.8 zeigt einen 4-Bit DA-Umsetzer, der nach dem Prinzip der gewichteten Ströme arbeitet.

a) Berechnen Sie für $R_{\mathrm{I}} = 0\,\Omega$, $R = 100\,\mathrm{k}\Omega$, $C = 0\,\mathrm{pF}$ und $U_{\mathrm{ref}} = 1{,}2\,\mathrm{V}$ den Widerstand R_{ref} derart, daß für $Z = 1111$ (d. h. alle Schalter sind geschlossen) $u_{\mathrm{Amin}} = -5\,\mathrm{V}$ ist.
b) Bei welcher Eingangskombination Z entsteht der maximale relative Fehler der Ausgangsspannung u_{A}, wenn der Innenwiderstand der Referenzspannungsquelle $R_{\mathrm{I}} = 100\,\Omega$ beträgt, und wie groß ist er? Verwenden Sie für Ihre Berechnung die in Punkt a) ermittelte Dimensionierung.
c) Berechnen Sie $u_{\mathrm{A}}(t)$, wenn zum Zeitpunkt $t = 0$ von $Z = 0000$ (d. h. alle Kondensatoren sind entladen) auf $Z = 1111$ geschaltet wird und sowohl der Innenwiderstand R_{I} als auch die Kondensatoren (C = 5pF) zu berücksichtigen sind. Nach welcher Zeit weicht $u_{\mathrm{A}}(t)$ um nicht mehr als 1 % vom Endwert $U_{\mathrm{Aend}} = \lim\limits_{t\to\infty} u_{\mathrm{A}}(t)$ ab?

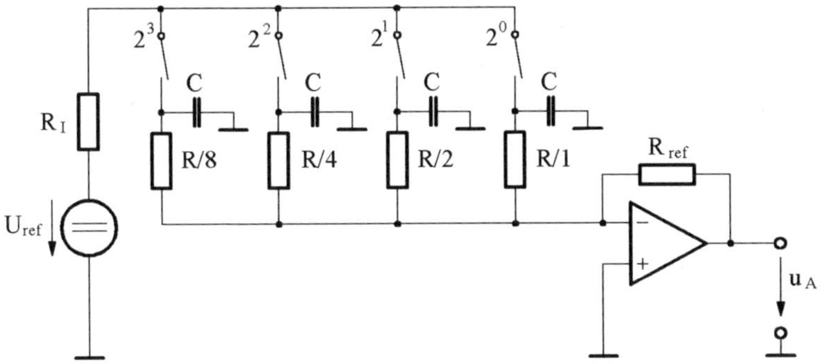

Abb. 10.8. DA-Umsetzer nach dem Prinzip der gewichteten Ströme

Musterlösung:

a) Eine Dualzahl Z läßt sich mit den Variablen $z_i \in \{0, 1\}$ auf folgende Weise darstellen

$$Z = z_3\, 2^3 + z_2\, 2^2 + z_1\, 2^1 + z_0\, 2^0 \,. \tag{10.9}$$

Mit dieser Darstellung berechnet sich die Ausgangsspannung u_{A} (Innenwiderstand $R_{\mathrm{I}} = 0$) entsprechend

$$\begin{aligned} u_{\mathrm{A}} &= -R_{\mathrm{ref}} \left(\frac{U_{\mathrm{ref}}}{\frac{R}{8}}\, z_3 + \frac{U_{\mathrm{ref}}}{\frac{R}{4}}\, z_2 + \frac{U_{\mathrm{ref}}}{\frac{R}{2}}\, z_1 + \frac{U_{\mathrm{ref}}}{\frac{R}{1}}\, z_0 \right) \\ &= -U_{\mathrm{ref}}\, \frac{R_{\mathrm{ref}}}{R} (z_3\, 8 + z_2\, 4 + z_1\, 2 + z_0\, 1) \\ &= -U_{\mathrm{ref}}\, \frac{R_{\mathrm{ref}}}{R}\, Z \,. \end{aligned} \tag{10.10}$$

Damit die Ausgangsspannung u_{A} ihren minimalen Wert $u_{\mathrm{Amin}} = -5\,\mathrm{V}$ bei $Z = 1111$ annimmt, ergibt sich für den Widerstand R_{ref}

$$R_{\mathrm{ref}} = -\frac{u_{\mathrm{Amin}}}{U_{\mathrm{ref}}}\, \frac{R}{Z_{\mathrm{max}}} = 27,78\,\mathrm{k}\Omega \,. \tag{10.11}$$

b) Wird der Innenwiderstand R_{I} der Referenzspannungsquelle berücksichtigt, so ändert sich die Ausgangsspannung u_{A} zu

$$u_{\mathrm{Ar}} = -R_{\mathrm{ref}} \frac{U_{\mathrm{ref}}}{R_{\mathrm{I}} + \frac{R}{Z}} \,. \tag{10.12}$$

Mit dem wahren Wert für die Ausgangsspannung u_{A} nach Gl. (10.10) und dem Widerstandswert $R_{\mathrm{E}} = R/Z$ berechnet sich der relative Fehler von u_{A} zu

$$f = \frac{u_{\mathrm{Ar}}}{u_{\mathrm{Aw}}} - 1 = \frac{\frac{1}{R_{\mathrm{I}}+R_{\mathrm{E}}}}{\frac{1}{R_{\mathrm{E}}}} - 1 = \frac{R_{\mathrm{E}}}{R_{\mathrm{I}} + R_{\mathrm{E}}} - 1\,. \tag{10.13}$$

Um nun den maximalen relativen Fehler $f_{\max}$ zu finden, wird f nach R_{E} abgeleitet

$$\frac{df}{dR_{\mathrm{E}}} = \frac{R_{\mathrm{I}} + R_{\mathrm{E}} - R_{\mathrm{E}}}{(R_{\mathrm{I}} + R_{\mathrm{E}})^2} = \frac{R_{\mathrm{I}}}{(R_{\mathrm{I}} + R_{\mathrm{E}})^2} > 0\,. \tag{10.14}$$

Da $f < 0$ ist, tritt der maximale Fehler der Ausgangsspannung u_{A} für den Widerstandswert $R_{\mathrm{E}} = R_{\mathrm{Emin}}$ auf, also für den Schalterzustand $Z_{\max} = 1111$

$$f_{\max} = \frac{\frac{R}{15}}{R_{\mathrm{I}} + \frac{R}{15}} - 1 = -1{,}48\,\%\,. \tag{10.15}$$

c) Befinden sich alle Schalter im Ein-Zustand (geschlossen), dann sind sowohl die vier Widerstände $R/8, R/4, R/2$ und R als auch die vier Kondensatoren C parallelgeschaltet, womit sich die Ersatzschaltung nach Abb. 10.9 mit den Ersatzkomponenten

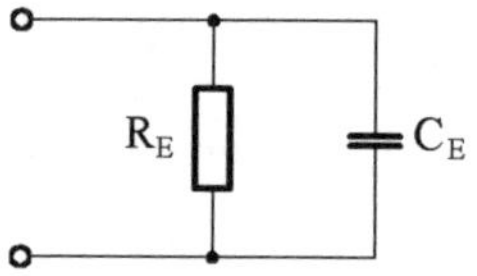

Abb. 10.9. Ersatzschaltung für die Widerstände und Kondensatoren, wenn alle Schalter geschlossen sind.

$$C_{\mathrm{E}} = 4\,C \qquad \text{und} \qquad R_{\mathrm{E}} = \frac{R}{Z} = \frac{R}{15} \tag{10.16}$$

ergibt. Gemeinsam mit der Referenzspannungsquelle U_{ref} und dem Innenwiderstand R_{I} kann für diesen aktiven Zweipol die in Abb. 10.10 gezeigte Ersatzspannungsquelle angegeben werden. Die Ersatzgrößen U_{Q} und R_{Q} der

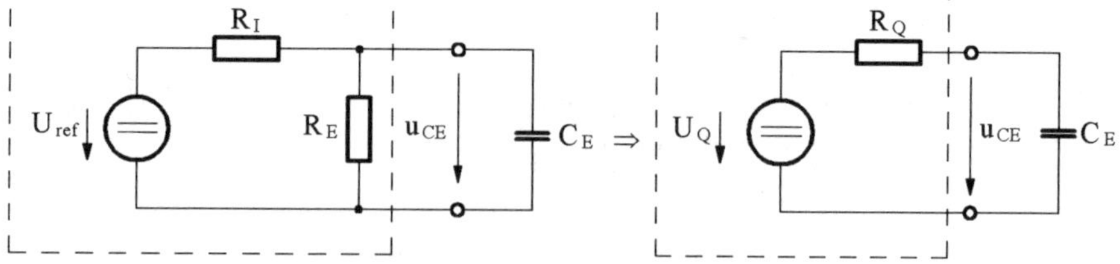

Abb. 10.10. Ersatzschaltung und dazugehörige Ersatzspannungsquelle

Ersatzspannungsquelle lauten für den betrachteten Fall $Z = 1111$

$$R_Q = \frac{R_E R_I}{R_E + R_I} \qquad \text{und} \qquad U_Q = U_{ref} \frac{R_E}{R_I + R_E}\,. \tag{10.17}$$

Mit der bekannten Ersatzspannungsquelle läßt sich die Spannung $u_{CE}(t)$ nun sehr einfach ermitteln. Für den Aufladevorgang gilt (Gl. (10.7) mit $U_1 = 0$)

$$u_{CE}(t) = U_Q \left(1 - e^{-\frac{t}{\tau}}\right) \qquad \text{mit} \qquad \tau = C_E R_Q\,. \tag{10.18}$$

Mit diesem Ergebnis berechnet sich die Ausgangsspannung u_A entsprechend den beim invertierenden Verstärker geltenden Gesetzmäßigkeiten zu

$$\begin{aligned} u_A(t) &= -R_{ref} \frac{u_{CE}(t)}{R_E} \\ &= -U_{ref} \frac{R_{ref}}{R_I + R_E} \left(1 - e^{-\frac{t(R_E + R_I)}{C_E R_E R_I}}\right). \end{aligned} \tag{10.19}$$

Die Ausgangsspannung u_A für $t \to \infty$ wird somit

$$U_{Aend} = \lim_{t \to \infty} u_A(t) = -U_{ref} \frac{R_{ref}}{R_I + R_E}\,. \tag{10.20}$$

Löst man Gl. (10.19) nach der Zeit t auf, so erhält man

$$t = -C_E \frac{R_E R_I}{R_E + R_I} \ln\left(1 + \frac{u_A(t)}{U_{ref}} \frac{R_I + R_E}{R_{ref}}\right). \tag{10.21}$$

Die gesuchte Zeit $t_{1\%}$, bei welcher die Ausgangsspannung u_A nur noch 1 % vom Endwert abweicht ($u_A(t_{1\%}) = 0{,}99\,U_{Aend}$), berechnet sich nun mit Gl. (10.21) zu

$$t_{1\%} = -C_E \frac{R_E R_I}{R_E + R_I} \ln(1 - 0{,}99) = 9{,}1\,\text{ns}\,. \tag{10.22}$$

10.4 Analog-Digital-Umsetzer

Beispiel 10.2: *Nachlauf-Umsetzer*

Es soll ein Nachlauf-Umsetzer mit folgenden Daten aufgebaut werden:

$u_E = (0\,\text{V} \ldots 5\,\text{V})$
Auflösung $\leq 20\,\text{mV}$

a) Welche Auflösung (in Bit) muß der DAC haben?
b) Welche Taktrate wird minimal benötigt, damit der Nachlauf-Umsetzer einer Eingangsspannung $u_E = |\hat{U}\sin(\omega t)|$ mit $\hat{U} = 5\,\text{V}$ und einer Frequenz von $f = 10\,\text{kHz}$ gerade noch folgen kann?

c) Welche maximale Verzögerungszeit t_K darf der Komparator K haben, damit der Nachlauf-Umsetzer noch sinnvoll arbeitet, d.h. $| u_E - u(Z) | \leq U_{LSB}$ gilt, wenn der DAC eine Wandlungszeit von 10 ns hat und der Zähler verzögerungsfrei arbeitet? Dabei soll angenommen werden, daß die Eingangsspannung u_E eine Gleichspannung ist.

d) Was passiert, wenn der Komparator eine Verzögerungszeit von 250 ns aufweist? Auch hier soll angenommen werden, daß die Eingangsspannung u_E eine Gleichspannung ist.

Musterlösung:

a) Die Übertragungskennlinie eines idealen 2-Bit DA-Umsetzers ist in Abb. 10.11 dargestellt. Aus dieser Kennlinie ergibt sich der folgende allgemeingültige Zusammenhang für die Spannung U_{LSB} des Least Significant Bit (LSB) eines N-Bit DA-Umsetzers

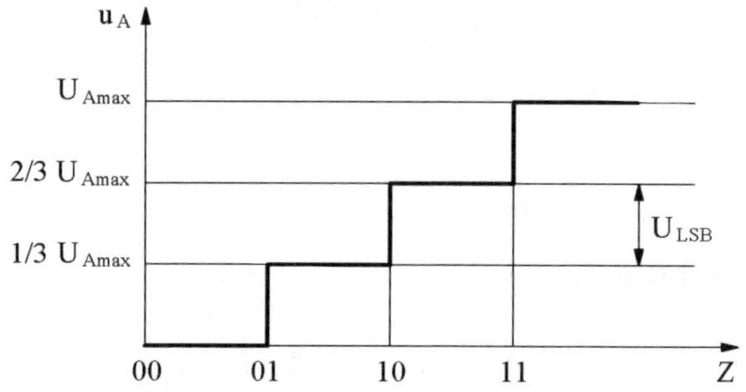

Abb. 10.11. Übertragungskennlinie eines 2-Bit DA-Umsetzers

$$U_{LSB} = \frac{u_{Amax}}{2^N - 1} \leq 20\,\text{mV}\,. \tag{10.23}$$

Löst man Gl. (10.23) nach der Bitanzahl N auf und setzt $u_{Amax} = u_{Emax}$, so ergibt sich aus den angegebenen Daten der Wert

$$N \geq \frac{\ln\left(\frac{u_{Emax}}{20\,\text{mV}} + 1\right)}{\ln 2} = 7{,}97\,\text{Bit}\,, \tag{10.24}$$

d. h. es ist ein 8-Bit Umsetzer erforderlich. Die tatsächliche Auflösung ergibt sich nun entsprechend Gl. (10.23) zu

$$U_{LSB} = \frac{u_{Emax}}{2^8 - 1} = 19{,}6\,\text{mV}\,. \tag{10.25}$$

b) Die zeitliche Steigung eines sinusförmigen Signals $u(t) = \hat{U}\sin(\omega t)$ berechnet sich durch Ableiten der Spannung nach der Zeitvariablen t

$$\frac{du_\mathrm{E}}{dt} = \hat{U}\omega\cos(\omega t)\,. \tag{10.26}$$

Der maximale Betrag der Steigung ergibt sich im Nulldurchgang, also für die Zeitwerte $t = k\pi/\omega$ (k ist eine ganze Zahl)

$$\left(\frac{du_\mathrm{E}}{dt}\right)_\mathrm{max} = \pm\,\hat{U}\omega = \pm\,314\cdot 10^3\,\frac{\mathrm{V}}{\mathrm{s}}\,. \tag{10.27}$$

Die maximale Steigung der Eingangsspannung, die ein Nachlauf–Umsetzer gerade noch verarbeiten kann, wird durch den Spannungswert U_LSB des Least Significant Bit und die Taktfrequenz f_T bestimmt

$$\left(\frac{du(\mathrm{Z})}{dt}\right)_\mathrm{mittel} = \pm\,\frac{U_\mathrm{LSB}}{T_\mathrm{T}} = \pm\,U_\mathrm{LSB} f_\mathrm{T}\,. \tag{10.28}$$

Die benötigte Taktfrequenz für den spezifizierten DA-Umsetzer erhält man durch Gleichsetzen von Gl. (10.27) mit Gl. (10.28)

$$f_\mathrm{T} = \frac{\pm\,\hat{U}\omega}{\pm\,U_\mathrm{LSB}} = 16\,\mathrm{MHz}\,. \tag{10.29}$$

c) Der zeitliche Verlauf der Spannung $u(Z)$ am Ende des Meßvorganges ist in Abb. 10.12 für den Fall dargestellt, daß der Zähler bei einer positiven Flanke weiterzählt. Anhand dieses Verlaufes erkennt man, daß im Grenzfall der

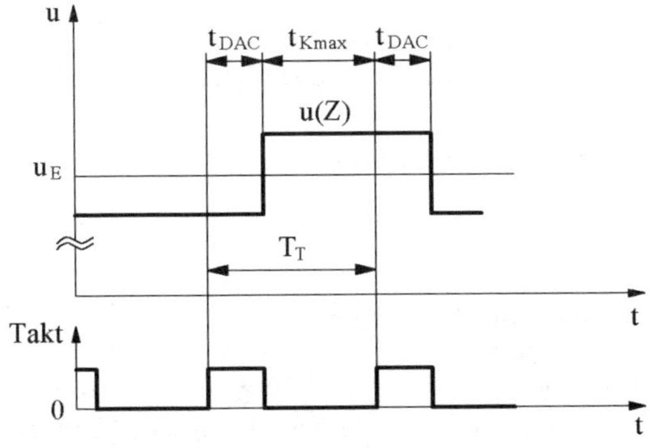

Abb. 10.12. Zeitlicher Verlauf der Ausgangsspannung $u(Z)$ des DA-Umsetzers und des Taktsignals am Ende einer Umsetzung.

folgende Zusammenhang für ein einwandfreies Funktionieren des Umsetzers erfüllt werden muß

$$T_\mathrm{T} = t_\mathrm{Kmax} + t_\mathrm{DAC}\,. \tag{10.30}$$

Aus Gl. (10.30) läßt sich jetzt die maximale Komparator–Verzögerungszeit t_Kmax berechnen

$$t_{\mathrm{Kmax}} = \frac{1}{f_{\mathrm{T}}} - t_{\mathrm{DAC}} = 52,5\,\mathrm{ns}\,. \tag{10.31}$$

Wäre $t_{\mathrm{K}} > t_{\mathrm{Kmax}}$, so würde das Umschalten der Zählrichtung zu spät erfolgen und der Zähler weiter vorwärtszählen. Analoge Überlegungen führen für das Rückwärtszählen zum selben Ergebnis.

d) Das Verhältnis aus gesamter Verzögerungszeit und Periodendauer des Taktes beträgt

$$\frac{t_{\mathrm{K}} + t_{\mathrm{DAC}}}{T_{\mathrm{T}}} = 4,16\,. \tag{10.32}$$

Damit kommt es zu einem Weiterzählen um $4\,U_{\mathrm{LSB}}$. Dieser in Abb. 10.13 dargestellte Sachverhalt gilt in analoger Weise auch für das Rückwärtszählen.

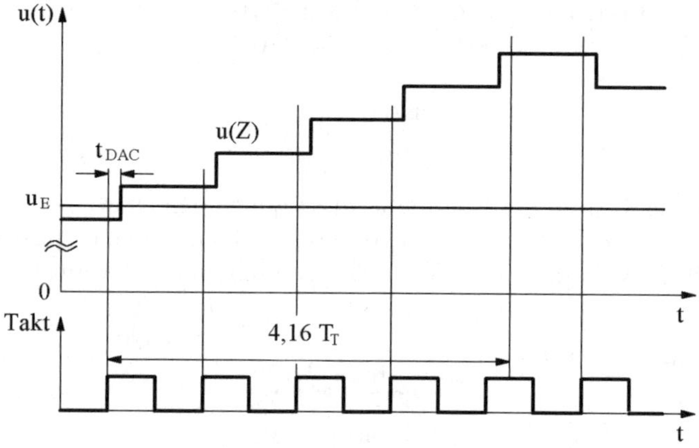

Abb. 10.13. Überschwingen des Nachlauf-Umsetzers

Beispiel 10.3: *Single-Slope-Umsetzer*

Es soll ein Sägezahngenerator für einen Single-Slope-Umsetzer dimensioniert werden (Abb. 10.14). Der AD-Umsetzer soll folgende Daten aufweisen:

4-stellige Anzeige (Anzeige 1000$\hat{=}$10 V)
$u_{\mathrm{E}} = (0\,\mathrm{V} \ldots 10\,\mathrm{V})$
$f = 100\,\mathrm{kHz}$
$U_{\mathrm{ref}} = 12\,\mathrm{V}$
$R = 1\,\mathrm{M}\Omega$

a) Berechnen Sie für ideale Bauelemente den Wert von C so, daß die angegebenen Daten des Umsetzers eingehalten werden.

b) Welcher auf den Meßbereichsendwert bezogene Meßfehler tritt auf, wenn der unter Punkt a) berechnete Kondensator bei einer Frequenz von 1 kHz einen Verlustfaktor von $\tan\delta = 10^{-4}$ (Gl. (7.10)) aufweist? **Hinweis:** Parallelersatzschaltung verwenden.

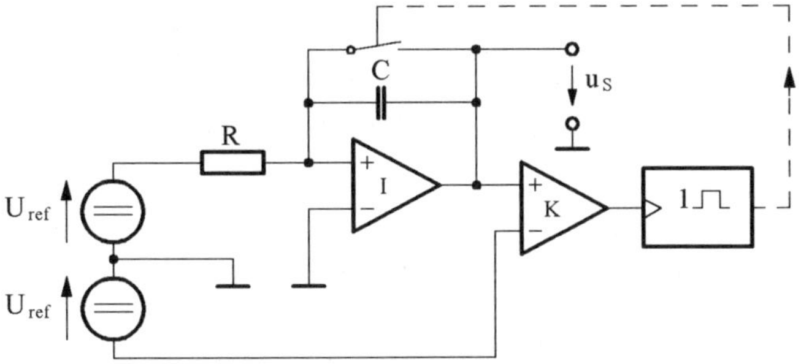

Abb. 10.14. Sägezahngenerator

Musterlösung:

a) Damit der Zähler einen Zählerstand von 1000 erreicht, wird eine Torzeit von

$$T_{Xw} = N_{Xw10}\,\frac{1}{f} = 10\,\text{ms} \tag{10.33}$$

benötigt. Der Zeitverlauf der Spannung $u_S(t)$ (Abb. 10.14) ist durch

$$u_{Sw}(t) = \frac{1}{C}\int_0^t \frac{U_{ref}}{R}\,dt' = \frac{U_{ref}}{RC}\,t \tag{10.34}$$

gegeben, wenn der Schalter zum Zeitpunkt $t = 0$ geöffnet wird. Mit dem Zusammenhang $u_{Sw}(T_{Xw}) = u_{Emax} = 10$ V berechnet sich die erforderliche Kapazität C zu

$$C = \frac{U_{ref}}{u_{Emax}R}\,T_{Xw} = 12\,\text{nF}\,. \tag{10.35}$$

b) Zur Berechnung der Schaltung mit einem verlustbehafteten Kondensator ist das Schaltbild nach Abb. 10.15 zu verwenden. Der Eingangsstrom I_E berechnet sich einerseits über die Referenzspannung U_{ref}

$$I_E = \frac{U_{ref}}{R} \tag{10.36}$$

und andererseits mit Hilfe der Spannung u_S

$$I_E = \frac{u_S(t)}{R_P} + C\,\frac{du_S(t)}{dt}\,. \tag{10.37}$$

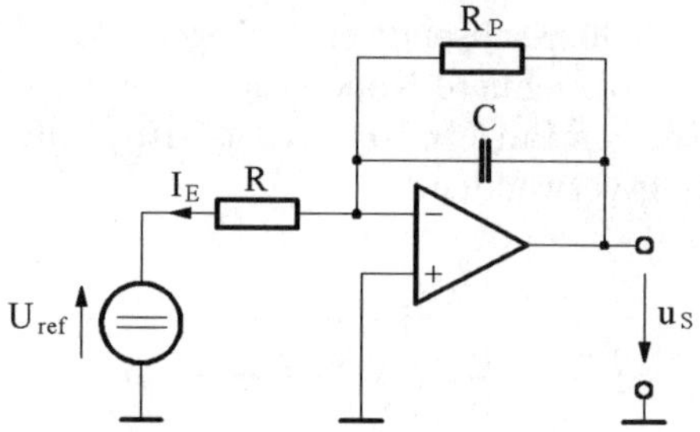

Abb. 10.15. Integrator mit verlustbehaftetem Kondensator

Durch Gleichsetzen von Gl. (10.36) mit Gl. (10.37) erhält man die Differentialgleichung zur Bestimmung der Integrator-Ausgangsspannung $u_\mathrm{S}(t)$

$$\frac{du_\mathrm{S}}{dt} + u_\mathrm{S}\,\frac{1}{CR_\mathrm{P}} = \frac{U_\mathrm{ref}}{RC}\,. \tag{10.38}$$

Den Eigenwert λ der homogenen Lösung erhält man durch Einsetzen des Ansatzes $u_\mathrm{Sh} = \mathrm{K}_1 e^{\lambda t}$ in die homogene Differentialgleichung

$$\lambda + \frac{1}{R_\mathrm{P}C} = 0 \Longrightarrow \qquad \lambda = -\,\frac{1}{R_\mathrm{P}C}\,. \tag{10.39}$$

Da die Störfunktion eine Konstante ist, genügt es, für die partikuläre Lösung den Ansatz $u_\mathrm{Sp} = \mathrm{K}_2$ zu wählen

$$\frac{\mathrm{K}_2}{R_\mathrm{P}C} = \frac{U_\mathrm{ref}}{RC} \Longrightarrow \mathrm{K}_2 = U_\mathrm{ref}\,\frac{R_\mathrm{P}}{R}\,. \tag{10.40}$$

Die allgemeine Gesamtlösung erhält man nun durch Überlagerung der homogenen und der partikulären Lösung

$$u_\mathrm{S}(t) = U_\mathrm{ref}\,\frac{R_\mathrm{P}}{R} + \mathrm{K}_1 e^{-\frac{t}{R_\mathrm{P}C}}\,. \tag{10.41}$$

Mit der Anfangsbedingung $u_\mathrm{S}(0) = 0\,\mathrm{V}$ läßt sich die Konstante K_1

$$0 = U_\mathrm{ref}\,\frac{R_\mathrm{P}}{R} + \mathrm{K}_1 \Longrightarrow \qquad \mathrm{K}_1 = -\,U_\mathrm{ref}\,\frac{R_\mathrm{P}}{R} \tag{10.42}$$

bestimmen. Die spezielle Lösung dieses Anfangswertproblems lautet somit

$$u_\mathrm{S}(t) = U_\mathrm{ref}\,\frac{R_\mathrm{P}}{R}\left(1 - e^{-\frac{t}{R_\mathrm{P}C}}\right)\,. \tag{10.43}$$

Die eben durchgeführte Berechnung der Spannung u_S kann durch Einführung einer Ersatzspannungsquelle wesentlich vereinfacht werden. Die Leerlaufspannung U_Q und der Innenwiderstand R_Q dieser Spannungsquelle (Abb. 10.16) berechnen sich zu

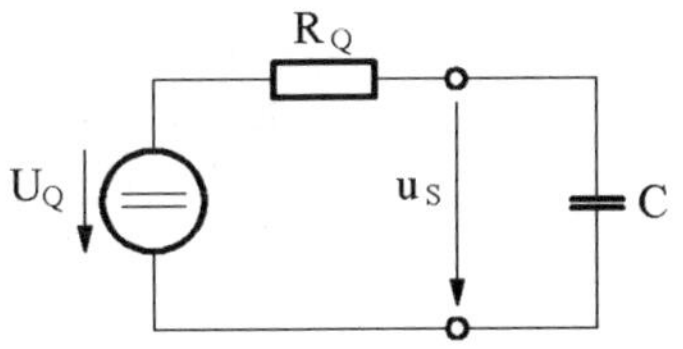

Abb. 10.16. Ersatzspannungsquelle mit Ladekondensator C

$$U_{\mathrm{Q}} = \frac{U_{\mathrm{ref}}}{R} R_{\mathrm{P}} \text{und} \qquad R_{\mathrm{Q}} = R_{\mathrm{P}} \,. \tag{10.44}$$

Mit diesen Größen läßt sich $u_{\mathrm{S}}(t)$ entsprechend der Aufladekurve eines Kondensators (Gl. (10.7) mit $U_1 = 0$) unmittelbar angeben

$$u_{\mathrm{S}}(t) = U_{\mathrm{Q}} \left(1 - e^{-\frac{t}{R_{\mathrm{P}} C}}\right) . \tag{10.45}$$

Der ideale Spannungsverlauf $u_{\mathrm{Sw}}(t)$ nach Gl. (10.34) (idealer Kondensator) und der reale Spannungsverlauf $u_{\mathrm{S}}(t)$ nach Gl. (10.45) (verlustbehafteter Kondensator) sind in Abb. 10.17 dargestellt. Löst man Gl. (10.45) nach der Zeitvariablen t auf, so erhält man den Zusammenhang

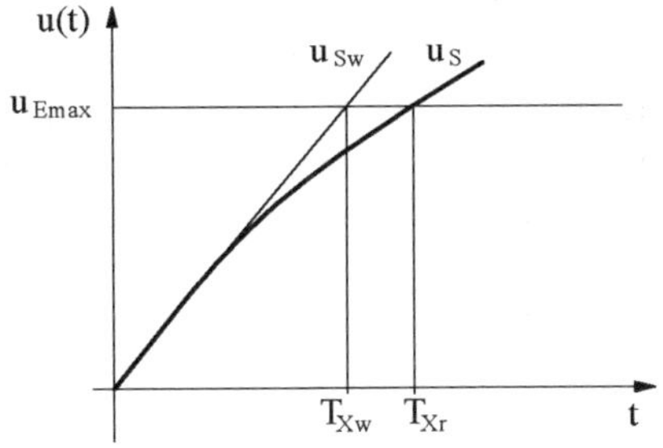

Abb. 10.17. Idealer (u_{Sw}) und realer (u_{S}) Zeitverlauf der Spannung $u_{\mathrm{S}}(t)$ des Sägezahngenerators

$$t = -\, R_{\mathrm{P}} C \ln \left(1 - \frac{u_{\mathrm{S}}(t) R}{U_{\mathrm{ref}} R_{\mathrm{P}}}\right) . \tag{10.46}$$

Mit dem Verlustfaktor des Kondensators (Gl. (7.10))

$$\tan\delta = \frac{1}{R_{\mathrm{P}} \omega C} \tag{10.47}$$

berechnet sich die Zeit T_{Xr} zu

$$T_{\mathrm{Xr}} = -\, \frac{1}{\omega \tan\delta} \ln \left(1 - \frac{u_{\mathrm{Emax}}}{U_{\mathrm{ref}}} R \omega C \tan\delta\right) = 10{,}032\,\mathrm{ms} \,. \tag{10.48}$$

Bei einem idealen Kondensator beträgt die äquivalente Zeit T_{Xw} nach Gl. (10.33) 10 ms. Der vom verlustbehafteten Kondensator hervorgerufene relative Fehler f ergibt sich damit zu

$$f = \frac{N_{\mathrm{Xr}}}{N_{\mathrm{Xw}}} - 1 = \frac{T_{\mathrm{Xr}} f}{T_{\mathrm{Xw}} f} - 1 = 0,32\% \,. \tag{10.49}$$

Beispiel 10.4: *Dual-Slope-Umsetzer*

Der in Abb. 10.4 gezeigte Dual-Slope-Umsetzer soll für folgende Vorgaben dimensioniert werden:

$U_{\mathrm{E}} = (0\,\mathrm{V} \ldots 10\,\mathrm{V})$
$U_{\mathrm{ref}} = 6\,\mathrm{V}$

a) Berechnen Sie $(t_2 - t_1)_{\mathrm{min}}$ so, daß der Eingangsspannung U_{E} überlagerte Störspannungen keine Auswirkungen auf das Ergebnis haben. Es handelt sich bei den Störspannungen um reine Wechselspannungen mit Frequenzen von 50 Hz und $16\,\frac{2}{3}$ Hz.
b) Die Eingangsspannung U_{E} und die Referenzspannung U_{ref} dürfen mit maximal 1 mA belastet werden. Berechnen Sie R_{min} und den zu R_{min} gehörenden Kapazitätswert C_{max} derart, daß für $t_2 - t_1 = (t_2 - t_1)_{\mathrm{min}}$ die minimale Ausgangsspannung $U_{\mathrm{Amin}} = -8\,\mathrm{V}$ erreicht wird.
c) Berechnen Sie die Taktfrequenz f_{T} so, daß $U_{\mathrm{E}} = 10\,\mathrm{V}$ zu $N_{\mathrm{X}} = 1000$ führt.
d) Welcher auf den Meßbereichsendwert bezogene Meßfehler tritt auf, wenn der unter Punkt b) berechnete Kondensator C bei der Frequenz von 1 kHz einen Verlustfaktor von $\tan\delta = 10^{-4}$ (Gl. (7.10)) aufweist? **Hinweis:** Parallelersatzschaltung verwenden.

Musterlösung:

a) Der Spannungsverlauf der Ausgangsspannung u_{A} zum Zeitpunkt t_2 berechnet sich zu

$$u_{\mathrm{A}}(t_2) = -\frac{1}{RC} \int_{t_1}^{t_2} [U_{\mathrm{E}} + u_{\mathrm{stoer}}(t)]\, dt$$

$$= -\frac{1}{RC} \int_{t_1}^{t_2} U_{\mathrm{E}}\, dt - \frac{1}{RC} \int_{t_1}^{t_2} u_{\mathrm{stoer}}(t)\, dt \,. \tag{10.50}$$

Für eine reine Wechselspannung gilt nach Abschn. 4.3, daß die zeitliche Integration einer Wechselgröße über eine Periode oder Vielfache der Periode Null ergibt

$$\int_{t_1}^{t_2} u_{\text{stoer}}(t)\, dt = 0 \text{für}\, t_2 - t_1 = kT_{\text{stoer}} k \in \{1, 2, \ldots\}\,. \tag{10.51}$$

Da $T_{\text{stoer50Hz}} = 20\,\text{ms}$ und $T_{\text{stoer16}\,2/3\text{Hz}} = 60\,\text{ms}$ betragen, muß für die Integrationszeit $t_2 - t_1$ der Wert

$$(t_2 - t_1)_{\min} = 60\,\text{ms} \tag{10.52}$$

gewählt werden, wenn beide Störspannungen unterdrückt werden sollen.

b) Da die maximale Eingangsspannung U_{Emax} größer als die Referenzspannung U_{ref} ist, berechnet sich der minimale Eingangswiderstand für einen maximalen Eingangsstrom von I_{Emax} zu

$$R_{\min} = \frac{U_{\text{Emax}}}{I_{\text{Emax}}} = 10\,\text{k}\Omega\,. \tag{10.53}$$

Der maximale Wert des Kondensators $C_{\max}$ ergibt sich aus nachfolgender Gleichung

$$U_{\text{Amin}} = -\frac{1}{R_{\min} C_{\max}} \int_{t_1}^{t_2} U_{\text{Emax}}\, dt = -\frac{(t_2 - t_1)_{\min}}{R_{\min} C_{\max}} U_{\text{Emax}} \tag{10.54}$$

zu

$$C_{\max} = -\frac{(t_2 - t_1)_{\min}}{R_{\min}} \frac{U_{\text{Emax}}}{U_{\text{Amin}}} = 7,5\,\mu\text{F}\,. \tag{10.55}$$

c) Aus der Bedingung, daß die Ausgangsspannung u_{A} zum Zeitpunkt t_{X} den Wert Null hat, folgt

$$u_{\text{A}}(t_{\text{X}}) = 0\,\text{V} = u_{\text{A}}(t_2) + \frac{1}{R_{\min} C_{\max}} \int_{t_2}^{t_{\text{X}}} U_{\text{ref}}\, dt\,. \tag{10.56}$$

Mit Gl. (10.54), welche den Wert der Ausgangsspannung u_{A} zum Zeitpunkt t_2 angibt, erhält man die Beziehung

$$\frac{(t_2 - t_1)_{\min}}{R_{\min} C_{\max}} U_{\text{Emax}} = \frac{(t_{\text{X}} - t_2)_{\max}}{R_{\min} C_{\max}} U_{\text{ref}}\,. \tag{10.57}$$

Der Zusammenhang zwischen der Taktfrequenz f, dem maximalen Zählerstand $N_{\max}$ und der maximalen Aufintegrationszeit $(t_{\text{X}} - t_2)_{\max}$ ist folgendermaßen gegeben

$$(t_{\text{X}} - t_2)_{\max} = \frac{1}{f_{\text{T}}} N_{\text{Xmax}}\,. \tag{10.58}$$

Für die benötigte Taktfrequenz f erhält man somit

$$f_{\mathrm{T}} = \frac{N_{\mathrm{Xmax}}}{(t_2 - t_1)_{\mathrm{min}}} \frac{U_{\mathrm{ref}}}{U_{\mathrm{Emax}}} = 10\,\mathrm{kHz}\,. \tag{10.59}$$

d) Entsprechend der Formel für den Verlustfaktor eines realen Kondensators (Gl. (7.10))

$$\tan\delta = \frac{1}{R_{\mathrm{P}}\omega C} \tag{10.60}$$

ergibt sich der Parallelwiderstand zu

$$R_{\mathrm{P}} = \frac{1}{\tan\delta\,\omega C} = 212,21\,\mathrm{k}\Omega\,. \tag{10.61}$$

Zur Berechnung des Meßfehlers erweist es sich wiederum als rechentechnisch vorteilhaft, wenn man entsprechend der Ersatzschaltung eine Ersatzspannungsquelle (Abb. 10.18) verwendet. Die Kenngrößen der Ersatzspannungs-

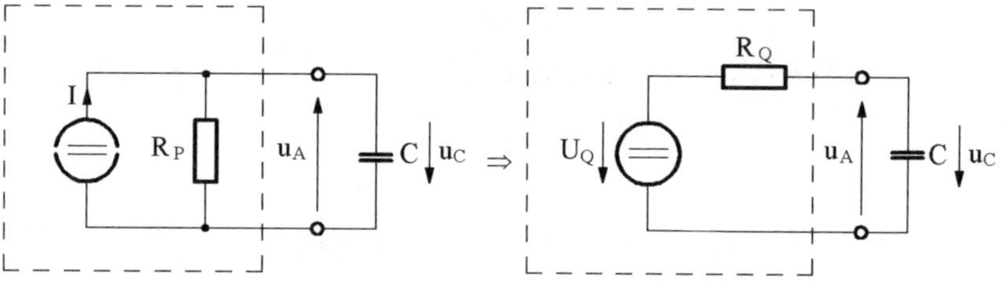

Abb. 10.18. Ersatzschaltung und Ersatzspannungsquelle zur Berechnung des Fehlers aufgrund des verlustbehafteten Kondensators

quelle ergeben sich zu

$$U_{\mathrm{Q}} = I R_{\mathrm{P}} \text{und} \qquad R_{\mathrm{Q}} = R_{\mathrm{P}}\,. \tag{10.62}$$

Entsprechend der Aufladekurve eines Kondensators berechnet sich der Spannungsverlauf für die Ausgangsspannung u_{A} (entspricht jenem der Kondensatorspannung) im Zeitbereich $t_1 \leq t \leq t_2$ mit $I = U_{\mathrm{Emax}}/R_{\mathrm{min}}$ zu

$$u_{\mathrm{A}}(t) = -u_{\mathrm{C}}(t) = -\frac{U_{\mathrm{Emax}}}{R_{\mathrm{min}}} R_{\mathrm{P}} \left(1 - e^{-\frac{t-t_1}{R_{\mathrm{P}}C}}\right)\,. \tag{10.63}$$

Zum Zeitpunkt t_2 ergibt sich ein Wert von $u_{\mathrm{A}}(t_2) = -7,851\,\mathrm{V}$. Im Zeitbereich $t_2 \leq t \leq t_X$ läßt sich die Ausgangsspannung u_{A} mit Hilfe einer Aufladekurve (Gl. (10.7)) darstellen

$$\begin{aligned} -u_{\mathrm{A}}(t) = u_{\mathrm{C}}(t) &= U_{\mathrm{Q}} + (u_{\mathrm{C}}(t_2) - U_{\mathrm{Q}})e^{-\frac{t-t_2}{R_{\mathrm{P}}C}} \\ &= U_{\mathrm{Q}} + (-u_{\mathrm{A}}(t_2) - U_{\mathrm{Q}})e^{-\frac{t-t_2}{R_{\mathrm{P}}C}}\,. \end{aligned} \tag{10.64}$$

Zum Zeitpunkt t_X muß die Ausgangsspannung $u_A(t)$ Null werden, womit sich unter Verwendung von $I = -U_{ref}/R_{min}$ die folgende Bestimmungsgleichung ergibt

$$0 = \frac{U_{ref}}{R_{min}} R_P + \left(u_A(t_2) - \frac{U_{ref}}{R_{min}} R_P \right) e^{-\frac{t_X - t_2}{R_P C}} . \tag{10.65}$$

Daraus berechnet sich der Wert für die Zeitdifferenz $(t_X - t_2)_{max}$ zu

$$\begin{aligned} (t_X - t_2)_{max} &= -R_P C \ln \left(\frac{\frac{U_{ref}}{R_{min}} R_P}{\frac{U_{ref}}{R_{min}} R_P - u_A(t_2)} \right) \\ &= R_P C \ln \left(1 - \frac{R_{min}}{R_P} \frac{u_A(t_2)}{U_{ref}} \right) \\ &= 95,232\,\text{ms} . \end{aligned} \tag{10.66}$$

Mit diesem Ergebnis erhält man entsprechend den realen Gegebenheiten (verlustbehafteter Kondensator) den Zählerstand

$$N_{Xend} = (t_X - t_2)_{max} f_T = 952,32 . \tag{10.67}$$

Der zum Meßbereichsendwert gehörende relative Fehler beträgt damit

$$f = \frac{N_{Xend} - N_{Xmax}}{N_{Xmax}} = -4,77\,\% . \tag{10.68}$$

Beispiel 10.5: *Dual-Slope-Umsetzer*

Die folgenden Daten des Umsetzers sind bekannt:

$$\begin{aligned} U_E &= (0\,\text{V} \ldots 10\,\text{V}) \\ U_{ref} &= 10\,\text{V} \\ C &= = 470\,\text{nF} \\ t_2 - t_1 &= = 100\,\text{ms} \end{aligned}$$

a) Berechnen Sie den Widerstand R so, daß die minimale Ausgangsspannung $u_{Amin} = -8\ V$ ist.
b) Berechnen Sie das maximale Zeitintervall der Aufintegrationsphase $(t_X - t_2)$.
c) Welche Taktfrequenz wird für eine 4-stellige Anzeige benötigt, wenn eine Anzeige von 1000 einen Spannungswert von 10 V entspricht?
d) Welcher auf den Meßbereichsendwert bezogene maximale Fehler entsteht für die in den Punkten a) bis c) berechneten Dimensionierungen, wenn die Verzögerungszeit des Komparators $t_K = 10\ \mu s$ und die des Schalters S_1 (entspricht der Zeitdifferenz zwischen dem Anlegen des Schaltbefehls und dem tatsächlichen Umschalten des Schalters) $t_S = 5\ \mu s$ beträgt?

Musterlösung:

a) Die Ausgangsspannung zum Zeitpunkt t_2, also jenem Zeitpunkt, bei dem der Schalter die Eingangsspannung am Integrator von der Meßspannung auf die Referenzspannung umschaltet, berechnet sich für einen Dual-Slope-Umsetzer nach

$$u_A(t_2) = -\frac{1}{C}\int_{t_1}^{t_2} \frac{u_E}{R}\,dt = -\frac{\overline{u}_E}{RC}\,(t_2 - t_1)\,. \tag{10.69}$$

Daraus ergibt sich für die angegebene Spannung $u_A(t_2) = u_{Amin} = -8\,V$ der Wert des Widerstandes R zu

$$R = -\frac{u_{Emax}}{u_{Amin}C}(t_2 - t_1) = 266\,\mathrm{k}\Omega\,. \tag{10.70}$$

b) Durch Nullsetzen der Ausgangsspannung u_A zum Zeitpunkt t_X

$$u_A(t_X) = u_A(t_2) - \frac{1}{C}\int_{t_2}^{t_X} \frac{-U_{ref}}{R}\,dt$$

$$= -\frac{\overline{u}_E}{RC}(t_2 - t_1) + \frac{U_{ref}}{RC}(t_X - t_2)_w = 0 \tag{10.71}$$

erhält man die für den Dual-Slope-Umsetzer wesentliche Gleichung

$$(t_X - t_2)_w = \frac{\overline{u}_E}{U_{ref}}\,(t_2 - t_1)\,. \tag{10.72}$$

Man beachte, daß die Zeitkonstante $\tau = RC$ des Lade- bzw. Entladevorganges nicht mehr in dieser Gleichung vorkommt. Das maximale Aufintegrationsintervall (vom Zeitpunkt t_2 des Umschaltens bis zum Zeitpunkt t_X des Nulldurchgangs) ergibt sich für $u_E = u_{Emax}$ zu

$$(t_X - t_2)_{wmax} = \frac{u_{Emax}}{U_{ref}}\,(t_2 - t_1) = 0,1\,\mathrm{s}\,. \tag{10.73}$$

c) Für $u_E = 10\,\mathrm{V}$ soll die Anzeige $N_{X10} = 1000$ liefern, womit die Bedingung

$$T_T N_{X10} = (t_X - t_2)_{wmax} \tag{10.74}$$

erfüllt werden muß. Aus dieser Gleichung läßt sich die notwendige Taktfrequenz f_T berechnen

$$f_T = \frac{N_{X10}}{(t_X - t_2)_{wmax}} = 10\,\mathrm{kHz}\,. \tag{10.75}$$

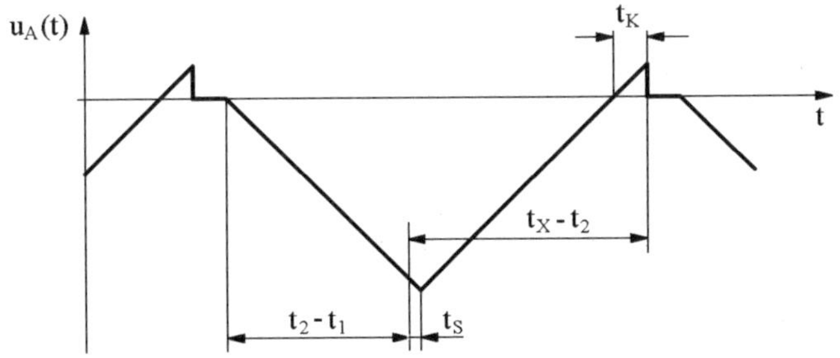

Abb. 10.19. Spannungsverlauf u_{A} unter Berücksichtigung der Komparator- und Schalterverzögerungszeiten.

d) Abbildung 10.19 zeigt den Zeitverlauf der Spannung $u_{\mathrm{A}}(t)$ unter Berücksichtigung der Verzögerungszeiten des Komparators t_{K} und des Schalters t_{S}. Die reale Zeitdifferenz zwischen t_{X} und t_2 beträgt somit

$$(t_{\mathrm{X}} - t_2)_{\mathrm{rmax}} = t_{\mathrm{S}} + t_{\mathrm{K}} + \frac{u_{\mathrm{Emax}}}{U_{\mathrm{ref}}}(t_2 - t_1 + t_{\mathrm{S}})$$
$$= 100{,}02\,\mathrm{ms}\,. \tag{10.76}$$

Mit diesem Ergebnis berechnet sich der relative Fehler zu

$$f = \frac{(t_{\mathrm{X}} - t_2)_{\mathrm{rmax}}}{(t_{\mathrm{X}} - t_2)_{\mathrm{wmax}}} - 1 = 0{,}02\,\%\,. \tag{10.77}$$

Aufgabe 10.1: *Single-Slope-Umsetzer*

Es ist der in Abb. 10.20 gezeigte Teil eines Sägezahngenerators gegeben, der für einen Single-Slope-Umsetzer vorgesehen ist. Der Umsetzer soll folgende Daten aufweisen:

4-stellige Anzeige (5000$\hat{=}$5 V)
$U_{\mathrm{E}} = (0\,\mathrm{V} \ldots 5\,\mathrm{V})$
$f_{\mathrm{T}} = 100\,\mathrm{kHz}$

a) Berechnen Sie die Sägezahnspannung $u_{\mathrm{S}}(t) = f(R, C, U_{\mathrm{ref}}, V_0)$, wenn der verwendete Operationsverstärker eine Leerlaufspannungsverstärkung von $V_0 = 1000$ aufweist, seine restlichen Daten ideal sind und die Anfangsbedingung für die Spannung $u_{\mathrm{S}}(0) = 0\,\mathrm{V}$ gilt.
b) Welcher maximale absolute Meßfehler tritt auf, wenn der Umsetzer für den Meßbereichsendwert eine exakte Anzeige liefert? Die Bauelementwerte für den Widerstand R und den Kondensator C betragen $R = 10\,\mathrm{k}\Omega$ und $C = 4{,}7\,\mu\mathrm{F}$.

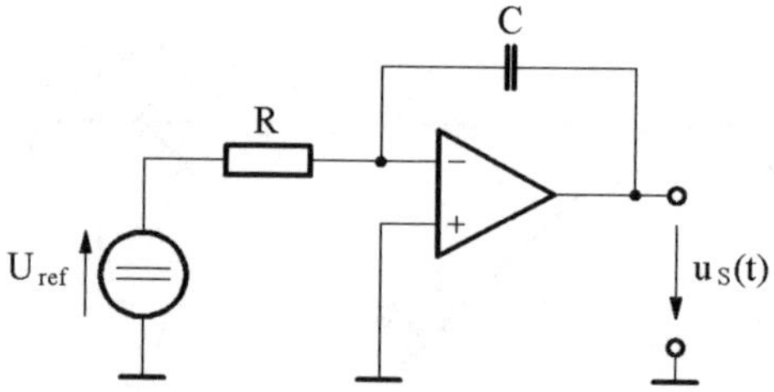

Abb. 10.20. Integrator-Schaltung eines Sägezahngenerators

Lösung:

a) Mit der Differentialgleichung

$$\frac{du_S}{dt}\left(1+\frac{1}{V_0}\right)+u_S\,\frac{1}{V_0RC}=\frac{U_{ref}}{CR} \tag{10.78}$$

und der Anfangsbedingung $u_S(0) = 0$ erhält man folgende Lösung

$$u_S = U_{ref}V_0\left(1-e^{-\lambda t}\right)\text{mit}\lambda=\frac{1}{(1+V_0)RC}\,. \tag{10.79}$$

b) Der maximale absolute Fehler beträgt $-0{,}930\,\text{mV}$.

Aufgabe 10.2: *Dual-Slope-Umsetzer*

Ein Dual-Slope-Umsetzer soll für eine Frequenz von $f_T = 25\,\text{kHz}$ und einen Eingangsspannungsbereich von 0 V bis 10 V dimensioniert werden.

a) Berechnen Sie die Integrationszeit $(t_2 - t_1)_{min}$ so, daß eine der Eingangsspannung u_E überlagerte 50 Hz–Störspannung (reine Wechselspannung) keine Auswirkung auf das Ergebnis der AD-Umsetzung zeigt.
b) Die Eingangsspannung darf mit maximal 1 mA belastet werden. Berechnen Sie den Widerstandswert R_{min} und den zu R_{min} gehörenden Kapazitätswert C_{max} derart, daß für $t_2 - t_1 = (t_2 - t_1)_{min}$ die minimale Ausgangsspannung $u_{Amin} = -8$ V erreicht wird.
c) Berechnen Sie U_{ref} so, daß eine Eingangsspannung von $u_E = 10\,\text{V}$ zu einem Zählerstand von $N_X = 1000$ führt.
d) Wirkt sich eine Veränderung der Werte von R, C und f_T aufgrund von Alterungserscheinungen auf die Genauigkeit aus?

Lösung:

a) Die zur Unterdrückung einer 50 Hz–Spannung geforderte Integrationszeit $(t_2 - t_1)_{min}$ beläuft sich auf

$$(t_2 - t_1)_{\mathrm{min}} = 20\,\mathrm{ms}\,. \tag{10.80}$$

b) Die beiden zu den spezifizierten Werten gehörenden Größen R_{min} und C_{max} betragen $10\,\mathrm{k}\Omega$ bzw. $2{,}5\,\mu\mathrm{F}$.
c) Für $u_{\mathrm{E}} = 10\,\mathrm{V}$ und $N_{\mathrm{X}} = 1000$ berechnet sich die benötigte Referenzspannung U_{ref} zu $5\,\mathrm{V}$.
d) NEIN, da sich alle Größen laut Gl. (10.4) herauskürzen!

10.5 Spannungs-Frequenz-Umsetzer

Beispiel 10.6: *Spannungs-Frequenz-Umsetzer*

Ein Spannungs-Frequenz-Umsetzer soll für folgende Vorgaben dimensioniert werden:

$$\begin{aligned} u_{\mathrm{E}} &= (0\,\mathrm{V} \ldots 5\,\mathrm{V}) \\ f_{\mathrm{X}} &= (0\,\mathrm{kHz} \ldots 10\,\mathrm{kHz}) \\ U_{\mathrm{ref}} &= 5\,\mathrm{V} \end{aligned}$$

a) Die Eingangsspannung u_{E} darf mit maximal 2mA belastet werden. Berechnen Sie den Widerstand R_{min} und den zu R_{min} gehörenden Kapazitätswert C_{max}.
b) Wie groß ist der relative Fehler, wenn $+U_{\mathrm{ref}} = 5{,}1\,\mathrm{V}$ und $-U_{\mathrm{ref}} = -4{,}9\,\mathrm{V}$ betragen?
c) Geben Sie die Bestimmungsgleichung für den relativen Fehler an, wenn die Verzögerungszeiten der Komparatoren (t_{K1} und t_{K2}) und die Verzögerungszeit des Schalters (t_{S}) berücksichtigt werden.
d) Wie groß darf die Summe der Verzögerungszeiten von K_1 und K_2 maximal sein, wenn die Verzögerungszeit des Schalters $t_{\mathrm{S}} = 100\,\mathrm{ns}$ beträgt und der maximale relative Fehler $\leq 1\,\%$ sein soll? Verwenden Sie die unter Punkt a) berechnete Dimensionierung.

Musterlösung:

a) Wird die Eingangsspannung direkt auf den Integrator gegeben, so fließt sowohl ein Strom durch den Eingangswiderstand des Integrators als auch durch den Eingangswiderstand des Invertierers. Da beide Widerstände den Wert R besitzen, ergibt sich ein minimaler Widerstand von

$$R_{\mathrm{min}} = \frac{u_{\mathrm{Emax}}}{\frac{i_{\mathrm{Emax}}}{2}} = 5\,\mathrm{k}\Omega\,. \tag{10.81}$$

Die Spannung u_{A} berechnet sich im Zeitintervall $t_{\mathrm{min}} \leq t \leq t_{\mathrm{max}}$ gemäß dem Signal-Zeitverlauf (Abb. 10.5)

$$u_{\mathrm{A}}(t) = -U_{\mathrm{ref}} + \frac{1}{C}\int_{t_{\mathrm{min}}}^{t} \frac{u_{\mathrm{E}}}{R}\,dt'\,. \tag{10.82}$$

Zum Zeitpunkt $t = t_{\max}$ muß die Ausgangsspannung $u_{\rm A}$ den Wert $+U_{\rm ref}$ erreicht haben. Aus

$$+U_{\rm ref} = -U_{\rm ref} + \frac{u_{\rm E}}{RC}(t_{\max} - t_{\min}) \tag{10.83}$$

berechnet sich das Zeitintervall zu

$$t_{\max} - t_{\min} = 2RC\frac{U_{\rm ref}}{u_{\rm E}} \,. \tag{10.84}$$

Aufgrund der Symmetrie des Spannungsverlaufes ergibt sich die Periodendauer $T_{\rm X}$ aus

$$T_{\rm X} = \frac{1}{f_{\rm X}} = 2(t_{\max} - t_{\min}) = 4RC\frac{U_{\rm ref}}{u_{\rm E}} \,. \tag{10.85}$$

Damit bestimmt sich die Zeitkonstante RC zu

$$RC = \frac{u_{\rm Emax}}{4U_{\rm ref} f_{\rm Xmax}} = 25\,\mu{\rm s}\,, \tag{10.86}$$

und mit dem bereits berechneten Wert $R_{\min}$ erhält man schließlich den Maximalwert $C_{\max}$ der Kapazität

$$C_{\max} = \frac{RC}{R_{\min}} = 5\,{\rm nF}\,. \tag{10.87}$$

b) Da sich die Zeit $T_{\rm X}$ aus Gl. (10.83) gemäß

$$T_{\rm X} = 2RC\frac{+U_{\rm ref} - (-U_{\rm ref})}{u_{\rm E}} \tag{10.88}$$

ergibt, ist sie proportional der Differenz der beiden Referenzspannungen $+U_{\rm ref}$ und $-U_{\rm ref}$. Aufgrund der entgegengesetzten Änderungen dieser beiden Spannungen ist der Fehler gleich Null.

c) Abbildung 10.21 zeigt den genauen Spannungsverlauf unter Berücksichtigung der Verzögerungszeiten der Komparatoren und der des Schalters. Die nun fehlerbehaftete Zeit $T_{\rm Xr}$ berechnet sich zu

$$\begin{aligned} T_{\rm Xr} &= 2t_{\rm S} + t_{\rm K2} + \frac{T_{\rm Xw}}{2} + 2(t_{\rm K1} + t_{\rm S}) + \frac{T_{\rm Xw}}{2} + t_{\rm K2} \\ &= T_{\rm Xw} + 4t_S + 2(t_{\rm K1} + t_{\rm K2})\,. \end{aligned} \tag{10.89}$$

Daraus ergibt sich der relative Frequenzfehler

$$\begin{aligned} f &= \frac{f_{\rm Xr} - f_{\rm Xw}}{f_{\rm Xw}} = \frac{\frac{1}{T_{\rm Xr}} - \frac{1}{T_{\rm Xw}}}{\frac{1}{T_{\rm Xw}}} \\ &= \frac{T_{\rm Xw} - T_{\rm Xr}}{T_{\rm Xr}} = -\frac{4t_{\rm S} + 2(t_{\rm K1} + t_{\rm K2})}{4RC\frac{U_{\rm ref}}{u_{\rm E}} + 4t_{\rm S} + 2(t_{\rm K1} + t_{\rm K2})}\,. \end{aligned} \tag{10.90}$$

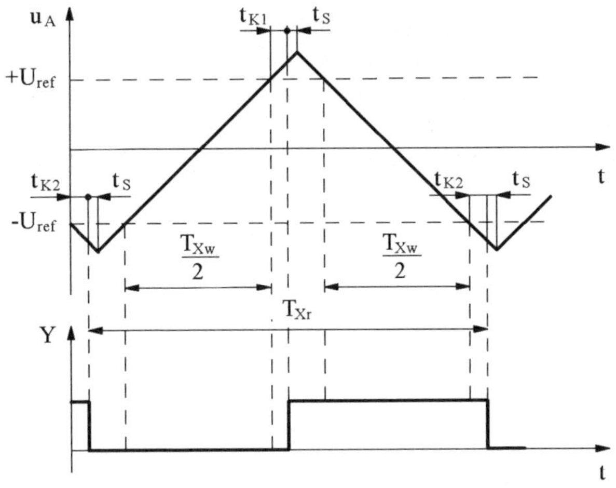

Abb. 10.21. Zeitverlauf bei Berücksichtigung der Verzögerungszeiten

d) Mit der Näherung, daß die Verzögerungszeiten wesentlich kleiner als die wahre Zeit T_{Xw} sind, kann der Term mit den Verzögerungszeiten im Nenner von Gl. (10.90) vernachlässigt werden

$$|f| \approx \frac{4t_{\mathrm{S}} + 2(t_{\mathrm{K1}} + t_{\mathrm{K2}})}{4RC\frac{U_{\mathrm{ref}}}{u_{\mathrm{E}}}} . \tag{10.91}$$

Somit ergibt sich die entsprechend den gestellten Spezifikationen maximal erlaubte Summenverzögerungszeit für die Komparatoren zu

$$(t_{\mathrm{K1}} + t_{\mathrm{K2}})_{\max} = 2\left(|f|_{\max} RC\frac{U_{\mathrm{ref}}}{u_{\mathrm{Emax}}} - t_{\mathrm{S}}\right) = 300\,\mathrm{ns} . \tag{10.92}$$

Aufgabe 10.3: *Delta-Sigma-Umsetzer*

Ein Delta-Sigma-Umsetzer 2. Ordnung kann im Laplace-Bereich durch das

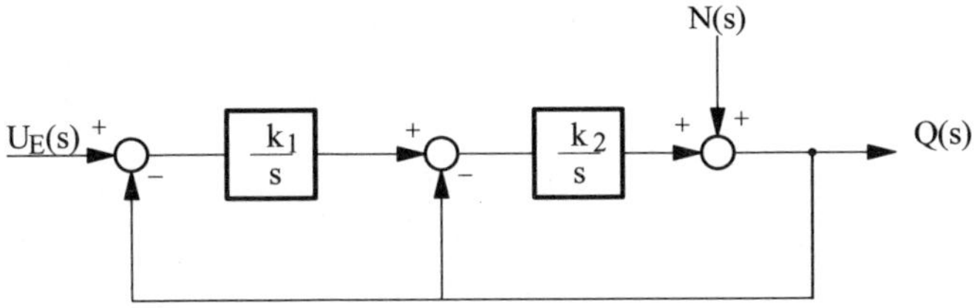

Abb. 10.22. Delta-Sigma-Umsetzer 2. Ordnung

Blockschaltbild in Abb. 10.22 dargestellt werden. Für die Konstanten der Integrierer soll gelten $k_2 = 2k$ und $k_1 = \frac{1}{2}k$.

a) Berechnen Sie die Übertragungsfunktion $G_{Ue}(s)$ zwischen dem Ausgang $Q(s)$ und dem Signaleingang $U_e(s)$.
b) Berechnen Sie die Übertragungsfunktion $G_N(s)$ zwischen dem Ausgang $Q(s)$ und dem Quantisierungsrauschen $N(s)$.
c) Worin besteht der Vorteil gegenüber einem Umsetzer 1. Ordnung?

Lösung

a)

$$G_{Ue}(s) = \frac{k^2}{(s+k)^2} \tag{10.93}$$

b)

$$G_N(s) = \frac{s^2}{(s+k)^2} \tag{10.94}$$

c) Durch die doppelte Polstelle wird das niederfrequente Rauschen noch stärker gedämpft (Noise shaping).

11

Messung von Frequenz und Zeit

11.1 Phasenwinkelmessung

Das Prinzip der Phasenwinkelmessung (eigentlich handelt es sich um die Messung einer Phasenwinkeldifferenz zwischen zwei periodischen und gleichfrequenten Signalen) beruht auf der Messung des Zeitintervalls, das durch gleichsinnige Nulldurchgänge der beiden zu vergleichenden Eingangswechselgrößen definiert wird. Diese Nulldurchgänge werden zum Öffnen bzw. Schließen eines zeitlichen Tores genutzt (Abb. 11.1), dessen Torzeit mit Hilfe einer Digitalschaltung gemessen wird.

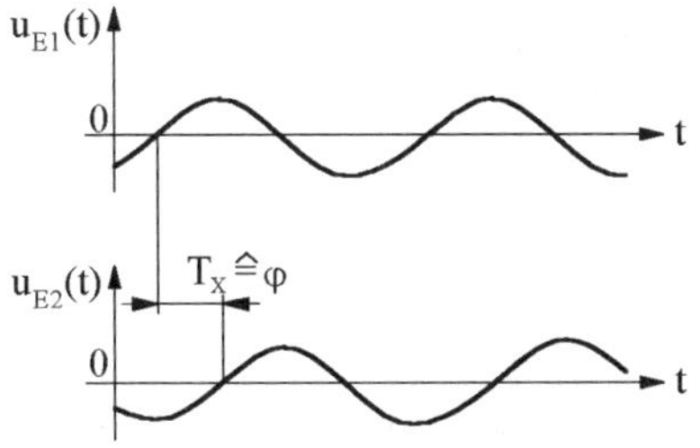

Abb. 11.1. Digitale Phasenwinkelmessung zweier gleichfrequenter Wechselspannungen

Während der Torzeit T_X werden die von einem frequenzstabilen Generator mit der Frequenz f_{ref} kommenden Pulse in einem Zähler aufsummiert. Der Zählerstand N_X ist nach dem Schließen des Tores somit proportional zur Torzeit T_X

$$N_X = \frac{T_X}{T_{ref}} = T_X f_{ref} \tag{11.1}$$

und kann bei bekannter Signalfrequenz f_s zur Berechnung der Phasenverschiebung

$$\varphi_X = \omega_s T_X = N_X \frac{2\pi f_s}{f_{ref}} \tag{11.2}$$

genutzt werden.

11.2 Zeit- und Frequenz-Spannungs-Umsetzer

Zeit-Spannungs-Umsetzer

Der Zeit-Spannungs-Umsetzer wird zur Umsetzung eines *pulsdauermodulierten Signals* in eine zur Pulsdauer proportionale Spannung verwendet. Das Funktionsprinzip beruht darauf, daß der zeitliche Mittelwert des pulsdauermodulierten Signals mit der konstanten Taktfrequenz f_0 und der konstanten Amplitude u_0 proportional zur Pulsdauer T_X ist

$$u_A = \overline{u}_E = \frac{1}{T_0} \int_0^{T_0} u_E \, dt = \frac{1}{T_0} \int_0^{T_X} u_0 \, dt = u_0 \frac{T_X}{T_0} . \tag{11.3}$$

Die Mittelwertbildung kann im einfachsten Fall durch einen RC-Tiefpaß erfolgen (Abb. 11.2), wobei hier ein Kompromiß zwischen der verbleibenden Restwelligkeit, welche das Auflösungsvermögen begrenzt, und der zeitlichen Dynamik, d. h. der Geschwindigkeit beim Einstellen auf neue Werte, zu schließen ist.

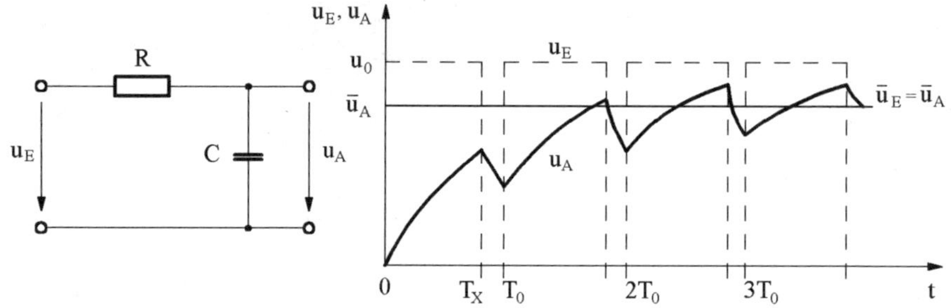

Abb. 11.2. RC-Tiefpaß als einfacher Zeit-Spannungs-Umsetzer

Frequenz-Spannungs-Umsetzer

Um *frequenzmodulierte Signale* in eine zur Frequenz proportionale Spannung umformen zu können, wird ein Frequenz-Spannungs-Umsetzer eingesetzt. Der zeitliche Mittelwert $\overline{u}_{AM}$ einer Pulsfolge der Frequenz f_X mit konstanter Pulsdauer T_0 und konstanter Amplitude u_0

$$u_\mathrm{A} = \overline{u}_\mathrm{AM} = \frac{1}{T_\mathrm{X}} \int_0^{T_\mathrm{X}} u_\mathrm{AM}\, dt = \frac{1}{T_\mathrm{X}} \int_0^{T_0} u_0\, dt = u_0 T_0 f_\mathrm{X} \tag{11.4}$$

ist somit proportional zur Frequenz f_X. Basierend auf dieser Tatsache bietet sich die in Abb. 11.3 gezeigte Realisierungsmöglichkeit mit Hilfe einer *monostabilen Kippstufe* an. Die monostabile Kippstufe stellt einen Impuls konstanter Dauer und Amplitude zur Verfügung und wird entsprechend Gl. (11.4) durch die Eingangsspannung mit der Frequenz f_X getriggert. Die Mittelwertbildung erfolgt wiederum durch einen RC-Tiefpaß.

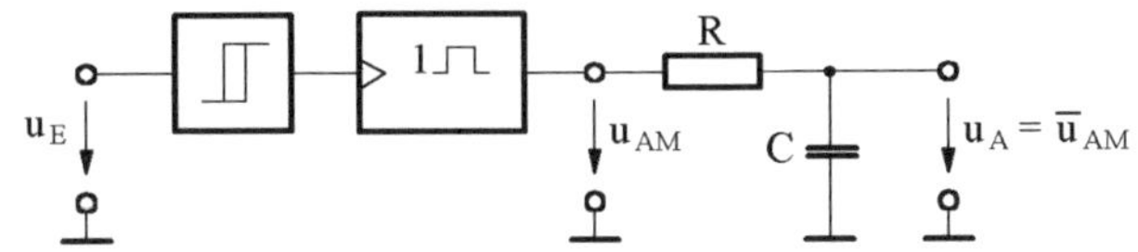

Abb. 11.3. Frequenz-Spannungs-Umsetzer

11.3 Grundlagen der Oszillatoren

Harmonische Oszillatoren

Harmonische Oszillatoren werden zur Erzeugung von sinusförmigen Spannungen eingesetzt und basieren auf der Verwendung von linearen Schaltungselementen. Sie bestehen aus einem Verstärker mit der komplexen Verstärkung $\underline{V}(\omega)$ und aus einem Rückkopplungsnetzwerk mit der Übertragungsfunktion $\underline{K}(\omega)$ (Abb. 11.4). Die Gesamtübertragungsfunktion $\underline{G}(\omega)$ ergibt sich entsprechend Abb. 11.4 aus

$$\underline{U}_\mathrm{A} = (\underline{U}_\mathrm{E} + \underline{K}\,\underline{U}_\mathrm{A})\underline{V} \tag{11.5}$$

zu

$$\underline{G}(\omega) = \frac{\underline{U}_\mathrm{A}}{\underline{U}_\mathrm{E}} = \frac{\underline{V}}{1 - \underline{V}\,\underline{K}}\,. \tag{11.6}$$

Die Schwingbedingung erhält man nun aus der Überlegung, daß sich für ein

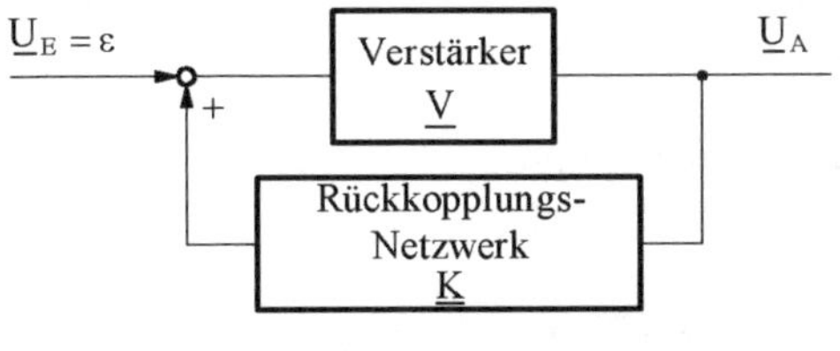

Abb. 11.4. Prinzip einer Oszillatoranordnung

verschwindendes Eingangssignal ($\underline{U}_{\mathrm{E}} \to 0$) eine harmonische Ausgangsspannung $\underline{U}_{\mathrm{A}}$ einstellen soll. Dies ist laut Gl. (11.6) nur dann möglich, wenn $\underline{G}(\omega)$ eine Polstelle hat, also

$$\underline{V}\,\underline{K} = 1 \tag{11.7}$$

gilt. Diese Bedingung kann entsprechend den Gln. (7.19) und (7.20) in eine *Amplitudenbedingung*

$$|\underline{V}| = \frac{1}{|\underline{K}|} \tag{11.8}$$

und in eine *Phasenbedingung* aufgespaltet werden

$$\varphi_{\underline{\mathrm{V}}} + \varphi_{\underline{\mathrm{K}}} = 2\pi k\,, \tag{11.9}$$

wobei k eine ganze Zahl ist.

Relaxations-Oszillatoren

Relaxations-Oszillatoren werden zur Erzeugung von Dreieck- und Rechtecksignalfolgen eingesetzt. Ihr Funktionsprinzip basiert auf einem nicht-linearen Schaltungselement, wie z. B. einem Schmitt-Trigger mit Hysterese. Dabei finden die in Kap. 7.3 besprochenen Lade- und Entladevorgänge statt, wobei die beiden Spannungsschwellen in alternierender Reihenfolge durch das nichtlineare Schaltungselement vorgegeben werden. Dies führt schließlich zu einer periodischen Dreieck- oder Rechteckschwingung.

11.4 Zeit- und Frequenzmessung

Beispiel 11.1: *Analyse einer Meßschaltung*

Abbildung 11.5 zeigt eine Meßschaltung, die für zwei sinusförmige Eingangsspannungen u_{E1} und u_{E2} mit der Frequenz f_{s} und einer Phasenverschiebung φ zu analysieren ist.

a) Stellen Sie eine Wahrheitstabelle für die Signale Q, A und B auf. Leiten Sie aus der Wahrheitstabelle den Zusammenhang zwischen Q, A und B her. Durch welches einzelne Standard-Gatter könnte der aus NOR-Gattern aufgebaute Schaltungsteil ersetzt werden?
b) Skizzieren Sie den zeitlichen Verlauf von u_{E1}, u_{E2} und Q für eine von Ihnen gewählte Phasenverschiebung φ.
c) Berechnen und zeichnen Sie $U_{\mathrm{A}} = f(\varphi)$ für $-\pi \le \varphi \le \pi$ und $RC \gg 1/f_{\mathrm{s}}$. Nehmen Sie für Ihre Berechnungen an, daß die Gatter an ihren Ausgängen die Betriebsspannungsgrenzen (U_{B} und Masse) erreichen.

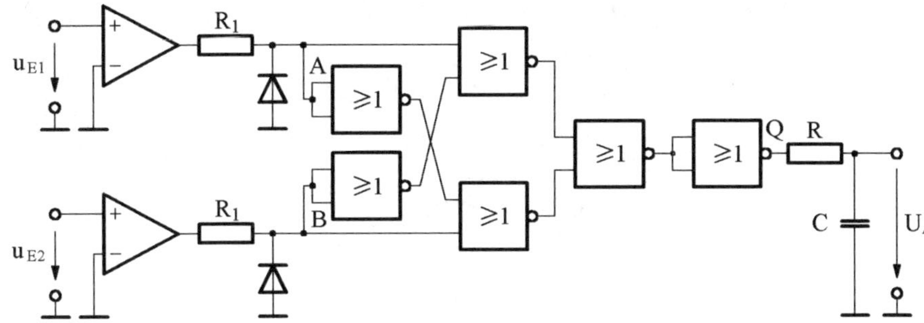

Abb. 11.5. Zu analysierende Meßschaltung

Musterlösung:

a) Aus der Wahrheitstabelle (Tabelle 11.1) erkennt man, daß der logische Zusammenhang zwischen den Signalen A, B und Q durch ein EXOR-Gatter erfüllt werden kann. Diesen Zusammenhang erhält man auch durch Aufstellen

Tabelle 11.1. Logischer Zusammenhang zwischen den Signalen A, B und Q

A	B	Q
0	0	0
1	0	1
0	1	1
1	1	0

der logischen Funktion für Q entsprechend der Schaltung in Abb. 11.5 und sukzessiver Anwendung des *Morganschen Gesetzes*

$$Q = \overline{\overline{\overline{\overline{A}+B}+\overline{A+\overline{B}}}} = \overline{\overline{A}+B}+\overline{A+\overline{B}} = A\cdot\overline{B}+\overline{A}\cdot B\,. \tag{11.10}$$

b) Abbildung 11.6 zeigt die Zeitverläufe der Spannungen u_{E1}, u_{E2} und Q für eine Phasenverschiebung φ.

c) Die Ausgangsspannung U_{A} berechnet sich aus dem zeitlichen Mittelwert von Q unter Verwendung der in Abb. 11.6 angegebenen Bezeichnungen zu

$$U_{\mathrm{A}} = \frac{1}{T_{\mathrm{s}}}\int\limits_0^{T_{\mathrm{s}}} Q(t)\,dt = \frac{1}{T_{\mathrm{s}}}\left(\int\limits_{t_1}^{t_1+\frac{|\varphi|}{2\pi f_{\mathrm{s}}}} U_{\mathrm{B}}\,dt + \int\limits_{t_2}^{t_2+\frac{|\varphi|}{2\pi f_{\mathrm{s}}}} U_{\mathrm{B}}\,dt\right)$$

$$= \frac{1}{T_{\mathrm{s}}}\left(2U_{\mathrm{B}}\,\frac{|\varphi|}{2\pi}T_{\mathrm{s}}\right) = U_{\mathrm{B}}\,\frac{|\varphi|}{\pi}\,. \tag{11.11}$$

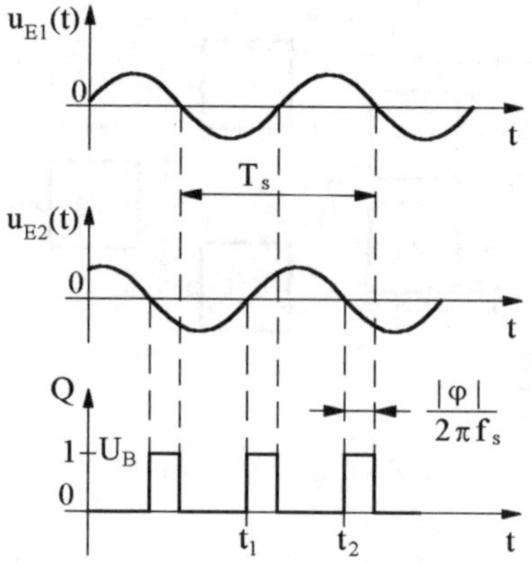

Abb. 11.6. Zeitverläufe der Spannungen u_{E1}, u_{E2} und Q

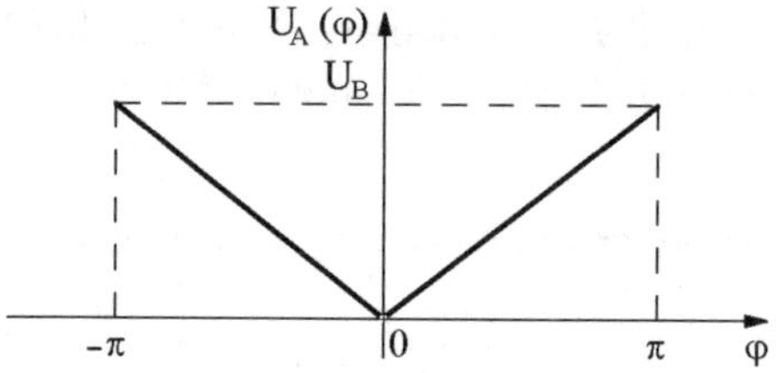

Abb. 11.7. Verlauf der Ausgangsspannung $U_A(\varphi)$

In Abbildung 11.7 wird der Verlauf von U_A über dem Phasenverschiebungswinkel φ dargestellt.

Wie man diesem Diagramm entnehmen kann, ist die Ausgangsspannung U_A proportional zum Betrag der Phasenverschiebung zwischen den beiden gleichfrequenten Eingangsspannungen (u_{E1} und u_{E2}) und kann daher zur Phasenmessung eingesetzt werden.

Beispiel 11.2: *Zeit-Spannungs-Umsetzer*

Es wird die in Abb. 11.8 gezeigte Spannung mit $u_0 = 5\,\text{V}$, $T_X = (0\,\text{ms} \ldots 1\,\text{ms})$ und $T_0 = 1\,\text{ms}$ an einen RC-Tiefpaß gelegt.

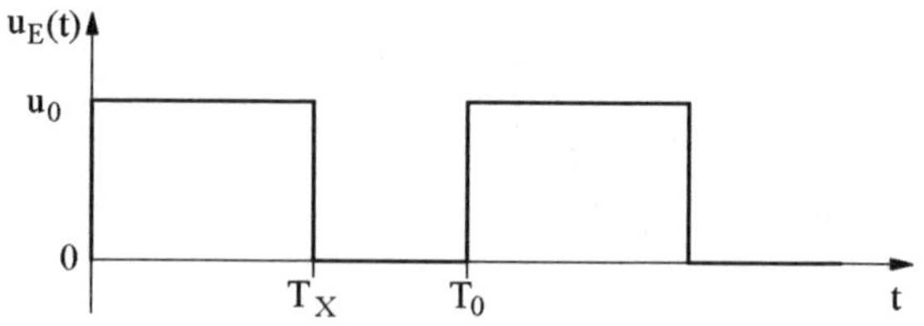

Abb. 11.8. Verlauf der Eingangsspannung

Die Ausgangsspannung u_A wird mittels eines 8-Bit Analog-Digital-Umsetzers digitalisiert, der einen Eingangsspannungsbereich von $U_{EADC} = (0\,V \ldots 5\,V)$ aufweist. Abbildung 11.9 zeigt den RC-Tiefpaß und den zeitlichen Verlauf der Ausgangsspannung u_A.

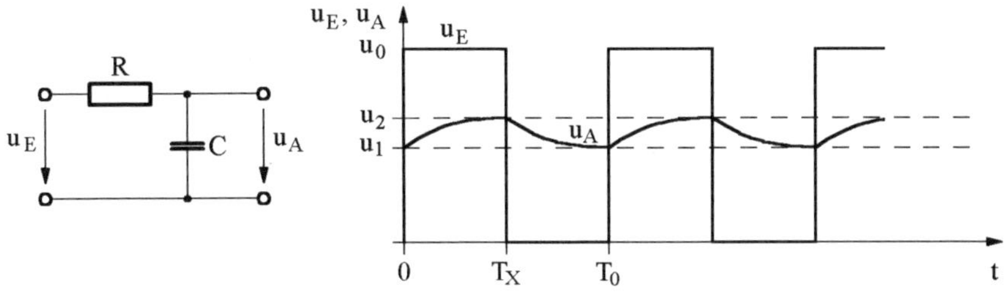

Abb. 11.9. Schaltung des RC-Tiefpasses und Zeitverlauf von u_A

Wie muß die Zeitkonstante $\tau = RC$ des Tiefpasses gewählt werden, damit die maximale Welligkeit Δu der Ausgangsspannung die Bedingung $\Delta u = u_2 - u_1 \leq U_{LSB}$ erfüllt.

Musterlösung:

Der Kondensator C wird für $u_E = u_0$ entsprechend

$$u_A(t) = u_0 + (u_1 - u_0)\, e^{-\frac{t}{RC}} \text{für} 0 \leq t \leq T_X \tag{11.12}$$

aufgeladen (Gl. (10.7)) und hat zum Zeitpunkt $t = T_X$ die Spannung

$$u_A(T_X) = u_2 = u_0(1 - e^{-\frac{T_X}{RC}}) + u_1 e^{-\frac{T_X}{RC}} \,. \tag{11.13}$$

Zu diesem Zeitpunkt nimmt die Eingangsspannung den Wert Null an ($u_E = 0$) und der Kondensator entlädt sich entsprechend

$$u_A(t) = u_2\, e^{-\frac{t - T_X}{RC}} \text{für} T_X \leq t \leq T_0 \,. \tag{11.14}$$

Damit wird zum Zeitpunkt $t = T_0$ die Spannung

$$u_A(T_0) = u_1 = u_2 e^{-\frac{T_0 - T_X}{RC}} \tag{11.15}$$

erreicht. Durch Einsetzen von Gl. (11.15) in Gl. (11.13)

$$\begin{aligned} u_2 &= u_0(1 - e^{-\frac{T_X}{RC}}) + u_2 e^{-\frac{T_0 - T_X}{RC}} e^{-\frac{T_X}{RC}} \\ &= u_0(1 - e^{-\frac{T_X}{RC}}) + u_2 e^{-\frac{T_0}{RC}} \end{aligned} \tag{11.16}$$

erhält man die Bestimmungsgleichung für u_2

$$u_2 = u_0 \frac{1 - e^{-\frac{T_X}{RC}}}{1 - e^{-\frac{T_0}{RC}}}. \tag{11.17}$$

Aus dem Zusammenhang

$$\Delta u = u_2 - u_1 = u_2 \left(1 - \frac{u_1}{u_2}\right) \tag{11.18}$$

folgt mit den Gln. (11.17) und (11.15) für die Spannung Δu

$$\begin{aligned} \Delta u &= u_0 \frac{1 - e^{-\frac{T_X}{RC}}}{1 - e^{-\frac{T_0}{RC}}} \left(1 - e^{-\frac{T_0 - T_X}{RC}}\right) \\ &= u_0 \frac{1 - e^{-\frac{T_X}{RC}} - e^{-\frac{T_0 - T_X}{RC}} + e^{-\frac{T_0}{RC}}}{1 - e^{-\frac{T_0}{RC}}}. \end{aligned} \tag{11.19}$$

Die folgende Diskussion des durch Gl. (11.19) beschriebenen Funktionsverlaufes

$$T_X = 0 \Longrightarrow \Delta u = 0 \tag{11.20}$$

$$T_X = T_0 \Longrightarrow \Delta u = 0 \tag{11.21}$$

$$0 < T_X < T \Longrightarrow \Delta u > 0 \tag{11.22}$$

ergibt, daß im Zeitintervall $0 < T_X < T_0$ mindestens ein relatives Maximum von Δu vorhanden sein muß. Durch Ableiten der die Welligkeit beschreibenden Funktion nach T_X

$$\frac{d\Delta u}{dT_X} = u_0 \frac{-e^{-\frac{T_X}{RC}}\left(-\frac{1}{RC}\right) - e^{-\frac{T_0 - T_X}{RC}} \frac{1}{RC}}{1 - e^{-\frac{T_0}{RC}}} = 0 \tag{11.23}$$

erhält man aus

$$e^{-\frac{T_X}{RC}} = e^{-\frac{T_0 - T_X}{RC}} \tag{11.24}$$

jene Impulsdauer, bei der die maximale Welligkeit $\Delta u_{\max}$ auftritt

$$T_X = \frac{T_0}{2}. \tag{11.25}$$

Daraus berechnet sich $\Delta u_{\max}$ zu

$$\Delta u_{\max} = u_0 \frac{1 - 2e^{-\frac{T_0}{2RC}} + e^{-\frac{T_0}{RC}}}{1 - e^{-\frac{T_0}{RC}}}. \tag{11.26}$$

Dieser Zusammenhang liefert mit den Umformungen

$$\frac{\Delta u_{\max}}{u_0} - \frac{\Delta u_{\max}}{u_0} e^{-\frac{T_0}{RC}} = 1 - 2e^{-\frac{T_0}{2RC}} + e^{-\frac{T_0}{RC}} \tag{11.27}$$

und

$$e^{-\frac{T_0}{RC}}\left(1+\frac{\Delta u_{\max}}{u_0}\right)-2e^{-\frac{T_0}{2RC}}+1-\frac{\Delta u_{\max}}{u_0}=0 \tag{11.28}$$

bei Verwendung der Abkürzung $v = e^{-\frac{T_0}{2RC}}$ folgende quadratische Gleichung

$$v^2 - v\frac{2}{1+\frac{\Delta u_{\max}}{u_0}} + \frac{1-\frac{\Delta u_{\max}}{u_0}}{1+\frac{\Delta u_{\max}}{u_0}} = 0\,. \tag{11.29}$$

Entsprechend der Aufgabenstellung berechnen sich mit $\Delta u_{\max}$

$$\Delta u_{\max} = U_{\mathrm{LSB}} = \frac{u_{\mathrm{EADCmax}}}{2^8-1} = \frac{u_0}{255} \Longrightarrow \qquad \frac{\Delta u_{\max}}{u_0} = \frac{1}{255} \tag{11.30}$$

die Lösungen der quadratischen Gleichung zu

$$v_1 = 1 \text{und} \qquad v_2 = 0,9922\,. \tag{11.31}$$

Mit $RC = T_0/(2\ln\frac{1}{v})$ ergeben sich durch Einsetzen der beiden Lösungen die folgenden Zeitkonstanten

$$RC(v_1) = \infty \text{und} \qquad RC(v_2) = 63,9\,\mathrm{ms}\,, \tag{11.32}$$

wobei natürlich nur $RC = 63,9\,\mathrm{ms}$ eine physikalisch sinnvolle Lösung darstellt.

Beispiel 11.3: *Frequenz-Spannungs-Umsetzer*

Für einen Frequenz-Spannungs-Umsetzer soll eine monostabile Kippstufe dimensioniert werden. Zur Realisierung dieser monostabilen Kippstufe wird der Timerbaustein IC 555 verwendet (Abb. 11.10).
Der Frequenz-Spannungs-Umsetzer soll folgende Daten aufweisen:

Eingangsfrequenz:	$f_{\mathrm{E}} = (0\,\mathrm{kHz} \ldots 1\,\mathrm{kHz})$
Ausgangsspannung ($R_{\mathrm{A}}C_{\mathrm{A}} \gg 1/2\pi f_{\mathrm{E}}$):	$u_{\mathrm{ATP}} = (0\,\mathrm{V} \ldots 5\,\mathrm{V})$
Versorgungsspannung:	$U_{\mathrm{B}} = 10\,\mathrm{V}$

Die Eingangsspannung u_{E} mit der Frequenz f_{E} hat den in Abb. 11.11 angegebenen zeitlichen Verlauf.

a) Erläutern Sie die Funktionsweise des Timers unter Zuhilfenahme der in Abb. 11.12 vorgegebenen Zeitverläufe der Spannung u_{E} und des Reset-Signals $\overline{RES}$. Nehmen Sie dabei an, daß $\overline{RES}$ nicht, wie in Abb. 11.10 eingezeichnet, an dem konstanten Betriebsspannungspotential U_{B} liegt, sondern den in Abb. 11.12 dargestellten Zeitverlauf aufweist. Skizzieren Sie für Ihre weiteren Überlegungen die Zeitverläufe von u_{E}, u_{C}, $\overline{S}$, $\overline{R}$ und u_{A555}. Nehmen Sie für alle Ihre Berechnungen an, daß u_{A555} die Betriebsspannungsgrenzen (U_{B} und Masse) erreicht.
b) Berechnen Sie den Wert des Kondensators C für die angegebenen Daten und $R = 10\,\mathrm{k}\Omega$.

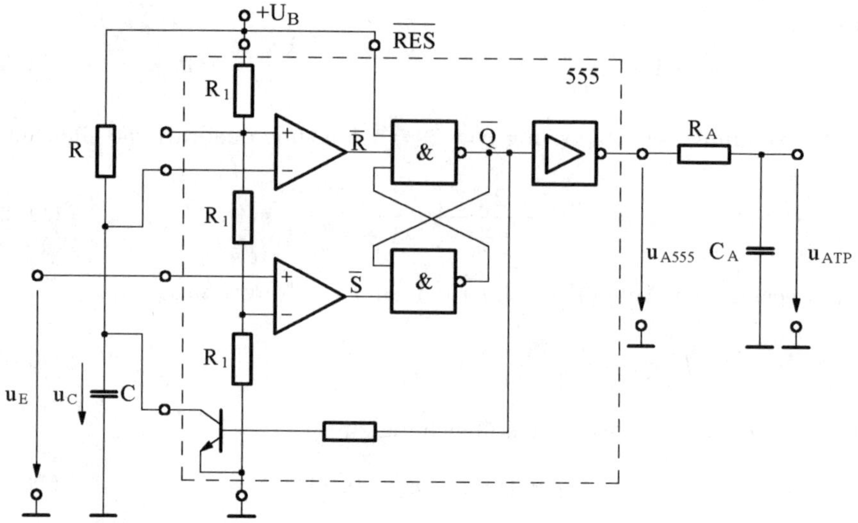

Abb. 11.10. Schaltung der monostabilen Kippstufe mit Timerbaustein IC 555

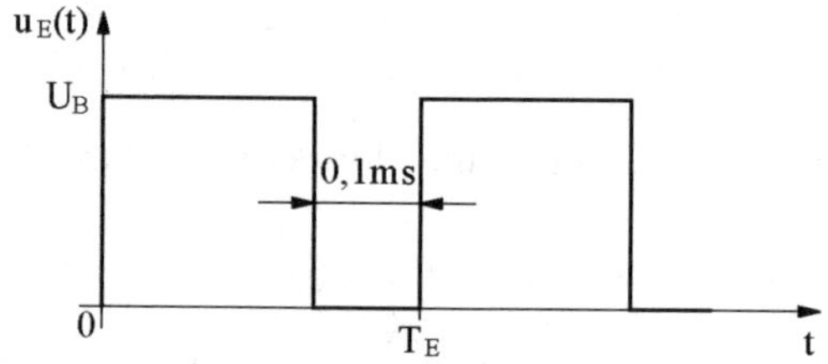

Abb. 11.11. Zeitverlauf der Eingangsspannung u_{E}

c) Zeichnen Sie den Spannungsverlauf $u_{\mathrm{A555}}(t)$ für $f_{\mathrm{E}} = 3\,\mathrm{kHz}$ und die in Punkt b) ermittelte Dimensionierung. Berechnen Sie daraus u_{A}.

d) Wie groß ist der maximale relative Fehler von u_{A}, wenn die Widerstände R_1 eine Toleranz von 1% haben?

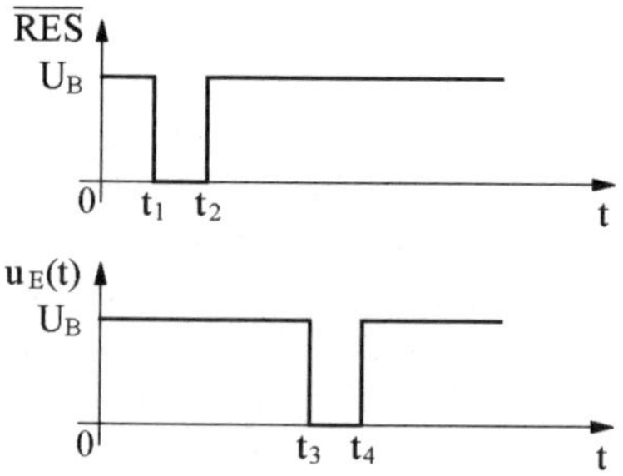

Abb. 11.12. Vorgegebener Zeitverlauf von $\overline{RES}$ und u_{E}

Musterlösung:

a) Abbildung 11.13 zeigt die Zeitverläufe aller zum Verständnis der Schaltungsfunktion benötigten Signale. Es ergibt sich folgender Ablauf:

- Zum Zeitpunkt t_1 wird der Timer über den $\overline{RES}$-Eingang in einen definierten Zustand gebracht ($\overline{Q} = 1$).
- Zum Zeitpunkt t_3 wird das RS-Flip-Flop über die Eingangsspannung u_E gesetzt ($\overline{Q} = 0$ und $U_\mathrm{A555} = U_\mathrm{B}$). Da der Entladetransistor nun sperrt, beginnt sich der Kondensator C über den Widerstand R aufzuladen.
- Da die Kondensatorspannung u_C zum Zeitpunkt t_5 den Wert $2/3\,U_\mathrm{B}$ erreicht (dieser Wert wird durch den mit den drei Widerständen R_1 aufgebauten Spannungsteiler vorgegeben), wird das RS-Flip-Flop über einen Komparator zurückgesetzt ($\overline{Q} = 1$). Somit wird die Ausgangsspannung $U_\mathrm{A555} = 0\,\mathrm{V}$ und der Kondensator C wird über den Transistor in sehr kurzer Zeit entladen. Die Schaltung befindet sich nun im Ruhezustand, bis der nächste Triggerimpuls am Eingang einen neuen Ausgangsimpuls auslöst.

b) Unter Verwendung von Gl. (11.4) und den angegebenen Zahlenwerten berechnet sich die benötigte Impulsdauer zu

$$T_0 = \frac{u_\mathrm{Amax}}{U_\mathrm{B} f_\mathrm{Emax}} = 0{,}5\,\mathrm{ms}\,. \tag{11.33}$$

Da die Impulsdauer T_0 gemäß Abb. 11.13 der Zeit entspricht, die zum Aufladen des Kondensators von 0 V auf $2/3\,U_\mathrm{B}$ notwendig ist, ergibt sich mit Gl. (7.14) die erforderliche Kapazität zu

$$T_0 = RC \ln \frac{1}{1 - \frac{\frac{2}{3} U_\mathrm{B}}{U_\mathrm{B}}} \quad\Longrightarrow\quad C = \frac{T_0}{R \ln 3} = 45{,}5\,\mathrm{nF}\,. \tag{11.34}$$

c) Aus der Funktionsweise der monostabilen Kippstufe geht hervor, daß sie nicht nachtriggerbar ist und es ergeben sich daher die in Abb. 11.14 dargestellten Spannungsverläufe.
Die Ausgangsspannung u_A berechnet sich zu

$$u_\mathrm{A} = U_\mathrm{B} \frac{T_0}{\frac{2}{f_\mathrm{E}}} = 7{,}5\,\mathrm{V}\,. \tag{11.35}$$

d) Wenn die toleranzbehafteten Widerstände mit R_{11}, R_{12} und R_{13} bezeichnet werden, läßt sich aus Gl. (7.14) mit

$$U_\mathrm{1auf} = 0\,\mathrm{V} \text{und} \qquad U_\mathrm{2auf} = U_\mathrm{B} \frac{R_{12} + R_{13}}{R_{11} + R_{12} + R_{13}} \tag{11.36}$$

die Impulsdauer T_0 berechnen

$$T_0 = RC \ln \left(\frac{R_{11} + R_{12} + R_{13}}{R_{11}} \right)\,. \tag{11.37}$$

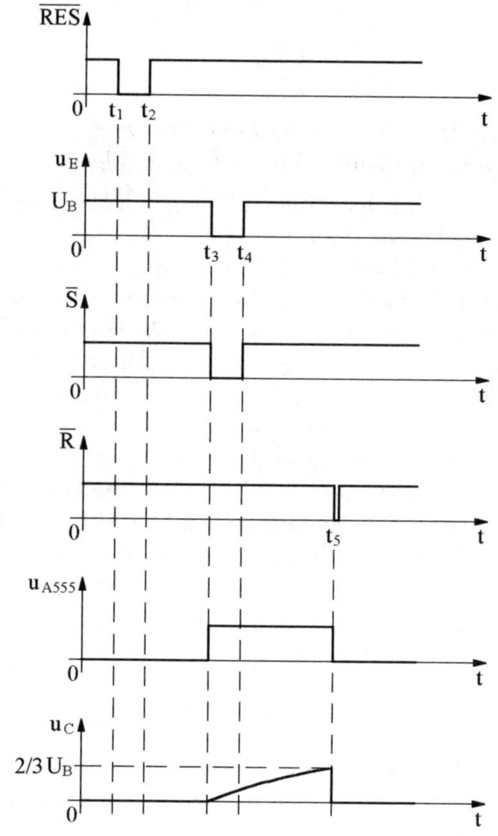

Abb. 11.13. Zeitverläufe aller für die Funktion der Spannungs-Frequenz-Umsetzer-Schaltung relevanten Signale

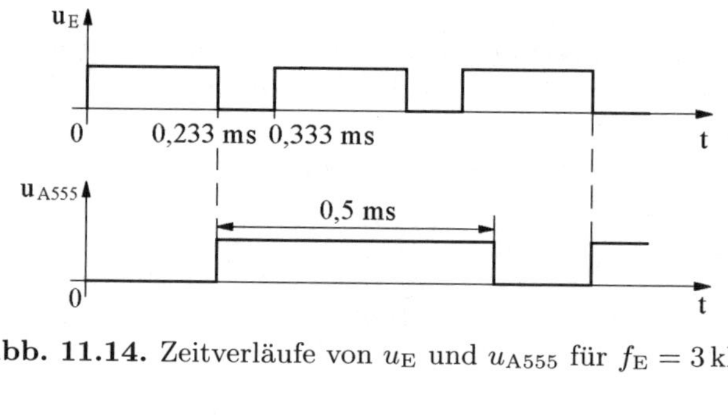

Abb. 11.14. Zeitverläufe von u_E und u_A555 für $f_\mathrm{E} = 3\,\mathrm{kHz}$

Der maximale relative Fehler von u_A berechnet sich unter Verwendung von Gl. (11.4)

$$du_A = u_0 f_X \, dT_0 \Longrightarrow \qquad f_{uA} = f_{T0} \tag{11.38}$$

mit den partiellen Ableitungen nach den Widerständen

$$\frac{\partial T_0}{\partial R_{11}} = RC \frac{R_{11}}{R_{11} + R_{12} + R_{13}} \, \frac{R_{11} - (R_{11} + R_{12} + R_{13})}{R_{11}^2}$$

$$= -RC \, \frac{R_{12} + R_{13}}{(R_{11} + R_{12} + R_{13})R_{11}} \, , \tag{11.39}$$

$$\frac{\partial T_0}{\partial R_{12}} = RC \, \frac{1}{R_{11} + R_{12} + R_{13}} \, , \tag{11.40}$$

$$\frac{\partial T_0}{\partial R_{13}} = RC \, \frac{1}{R_{11} + R_{12} + R_{13}} \tag{11.41}$$

aus dem totalen Differential

$$dT_0 = \frac{\partial T_0}{\partial R_{11}} R_{11} \, \frac{dR_{11}}{R_{11}} + \frac{\partial T_0}{\partial R_{12}} R_{12} \, \frac{dR_{12}}{R_{12}} + \frac{\partial T_0}{\partial R_{13}} R_{13} \, \frac{dR_{13}}{R_{13}}$$

$$= RC \left(-\frac{2}{3} \, f_{R11} + \frac{1}{3} \, f_{R12} + \frac{1}{3} \, f_{R13} \right) \tag{11.42}$$

zu

$$|f_{uA}|_{max} = \frac{|dT_0|_{max}}{T_0} = \frac{RC \left(\frac{2}{3} \, |f_{R11}|_{max} + \frac{1}{3} \, |f_{R12}|_{max} + \frac{1}{3} \, |f_{R13}|_{max} \right)}{RC \ln 3}$$

$$= 1{,}21\,\% \, . \tag{11.43}$$

11.5 Oszillatoren

Beispiel 11.4: *Harmonischer LC-Oszillator*

Abbildung 11.15 zeigt die Schaltung eines mit einem Operationsverstärker aufgebauten harmonischen LC-Oszillators.

a) Stellen Sie die Differentialgleichung für $u_A(t)$ auf und lösen Sie diese unter der Voraussetzung, daß der Oszillator harmonisch schwingen soll, wenn folgende Anfangsbedingungen gegeben sind: $i_L(0) = 0\,\text{mA}$ und $u_C(0) = U_{C0}$.
b) Berechnen Sie C und R_1/R_2 für eine Schwingfrequenz von $f_s = 1\,\text{MHz}$, wenn $R_L = 1\,\Omega$, $L = 10\,\mu\text{H}$ und $R_3 = 10\,\text{k}\Omega$ gegeben sind.

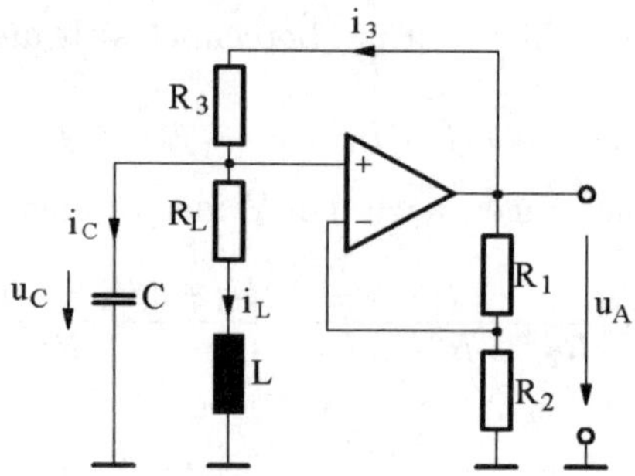

Abb. 11.15. Schaltung des LC-Oszillators

Musterlösung:

a) Mit dem Verstärkungsgrad eines nicht-invertierenden Verstärkers ergeben sich entsprechend den eingezeichneten Bezugspfeilen folgende Ausgangsgleichungen zur Berechnung der Oszillatorausgangsspannung u_A

$$i_\mathrm{L} = i_3 - i_\mathrm{C} = \frac{u_\mathrm{A} - u_\mathrm{C}}{R_3} - C\,\frac{du_\mathrm{C}}{dt} \tag{11.44}$$

$$u_\mathrm{C} = i_\mathrm{L} R_\mathrm{L} + L\,\frac{di_\mathrm{L}}{dt} \tag{11.45}$$

$$u_\mathrm{A} = \left(1 + \frac{R_1}{R_2}\right) u_\mathrm{C} = V u_\mathrm{C}\,. \tag{11.46}$$

Durch Einsetzen von Gl. (11.44) in Gl. (11.45)

$$u_\mathrm{C} = R_\mathrm{L}\,\frac{u_\mathrm{A} - u_\mathrm{C}}{R_3} - R_\mathrm{L} C\,\frac{du_\mathrm{C}}{dt} + \frac{L}{R_3}\left(\frac{du_\mathrm{A}}{dt} - \frac{du_\mathrm{C}}{dt}\right) - LC\,\frac{d^2u_\mathrm{C}}{dt^2} \tag{11.47}$$

erhält man mit Gl. (11.46) die Bestimmungsgleichung für u_A

$$\frac{u_\mathrm{A}}{V} = \frac{R_\mathrm{L}(V-1)}{R_3 V}\,u_\mathrm{A} - \left(\frac{CR_\mathrm{L}}{V} + \frac{L(1-V)}{VR_3}\right)\frac{du_\mathrm{A}}{dt} - \frac{LC}{V}\,\frac{d^2u_\mathrm{A}}{dt^2}\,. \tag{11.48}$$

Faßt man nun die einzelnen Terme zusammen

$$\frac{LC}{V}\,\frac{d^2u_\mathrm{A}}{dt^2} + \frac{CR_\mathrm{L}R_3 - L(V-1)}{R_3 V}\,\frac{du_\mathrm{A}}{dt} + \frac{R_3 - R_\mathrm{L}(V-1)}{R_3 V}\,u_\mathrm{A} = 0\,, \tag{11.49}$$

so führt dies zu folgender homogenen Differentialgleichung

$$\frac{d^2u_\mathrm{A}}{dt^2} + \underbrace{\frac{CR_\mathrm{L}R_3 - L(V-1)}{R_3 LC}}_{K_1}\,\frac{du_\mathrm{A}}{dt} + \underbrace{\frac{R_3 - R_\mathrm{L}(V-1)}{R_3 LC}}_{K_2}\,u_\mathrm{A} = 0\,. \tag{11.50}$$

Mit dem Lösungsansatz $u_\mathrm{A}(t) = Ke^{\lambda t}$ erhält man aus der sich ergebenden charakteristischen Gleichung

$$\lambda^2 + K_1\lambda + K_2 = 0 \tag{11.51}$$

folgende Lösungen für λ

$$\lambda_{1,2} = -\frac{K_1}{2} \pm \sqrt{\left(\frac{K_1}{2}\right)^2 - K_2}\,. \tag{11.52}$$

Für den Fall einer harmonischen Schwingung müssen $\lambda_{1,2}$ rein imaginär sein, also muß

$$K_1 = 0 \text{und} \qquad K_2 > 0 \tag{11.53}$$

gelten. Mit $\lambda_{1,2} = \pm j\,\omega_0 = \pm j\sqrt{K_2}$ hat die allgemeine Lösung die Form [3]

$$u_\mathrm{A}(t) = \hat{U}_\mathrm{A1}\sin(\omega_0 t) + \hat{U}_\mathrm{A2}\cos(\omega_0 t)\,. \tag{11.54}$$

Die Anfangsbedingung für die Ausgangsspannung u_A erhält man aus Gl. (11.46)

$$u_\mathrm{A}(0) = VU_\mathrm{C0}\,. \tag{11.55}$$

Aus der gegebenen Anfangsbedingung $i_\mathrm{L}(0) = 0\,\mathrm{A}$ berechnet sich mit Gl. (11.44)

$$\dot{u}_\mathrm{C}(0) = \frac{V-1}{R_3C}U_\mathrm{C0} \tag{11.56}$$

und der aus Gl. (11.46) folgenden Beziehung

$$\dot{u}_\mathrm{A} = V\dot{u}_\mathrm{C} \tag{11.57}$$

die noch fehlende zweite Anfangsbedingung

$$\dot{u}_\mathrm{A}(0) = \frac{V(V-1)}{R_3C}U_\mathrm{C0}\,. \tag{11.58}$$

Die beiden Konstanten $\hat{U}_\mathrm{A1}$ und $\hat{U}_\mathrm{A2}$ können nun aus den oben ermittelten Anfangsbedingungen berechnet werden

$$u_\mathrm{A}(0) = VU_\mathrm{C0} = \hat{U}_\mathrm{A2}\,, \tag{11.59}$$

$$\dot{u}_\mathrm{A}(0) = \frac{V(V-1)}{R_3C}U_\mathrm{C0} = \hat{U}_\mathrm{A1}\omega_0 \Longrightarrow \qquad \hat{U}_\mathrm{A1} = \frac{V(V-1)}{R_3\omega_0C}U_\mathrm{C0}\,. \tag{11.60}$$

Die sich daraus ergebende Lösung

$$u_\mathrm{A}(t) = VU_\mathrm{C0}\left(\frac{V-1}{R_3\omega_0C}\sin(\omega_0 t) + \cos(\omega_0 t)\right) = \hat{U}_\mathrm{A}\sin(\omega_0 t + \varphi) \tag{11.61}$$

kann mit

$$u_A(t) = \hat{U}_A \sin(\omega_0 t)\cos\varphi + \hat{U}_A \cos(\omega_0 t)\sin\varphi \tag{11.62}$$

durch Koeffizientenvergleich

$$\left.\begin{aligned} \hat{U}_A \cos\varphi &= VU_{C0}\tfrac{V-1}{R_3\omega_0 C} \\ \hat{U}_A \sin\varphi &= VU_{C0} \end{aligned}\right\} \begin{aligned} \hat{U}_A &= VU_{C0}\sqrt{1+\left(\tfrac{V-1}{R_3\omega_0 C}\right)^2} \\ \varphi &= \operatorname{artan}\tfrac{R_3\omega_0 C}{V-1} \end{aligned} \tag{11.63}$$

auf folgende Form gebracht werden

$$u_A(t) = \left(1+\frac{R_1}{R_2}\right) U_{C0}\sqrt{1+\left(\frac{V-1}{R_3\omega_0 C}\right)^2}\,\sin\left(\omega_0 t + \operatorname{artan}\frac{R_3\omega_0 C}{V-1}\right). \tag{11.64}$$

b) Zur Dimensionierung der Bauelemente erhält man aus

$$K_1 = \frac{CR_L R_3 - L(V-1)}{R_3 LC} = 0 \tag{11.65}$$

eine Gleichung zur Berechnung des gesuchten Widerstandsverhältnisses

$$V - 1 = \frac{R_1}{R_2} = \frac{CR_L R_3}{L}. \tag{11.66}$$

Setzt man nun dieses Ergebnis in den Ausdruck für K_2 (Gl. (11.50)) ein

$$K_2 = \omega_0^2 = \frac{R_3 - R_L(V-1)}{R_3 LC} = \frac{L - R_L^2 C}{L^2 C}, \tag{11.67}$$

so ermöglicht dies die Dimensionierung des Kondensators

$$C = \frac{L}{\omega_0^2 L^2 + R_L^2} = 2,53\,\mathrm{nF}. \tag{11.68}$$

Das benötigte Widerstandsverhältnis berechnet sich nun mit Gl. (11.66) zu

$$\frac{R_1}{R_2} = 2,53. \tag{11.69}$$

Beispiel 11.5: *Harmonischer LC-Oszillator*

Abbildung 11.16 zeigt die Schaltung eines LC-Oszillators.

a) Berechnen Sie die Kenngrößen $\underline{V}$ und $\underline{K}$ der in Abb. 11.16 dargestellten Oszillatorschaltung.
b) Berechnen Sie aus der Schwingbedingung (Gl. (11.7)) die Schwingfrequenz f_0 und das benötigte Widerstandsverhältnis R_2/R_1.

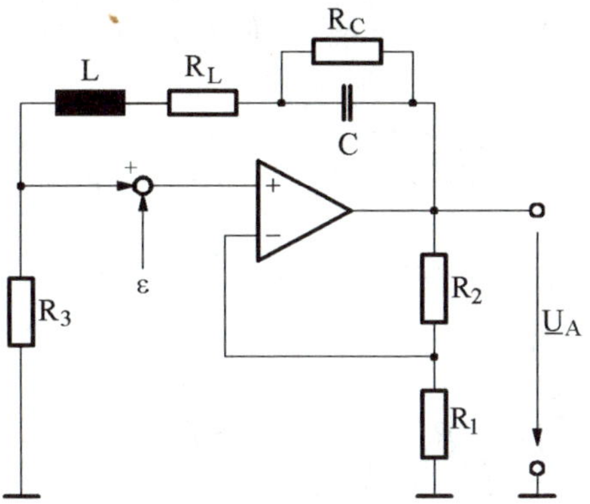

Abb. 11.16. Schaltung eines LC-Oszillators

Musterlösung:

a) Da es sich bei dem Verstärker um einen nicht-invertierenden Verstärker handelt, berechnet sich $\underline{V}$ direkt aus

$$\underline{V} = 1 + \frac{R_2}{R_1}\,. \tag{11.70}$$

Den Frequenzgang des Rückkopplungsnetzwerkes erhält man durch Anwendung der Spannungsteilerregel

$$\underline{K} = \frac{R_3}{R_3 + R_\mathrm{L} + j\omega L + \frac{R_\mathrm{C}\frac{1}{j\omega C}}{R_\mathrm{C}+\frac{1}{j\omega C}}} = \frac{R_3}{R_3 + R_\mathrm{L} + j\omega L + \frac{R_\mathrm{C}(1-j\omega C R_\mathrm{C})}{1+\omega^2 C^2 R_\mathrm{C}^2}}$$

$$= \frac{R_3}{R_3 + R_\mathrm{L} + \frac{R_\mathrm{C}}{1+\omega^2 C^2 R_\mathrm{C}^2} + j\omega\left(L - \frac{C R_\mathrm{C}^2}{1+\omega^2 C^2 R_\mathrm{C}^2}\right)}\,. \tag{11.71}$$

b) Aus der Phasenbedingung (Gl. (11.9))

$$\varphi_{\underline{\mathrm{V}}} + \varphi_{\underline{\mathrm{K}}} = 2k\pi \tag{11.72}$$

folgt mit $\varphi_{\underline{\mathrm{V}}} = 0$ unter Beachtung von Gl. (11.71) zwingend

$$\varphi_{\underline{\mathrm{K}}} = 0\,. \tag{11.73}$$

Wenn man den für den Oszillatorbetrieb unbrauchbaren Fall $\omega_0 = 0$ ausklammert, kann die Phasenbedingung nur für

$$L - \frac{C R_\mathrm{C}^2}{1 + \omega_0^2 C^2 R_\mathrm{C}^2} = 0 \tag{11.74}$$

erfüllt werden. Dies führt nach einer Umformung auf die Schwingfrequenz

$$f_0 = \frac{1}{2\pi}\sqrt{\frac{CR_\mathrm{C}^2 - L}{C^2R_\mathrm{C}^2L}} = \frac{1}{2\pi}\sqrt{\frac{1-\frac{L}{CR_\mathrm{C}^2}}{LC}}\,. \tag{11.75}$$

Durch Einsetzen in die Betragsbedingung (Gl. (11.8))

$$\begin{aligned} 1 &= |\underline{V}||\underline{K}| \\ &= \left(1+\frac{R_2}{R_1}\right)\left(\frac{R_3}{R_3+R_\mathrm{L}+\frac{R_\mathrm{C}}{1+\omega_0^2C^2R_\mathrm{C}^2}}\right) \\ &= \left(1+\frac{R_2}{R_1}\right)\left(\frac{R_3}{R_3+R_\mathrm{L}+\frac{R_\mathrm{C}}{1+\frac{CR_\mathrm{C}^2-L}{L}}}\right) \\ &= \left(1+\frac{R_2}{R_1}\right)\left(\frac{R_3}{R_3+R_\mathrm{L}+\frac{L}{CR_\mathrm{C}}}\right) \end{aligned} \tag{11.76}$$

erhält man die Bestimmungsgleichung zur Berechnung des gesuchten Widerstandsverhältnisses

$$\frac{R_2}{R_1} = \frac{R_3+R_\mathrm{L}+\frac{L}{CR_\mathrm{C}}}{R_3} - 1 = \frac{CR_\mathrm{C}R_\mathrm{L}+L}{CR_\mathrm{C}R_3}\,. \tag{11.77}$$

Beispiel 11.6: *Relaxations-Oszillator mit NICHT-Gatter*

Abbildung 11.17a zeigt die Schaltung eines mit einem NICHT-Gatter (mit Schmitt-Trigger-Eingang) aufgebauten Relaxations-Oszillators.

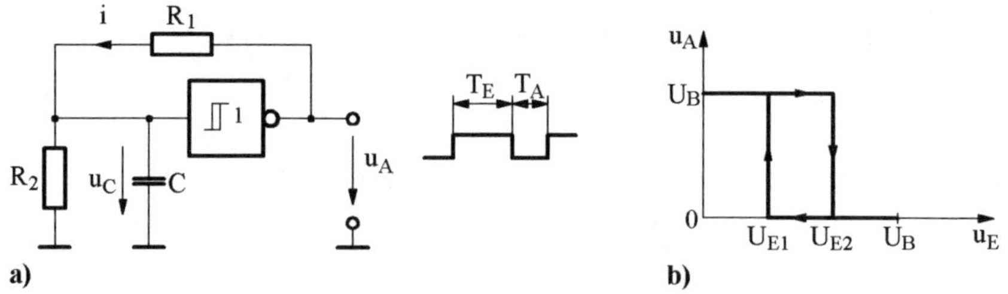

Abb. 11.17. a) Schaltung eines Relaxations-Oszillators, **b)** Übertragungskennlinie des verwendeten NICHT-Gatters mit Schmitt-Trigger-Eingang

a) Berechnen Sie die Zeiten T_{E} und T_{A} als Funktion von $U_{\mathrm{B}}, U_{\mathrm{E1}}, U_{\mathrm{E2}}, R_1, R_2$ und C, wenn das mit einem Schmitt-Trigger-Eingang versehene NICHT-Gatter den in Abb. 11.17b dargestellten Zusammenhang zwischen u_{E} und u_{A} aufweist.
b) Welche Bedingung müssen R_1 und R_2 erfüllen, damit der Oszillator überhaupt schwingt?
c) Wie müssen Sie für $R_1 = 100\,\mathrm{k}\Omega$, $U_{\mathrm{B}} = 5\,\mathrm{V}$, $U_{\mathrm{E1}} = 2{,}2\,\mathrm{V}$ und $U_{\mathrm{E2}} = 3\,\mathrm{V}$ den Widerstand R_2 dimensionieren, damit $T_{\mathrm{E}}/T_{\mathrm{A}} = 2$ gilt?

Musterlösung:

a) Für den Aufladevorgang (also während der Zeitphase T_{E}) erhält man aus

$$U_{\mathrm{B}} = iR_1 + u_{\mathrm{C}} \tag{11.78}$$

$$i = \frac{u_{\mathrm{C}}}{R_2} + C\,\frac{du_{\mathrm{C}}}{dt} \tag{11.79}$$

durch Einsetzen von Gl. (11.79) in Gl. (11.78)

$$U_{\mathrm{B}} = u_{\mathrm{C}}\,\frac{R_1}{R_2} + CR_1\dot{u}_{\mathrm{C}} + u_{\mathrm{C}} = CR_1\dot{u}_{\mathrm{C}} + \left(1 + \frac{R_1}{R_2}\right)u_{\mathrm{C}} \tag{11.80}$$

folgende Differentialgleichung für u_{C}

$$\dot{u}_{\mathrm{C}} + \frac{R_1 + R_2}{CR_1R_2}\,u_{\mathrm{C}} = \frac{U_{\mathrm{B}}}{CR_1}\,. \tag{11.81}$$

Mit den Ansätzen

$$u_{\mathrm{Ch}} = K_1 e^{\lambda t}\text{und} \qquad u_{\mathrm{Cp}} = K_2 \tag{11.82}$$

und der Abkürzung $\tau = \frac{CR_1R_2}{R_1+R_2}$ erhält man durch Einsetzen der Ansätze in die Differentialgleichung

$$\lambda = -\frac{1}{\tau} \Longrightarrow \qquad u_{\mathrm{Ch}} = K_1 e^{-\frac{t}{\tau}}\,, \tag{11.83}$$

$$\frac{1}{\tau}K_2 = \frac{U_{\mathrm{B}}}{CR_1} \Longrightarrow K_2 = U_{\mathrm{B}}\,\frac{R_2}{R_1 + R_2} \tag{11.84}$$

die allgemeine Lösung

$$u_{\mathrm{C}} = u_{\mathrm{Ch}} + u_{\mathrm{Cp}} = U_{\mathrm{B}}\,\frac{R_2}{R_1 + R_2} + K_1 e^{-\frac{t}{\tau}}\,. \tag{11.85}$$

Mit der Anfangsbedingung $u_{\mathrm{C}}(0) = U_{\mathrm{E1}}$ kann die Konstante K_1 aus

$$u_{\mathrm{C}}(0) = U_{\mathrm{E1}} = U_{\mathrm{B}}\,\frac{R_2}{R_1 + R_2} + K_1 \tag{11.86}$$

berechnet werden. Die endgültige Lösung für den Aufladevorgang lautet somit

$$u_\mathrm{C}(t) = U_\mathrm{B}\,\frac{R_2}{R_1+R_2} + \left(U_\mathrm{E1} - U_\mathrm{B}\,\frac{R_2}{R_1+R_2}\right) e^{-\frac{t}{\tau}}\,. \tag{11.87}$$

Ein einfacherer Lösungsweg bietet sich an, wenn man zunächst die Ersatzspannungsquelle (Leerlaufspannung U_Q, Innenwiderstand R_Q) für den aus R_1 und R_2 gebildeten Spannungsteiler ermittelt

$$U_\mathrm{Q} = U_\mathrm{B}\,\frac{R_2}{R_1+R_2} \text{und} \qquad R_\mathrm{Q} = \frac{R_1 R_2}{R_1+R_2}\,. \tag{11.88}$$

Die Spannung am Kondensator läßt sich dann nämlich auf einfache Weise entsprechend einer Aufladekurve (Gl. (10.7)) berechnen

$$u_\mathrm{C}(t) = U_\mathrm{Q} + (U_\mathrm{E1} - U_\mathrm{Q})e^{-\frac{t}{CR_\mathrm{Q}}}\,. \tag{11.89}$$

Das Einsetzen der Formeln für U_Q und R_Q (Gl. (11.88)) führt wiederum auf Gl. (11.87). Die Aufladezeit T_E ergibt sich mit $u_\mathrm{C}(T_\mathrm{E}) = U_\mathrm{E2}$ und Gl. (11.89) aus

$$u_\mathrm{C}(T_\mathrm{E}) = U_\mathrm{E2} = U_\mathrm{Q} + (U_\mathrm{E1} - U_\mathrm{Q})e^{-\frac{T_\mathrm{E}}{CR_\mathrm{Q}}} \tag{11.90}$$

zu

$$T_\mathrm{E} = CR_\mathrm{Q}\,\ln\left(\frac{U_\mathrm{E1} - U_\mathrm{Q}}{U_\mathrm{E2} - U_\mathrm{Q}}\right)\,. \tag{11.91}$$

Der Entladevorgang, der unter Verwendung von R_Q durch die Entladekurve eines auf U_E2 aufgeladenen Kondensators beschrieben wird

$$u_\mathrm{C}(t) = U_\mathrm{E2}\,e^{\frac{T_\mathrm{E}-t}{CR_\mathrm{Q}}}\,, \tag{11.92}$$

führt durch Einsetzen von $u_\mathrm{C}(T_\mathrm{E} + T_\mathrm{A}) = U_\mathrm{E1}$ zur Pausendauer T_A

$$U_\mathrm{E1} = U_\mathrm{E2}\,e^{-\frac{T_\mathrm{A}}{CR_\mathrm{Q}}} \Longrightarrow T_\mathrm{A} = CR_\mathrm{Q}\,\ln\left(\frac{U_\mathrm{E2}}{U_\mathrm{E1}}\right)\,. \tag{11.93}$$

b) Aus der Tatsache, daß der Oszillator nicht anschwingen kann, wenn sich der Kondensator C beim Einschalten der Versorgungsspannung ($u_\mathrm{C}(0) = 0\,\mathrm{V}$) nicht mindestens auf U_E2 auflädt, folgt aus

$$U_\mathrm{Q} = U_\mathrm{B}\,\frac{R_2}{R_1+R_2} > U_\mathrm{E2} \tag{11.94}$$

die entsprechende Bedingung, die das Widerstandsverhältnis des Spannungsteilers erfüllen muß

$$\frac{R_1}{R_2} < \frac{U_\mathrm{B}}{U_\mathrm{E2}} - 1\,. \tag{11.95}$$

c) Mit den Gln. (11.91) und (11.93) berechnet sich das Verhältnis $T_\mathrm{E}/T_\mathrm{A}$ zu

$$\frac{T_{\mathrm{E}}}{T_{\mathrm{A}}} = \frac{\ln\left(\frac{U_{\mathrm{E1}}-U_{\mathrm{Q}}}{U_{\mathrm{E2}}-U_{\mathrm{Q}}}\right)}{\ln\left(\frac{U_{\mathrm{E2}}}{U_{\mathrm{E1}}}\right)} = 2\,. \tag{11.96}$$

Die Umformung

$$U_{\mathrm{E1}} - U_{\mathrm{Q}} = (U_{\mathrm{E2}} - U_{\mathrm{Q}})\left(\frac{U_{\mathrm{E2}}}{U_{\mathrm{E1}}}\right)^2 \tag{11.97}$$

führt zur Bestimmungsgleichung für die Spannung U_{Q}

$$U_{\mathrm{Q}} = U_{\mathrm{B}}\,\frac{R_2}{R_1 + R_2} = \frac{\frac{U_{\mathrm{E2}}^3}{U_{\mathrm{E1}}^2} - U_{\mathrm{E1}}}{\left(\frac{U_{\mathrm{E2}}}{U_{\mathrm{E1}}}\right)^2 - 1}\,. \tag{11.98}$$

Mit der Abkürzung $K = R_2/(R_1 + R_2)$ erhält man aus

$$K = \frac{1}{U_{\mathrm{B}}}\,\frac{\frac{U_{\mathrm{E2}}^3}{U_{\mathrm{E1}}^2} - U_{\mathrm{E1}}}{\left(\frac{U_{\mathrm{E2}}}{U_{\mathrm{E1}}}\right)^2 - 1} = 0,786 \tag{11.99}$$

schließlich die Bestimmungsgleichung für den Widerstandswert R_2

$$R_2 = \frac{R_1 K}{1 - K} = 368\,\mathrm{k}\Omega\,. \tag{11.100}$$

Aufgabe 11.1: *Relaxations-Oszillator mit Timerbaustein IC 555*

Die in Abb. 11.18 gezeigte Schaltung wird zur Erzeugung einer Rechteckschwingung verwendet.

a) Erklären Sie die Funktionsweise dieses Rechteckoszillators in Analogie zu der Schaltung aus Beispiel 11.3.
b) Berechnen Sie die Periodendauer der Ausgangsspannung $u_{\mathrm{A}}(t)$ als Funktion von R_1, R_2 und C.
c) Berechnen Sie das Impuls-Pausenverhältnis $T_{\mathrm{E}}/T_{\mathrm{A}}$ und untersuchen Sie, ob die Schaltung mit $T_{\mathrm{E}}/T_{\mathrm{A}} = 1$ sinnvoll betrieben werden kann.

Lösung:

b) $T = (R_1 + 2R_2)C\ln 2$
c) Das Impuls-Pausenverhältnis ist

$$\frac{T_{\mathrm{E}}}{T_{\mathrm{A}}} = 1 + \frac{R_1}{R_2}\,. \tag{11.101}$$

Daraus lassen sich die folgenden zwei Möglichkeiten für $T_{\mathrm{E}}/T_{\mathrm{A}} = 1$ ableiten:

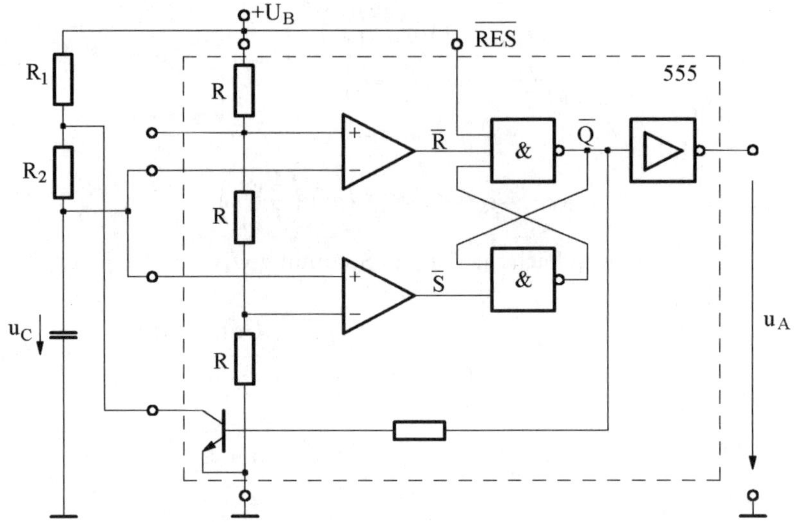

Abb. 11.18. Schaltung eines mit dem Timerbaustein IC 555 aufgebauten Oszillators

- $R_1 = 0\,\Omega \Longrightarrow$ $U_B$wird durch den Entladetransistor kurzgeschlossen.
- $R_1 = \infty\,\Omega \Longrightarrow$ Periodendauer geht gegen ∞.

Aufgabe 11.2: *Wien-Robinson-Oszillator*

Abbildung 11.19 zeigt die Schaltung des Wien-Robinson-Oszillators.

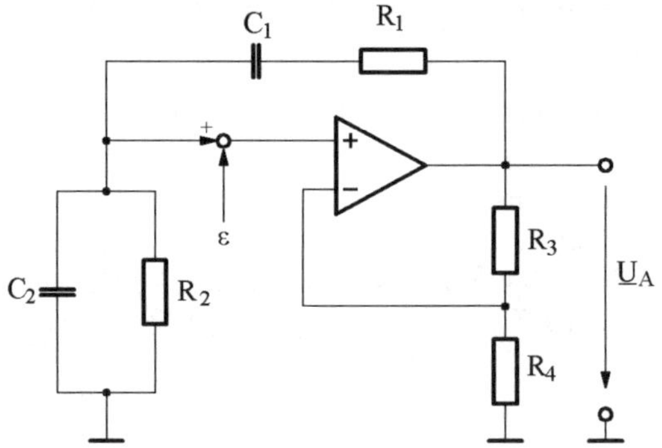

Abb. 11.19. Schaltung des Wien-Robinson-Oszillators

a) Berechnen Sie $\underline{V}$ und $\underline{K}$ dieser Oszillatorschaltung.
b) Berechnen Sie aus der Schwingbedingung die Schwingfrequenz f_0 und das benötigte Widerstandsverhältnis R_3/R_4.

Lösung:

a)

$$\underline{V} = 1 + \frac{R_3}{R_4}, \quad \underline{K} = \frac{R_2}{R_1 + R_2\,(1 + C_2/C_1) + j\,(\omega R_1 R_2 C_2 - 1/\omega C_1)}$$

b)

$$f_0 = \frac{1}{2\pi\sqrt{R_1 C_1 R_2 C_2}}, \quad \frac{R_3}{R_4} = \frac{C_1 R_1 + C_2 R_2}{R_2 C_1}$$

12

Rechnergestützte Meßdatenerfassung

12.1 Grundlagen der Datenübertragung

Die maximal erreichbare Übertragungsrate (entspricht der Übertragungsgeschwindigkeit) R_{max} einer Datenleitung (auch mit Kanal bezeichnet) wird durch die Kanalkapazität C

$$C = B \,\text{ld}\left(1 + \frac{P_\text{s}}{P_\text{r}}\right) = R_{\text{max}} \tag{12.1}$$

bestimmt und in Bit/s angegeben. Dabei bezeichnen B die Bandbreite der Übertragungsleitung, ld den Logarithmus Dualis, P_s die Signalleistung und P_r die Rauschleistung. Anhand von Gl. (12.1) erkennt man, daß eine große Kanalkapazität wesentlich wirksamer durch eine Vergrößerung der Bandbreite B als durch eine Erhöhung des Signal/Rausch-Abstandes (Signal/Rausch-Verhältnis) P_s/P_r erzielt wird. Dabei ist zu beachten, daß die Rauschleistung im wesentlichen proportional zur Bandbreite ansteigt. Entsprechend dem Shannonschen Theorem ist bei optimaler Codierung und fehlerfreier Übertragung die maximal erreichbare Übertragungsrate gleich der Kanalkapazität C.

Die Amplitudenverteilung eines verrauschten Signals wird meistens durch die Gaußsche Verteilungsfunktion $p(x)$ (Abb. 12.1) beschrieben

$$p(x) = \frac{1}{\sigma\sqrt{2\pi}} e^{-(x-\mu)^2/2\sigma^2} \,. \tag{12.2}$$

In Gl. (12.2) entspricht nun der Variablen x die Spannung u, dem Mittelwert μ der Effektivwert U_s des Signals und der Standardabweichung σ der Effektivwert U_r des Rauschsignals. Die Wahrscheinlichkeit, daß ein gesendetes Signal am Empfänger einen Spannungswert u im Intervall $[U_1, U_2]$ besitzt, berechnet sich aus

$$P = \int_{U_1}^{U_2} p(u)du = \frac{1}{U_\text{r}\sqrt{2\pi}} \int_{U_1}^{U_2} e^{-(u-U_\text{s})^2/2U_\text{r}^2} du$$

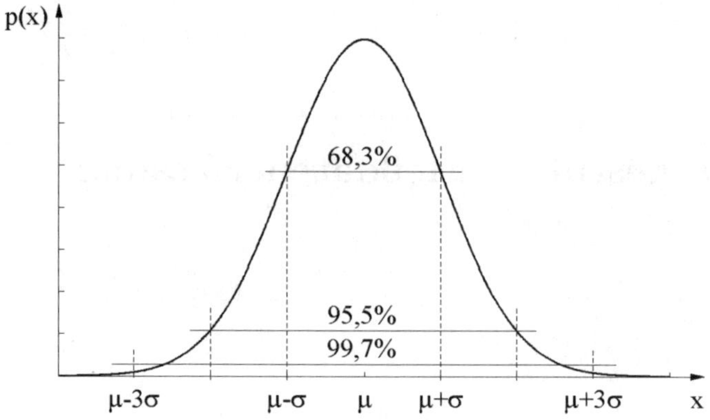

Abb. 12.1. Gaußsche Verteilungsfunktion $p(x)$

$$= \frac{1}{U_\mathrm{r}\sqrt{2\pi}} \int\limits_0^{U_2} e^{-(u-U_\mathrm{s})^2/2U_\mathrm{r}^2} du - \frac{1}{U_\mathrm{r}\sqrt{2\pi}} \int\limits_0^{U_1} e^{-(u-U_\mathrm{s})^2/2U_\mathrm{r}^2} du \,. \tag{12.3}$$

Da das Integral $\int e^{ku^2} du$ keine analytische Lösung besitzt, wurde die sog. *Errorfunction* $\mathrm{erf}(w)$ eingeführt, welche in Tafelwerken tabelliert ist [1]

$$\mathrm{erf}(w) = \frac{2}{\sqrt{\pi}} \int\limits_0^{w} e^{-c^2} dc \tag{12.4}$$

$$\mathrm{erf}(w) = -\mathrm{erf}(-w) \,. \tag{12.5}$$

Dabei gilt folgender Zusammenhang zwischen der Variablen u der Gaußschen Verteilungsfunktion und der Variablen w der Errorfunction

$$w = \frac{u - U_\mathrm{s}}{U_\mathrm{r}\sqrt{2}} \,. \tag{12.6}$$

Die in Gl. (12.3) beschriebene Wahrscheinlichkeit berechnet sich nun unter Zuhilfenahme der Errorfunction zu

$$P = \frac{1}{2}\left[\mathrm{erf}\left(\frac{U_2 - U_\mathrm{s}}{U_\mathrm{r}\sqrt{2}}\right) - \mathrm{erf}\left(\frac{U_1 - U_\mathrm{s}}{U_\mathrm{r}\sqrt{2}}\right)\right] \,. \tag{12.7}$$

12.2 Grundlagen der IEC-Bus-Schnittstelle

Die IEC-Bus-Schnittstelle (genormt in IEC625, IEEE488.1 bzw. IEEE488.2) gilt als die meist verwendete parallele Schnittstelle zum Anschluß von Meßgeräten an Digitalrechner. Es können entsprechend der Normempfehlung bis zu 15 Geräte gleichzeitig am IEC-Bus angeschlossen werden (Abb. 12.2). Diese Geräte (Meßgeräte bzw. Steuerrechner) führen eine der drei folgenden Funktionen aus

- Steuerfunktion (Controller)
- Senderfunktion (Talker)
- Empfängerfunktion (Listener).

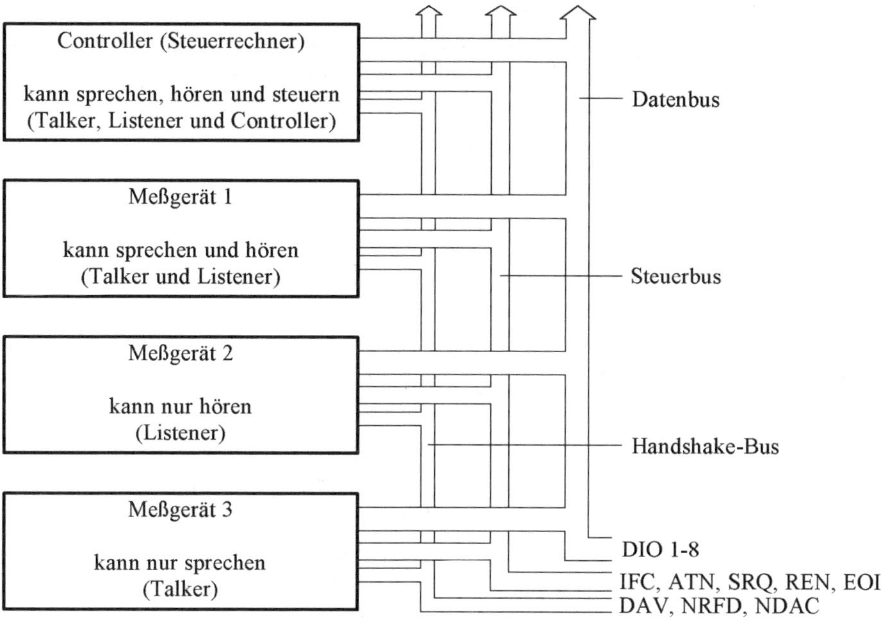

Abb. 12.2. IEC-Bus mit Peripheriegeräten

Der aus 16 Leitungen aufgebaute IEC-Bus besteht aus den 8 Datenleitungen DIO 1-8, den 5 Steuerleitungen

- *IFC* (Interface Clear): Wenn diese Leitung gesetzt ist, werden alle Listener in den Grundzustand versetzt.
- *ATN* (Attention): Der Pegel dieser Leitung legt fest, ob momentan über die Datenleitungen Schnittstellennachrichten oder Gerätenachrichten übertragen werden.
- *SRQ* (Service Request): Durch Setzen dieser Leitung kann ein Gerät vom Controller eine Bedienung anfordern.
- *REN* (Remote Enable): Über diese Leitung kann der Controller ein angeschlossenes Gerät in den Fernsteuerzustand versetzen.
- *EOI* (End Or Identify): Je nach Pegel der ATN-Leitung kann ein Talker das Ende seiner Übertragung anzeigen oder der Controller eine angeforderte Bedienung einleiten.

und den 3 Handshake-Leitungen

- *DAV* (Data Valid): Durch Setzen dieser Leitung zeigt ein Talker an, ob die von ihm angelegten Daten gültig sind oder nicht.
- *NRFD* (Not Ready For Data): Durch Setzen dieser Leitung zeigt ein Gerät an, ob es bereit ist, neue Daten aufzunehmen oder nicht.
- *NDAC* (Not Data Accepted): Wenn diese Leitung gesetzt ist, zeigt ein Listener an, ob er die Datenübernahme abgeschlossen hat oder nicht.

Beim IEC-Bus werden typischerweise Open-Collector-Treiber für die Signalleitungen eingesetzt [6]. Bezüglich der Definition der Logik unterscheidet man zwischen der „**active-high-Logik**" und der „**active-low-Logik**" (Tabelle 12.1). Damit ergibt sich für Open-Collector-Ausgänge durch Parallel-

Tabelle 12.1. Pegeldefinitionen für TTL-Schaltungen

Logik	true	false
active-high	H (5 V)	L (0 V)
active-low	L (0 V)	H (5 V)

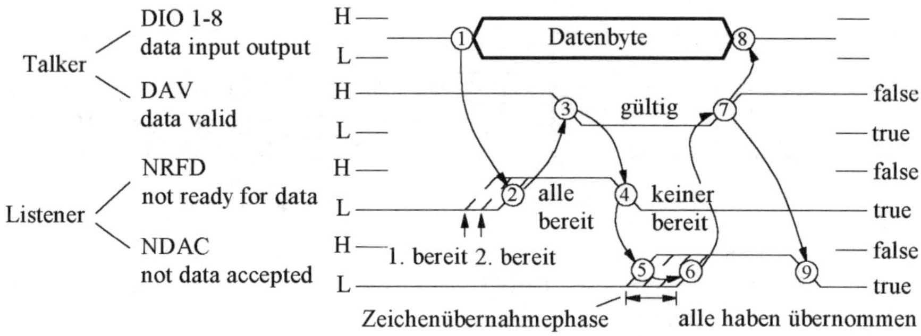

Abb. 12.3. Zeitdiagramm des Dreidraht-Handshake-Betriebs während einer Datenübertragung

schalten eine UND-Verknüpfung bei der active-high Logik und eine ODER-Verknüpfung bei der active-low Logik. Die IEC-Bus-Leitungen sind bis auf die beiden Leitungen RFD (Ready For Data) und DAC (Data Accepted) einer logischen ODER-Verknüpfung zu unterwerfen. Dadurch ist es bei Verwendung der active-low Logik möglich, daß sich die einzelnen Busteilnehmer über Open-Collector-Ausgänge parallel an den Bus anschließen.
Da für die beiden Handshake-Leitungen RFD und DAC eine UND-Verknüpfung erforderlich ist (es muß auf den langsamsten Busteilnehmer gewartet werden),

führt man für diese eine active-high Logik ein. Damit die einheitliche Konvention der active-low Logik trotzdem gewährt bleibt, bezeichnet man die Leitungen mit NRFD (Not Ready For Data) und NDAC (Not Data Accepted), d. h. man negiert ihre ursprüngliche Funktion (Tabelle 12.2). Abbildung 12.3 zeigt

Tabelle 12.2. Definition der IEC-Bus Leitungen NRFD (Not Ready For Data) und NDAC (Not Data Accepted)

Leitung	Pegel	Log. Zustand	Funktion, Bedeutung
NRFD	H (5 V)	false	bereit, Daten zu empfangen
	L (0 V)	true	nicht bereit, Daten zu empfangen
NDAC	H (5 V)	false	Daten übernommen
	L (0 V)	true	Daten noch nicht übernommen

den zeitlichen Verlauf des Dreidraht-Handshake-Betriebs auf dem IEC-Bus. Man erkennt, daß die Geschwindigkeit einer Datenübertragung aufgrund der UND-Verknüpfung der Leitungen NDAC und NRFD vom langsamsten Teilnehmer bestimmt wird.

12.3 Quantisierung und Datenübertragung

Beispiel 12.1: *Quantisierung*

a) Berechnen Sie die mittlere Quantisierungsrauschleistung $\overline{P}_{\mathrm{Q}}$ (bezogen auf $1\,\Omega$) eines mit dem Quantisierungsintervall ΔU quantisierten Signals bei gleichwahrscheinlicher Amplitudenverteilung.
b) Berechnen Sie den Zusammenhang zwischen dem Signal/Rausch-Verhältnis (Leistung bezogen auf $1\,\Omega$) und der Anzahl n der Quantisierungsstufen. Solange sich die Amplitude des Signals u_{E} innerhalb eines Intervalls (z.B. $2\Delta U \leq u_{\mathrm{E}}(t) \leq 3\Delta U$) befindet, wird der Ausgangsspannung $u_{\mathrm{A}}(t)$ der Mittelwert des Intervalls zugeordnet (im angeführten Beispiel $u_{\mathrm{A}} = 5/2\Delta U$). Es soll wiederum angenommen werden, daß die Signalamplituden gleichwahrscheinlich verteilt (gleichverteilt) sind und bei der Amplituden-Quantisierung eine gerade Stufenanzahl n verwendet wird.

Musterlösung:

a) Die mittlere Leistung $\overline{P}_{\mathrm{v}}$ des an einem $1\,\Omega$-Widerstand anliegenden Spannungssignals berechnet sich vor seiner Quantisierung bei gleichwahrscheinlicher Amplitudenverteilung mit dem Quantisierungsintervall ΔU und entsprechend Abb. 12.4 zu

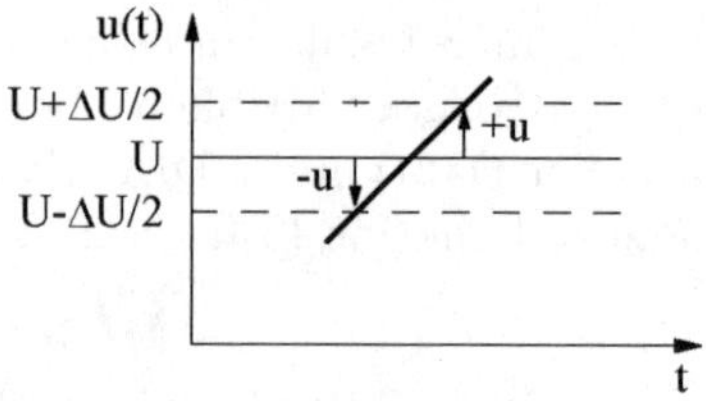

Abb. 12.4. Signalquantisierung eines analogen Signales $u_{\mathrm{E}}(t)$

$$\overline{P}_{\mathrm{v}} = \frac{1}{\Delta U} \int\limits_{-\Delta U/2}^{\Delta U/2} (U+u)^2 du = U^2 + \frac{\Delta U^2}{12} . \tag{12.8}$$

Nach der Quantisierung ist die mittlere Leistung gleich

$$\overline{P}_{\mathrm{n}} = U^2 . \tag{12.9}$$

Aus der Differenz ergibt sich die mittlere Quantisierungsrauschleistung $\overline{P}_{\mathrm{Q}}$

$$\overline{P}_{\mathrm{Q}} = \overline{P}_{\mathrm{v}} - \overline{P}_{\mathrm{n}} = \frac{\Delta U^2}{12} . \tag{12.10}$$

b) Bei n Quantisierungsstufen erstreckt sich der Signalbereich $u = n\Delta U$ von $-n\Delta U/2$ bis $n\Delta U/2$. Die mittlere Leistung vor der Quantisierung ist damit

$$\overline{P}_{\mathrm{v}} = \frac{1}{n\Delta U} \int\limits_{-n\Delta U/2}^{n\Delta U/2} u^2 du = \frac{n^2 (\Delta U)^2}{12} . \tag{12.11}$$

Da nach der Quantisierung nur noch die diskreten Amplitudenwerte

$$\pm\frac{1}{2}\Delta U, \quad \pm\frac{3}{2}\Delta U, \quad ... \quad \pm\frac{n-1}{2}\Delta U \tag{12.12}$$

auftreten (Abb. 12.5), ergibt sich die entsprechende mittlere Leistung aus folgender Rechnung

$$\begin{aligned} \overline{P}_{\mathrm{n}} &= \frac{1}{n\Delta U} \int\limits_{-n\Delta U/2}^{n\Delta U/2} u^2 du \\ &= \frac{1}{n\Delta U} \left[\left(-\frac{n-1}{2}\Delta U\right)^2 + .. \left(-\frac{1}{2}\Delta U\right)^2 + \left(\frac{1}{2}\Delta U\right)^2 + ... \right. \\ &\quad \left. + \left(\frac{n-1}{2}\Delta U\right)^2 \right] \Delta U \end{aligned}$$

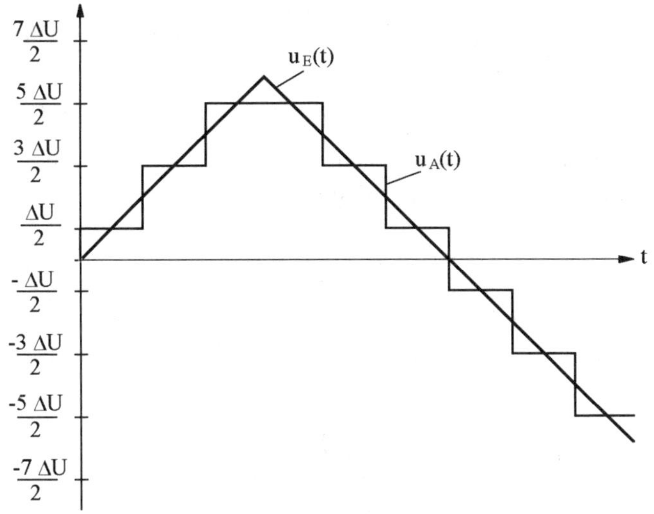

Abb. 12.5. Amplituden-Quantisierung des Signals $u_\mathrm{E}(t)$

$$= \frac{1}{n\Delta U}\left[1^2 + 3^2 + ... + (n-1)^2\right]\frac{\Delta U^2}{2}\Delta U$$

$$= \frac{1}{n}\sum_{i=1}^{n/2}(2i-1)^2\frac{\Delta U^2}{2}\,. \tag{12.13}$$

Die Summe der endlichen Reihe aus Gl. (12.13) berechnet sich zu

$$\sum_{i=1}^{n/2}(2i-1)^2 = \frac{n(n^2-1)}{6}\,. \tag{12.14}$$

Die Gültigkeit dieser Beziehung kann beispielsweise mit Hilfe der vollständigen Induktion bewiesen werden. Durch Einsetzen von $n = 2$

$$\sum_{i=1}^{1}(2i-1)^2 = 1 \tag{12.15}$$

$$\left.\frac{n(n^2-1)}{6}\right|_{n=2} = 1\,, \tag{12.16}$$

erkennt man, daß zunächst die Voraussetzung erfüllt ist. Mit der Folgerung, daß, wenn E_n wahr ist, auch E_{n+1} wahr sein muß, kann man entsprechend den Umformungen

$$\underbrace{[1^2 + 3^2 + .. + (n-1)^2]}_{E_n} + (n+1)^2 = \frac{(n+2)[(n+2)^2-1]}{6} \tag{12.17}$$

$$\frac{n(n^2-1)}{6}+n^2+2n+1=\frac{n+2}{6}[n^2+4n+3] \tag{12.18}$$

$$n^3+6n^2+11n+6=n^3+6n^2+11n+6 \tag{12.19}$$

die Richtigkeit von Gl. (12.14) zeigen. Damit läßt sich die mittlere Leistung nach der Quantisierung wie folgt angeben

$$\overline{P}_{\mathrm{n}}=(n^2-1)\frac{\Delta U^2}{12}=\overline{P_{\mathrm{v}}}-\frac{\Delta U^2}{12}\,. \tag{12.20}$$

Der gesuchte Zusammenhang zwischen dem Signal/Rausch-Abstand (Leistung bezogen auf $1\,\Omega$) und der Anzahl der Quantisierungsstufen n ist damit

$$\frac{\overline{P}_{\mathrm{n}}}{\overline{P}_{\mathrm{Q}}}=\frac{(n^2-1)\frac{\Delta U^2}{12}}{\frac{\Delta U^2}{12}}=n^2-1 \tag{12.21}$$

$$n=\sqrt{\frac{\overline{P}_{\mathrm{n}}}{\overline{P}_{\mathrm{Q}}}+1}\,. \tag{12.22}$$

Mit dieser Beziehung ist es nun leicht möglich, den zu einer gewählten Quantisierungsstufenanzahl n erreichbaren Signal/Rausch-Abstand zu bestimmen. Da der Signal/Rausch-Abstand i.a. in der Einheit dB angegeben wird, soll Gl. (12.22) noch wie folgt umgeformt werden

$$\frac{\overline{P}_{\mathrm{n}}}{\overline{P}_{\mathrm{Q}}}[dB]=10\log(n^2-1)\,. \tag{12.23}$$

An dieser Stelle sei angemerkt, daß diese Ableitung für ein Signal mit gleichwahrscheinlicher Amplitudenverteilung durchgeführt wurde. Somit ergeben sich auch geringe Unterschiede zu der in [6] abgeleiteten Formel, welche von einem Sinussignal ausgeht.

Beispiel 12.2: *Digitalisierung eines Amplitudenmodulierten Signals und seine Übertragung*

a) Zeigen Sie, daß die Grenze der Übertragungsrate von Impulsen über einen Kanal durch die Bandbreite B (Abb. 12.6) dieses Kanales gegeben ist. Dabei sollen die Impulse als Dirac-Funktionen modelliert werden.
b) Ein amplitudenmoduliertes Signal

$$u(t)=\hat{U}\cos(2\pi f_{\mathrm{T}}t)[1+m\cos(2\pi f_{\mathrm{s}}t)] \tag{12.24}$$

$\hat{U}=1\,\mathrm{V}$ Amplitude der Trägerschwingung
$f_{\mathrm{T}}=100\,\mathrm{kHz}$ Frequenz der Trägerschwingung
$m=0,6$ Modulationsgrad
$f_{\mathrm{s}}=10\,\mathrm{kHz}$ Frequenz der Signalschwingung

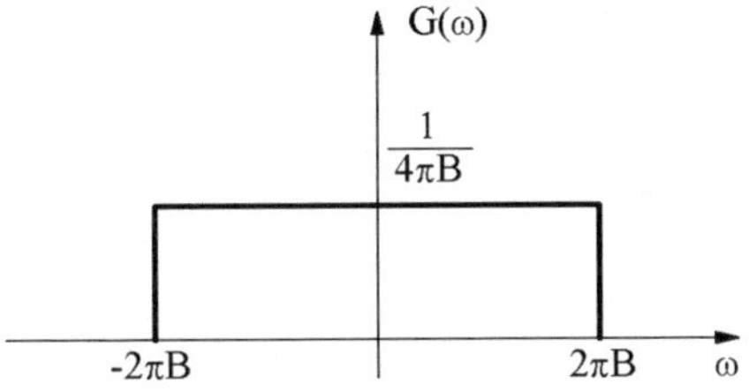

Abb. 12.6. Kanalübertragungsfunktion $G(\omega)$

wird im Grenzfall $f_\mathrm{a} = 2f_\mathrm{smax}$ abgetastet und mit der Quantisierungsstufe $\varDelta U = 100\,\mathrm{mV}$ quantisiert. Nach optimaler Codierung wird das Signal auf einem Kanal mit der Bandbreite B und einem Signal/Rausch-Abstand $P_\mathrm{s}/P_\mathrm{r} = 10\,\mathrm{dB}$ übertragen. Wie groß muß die Bandbreite B gewählt werden, damit die durch die Abtastung festgelegte Übertragungsrate R fehlerfrei eingehalten werden kann?

Musterlösung:

a) Die Impulsantwort eines Kanals mit der Bandbreite B ergibt sich aus der inversen Fouriertransformation der Übertragungsfunktion $G(\omega)$ [7]

$$
\begin{aligned}
g(t) &= \int_{-\infty}^{\infty} G(\omega) e^{j\omega t} d\omega \\
&= \int_{-2\pi B}^{2\pi B} \frac{1}{4\pi B} e^{j\omega t} d\omega \\
&= \frac{1}{4\pi B j t} [e^{j2\pi B t} - e^{-j2\pi B}] \\
&= \frac{\sin(2\pi B t)}{2\pi B t} \,. \qquad (12.25)
\end{aligned}
$$

Da man an der Stelle $t = 0$ den Ausdruck „0/0“ erhält, kann zu dessen Berechnung die Regel von de l'Hospital [3] wie folgt angewendet werden

$$\lim_{t\to 0} \frac{\sin(2\pi B t)}{2\pi B t} = \lim_{t\to 0} \frac{2\pi B \cos(2\pi B t)}{2\pi B} = 1 \,. \qquad (12.26)$$

Der erste Nulldurchgang von $g(t)$ ergibt sich aus

$$2\pi B t_\mathrm{N} = \pi \qquad (12.27)$$

und liegt bei

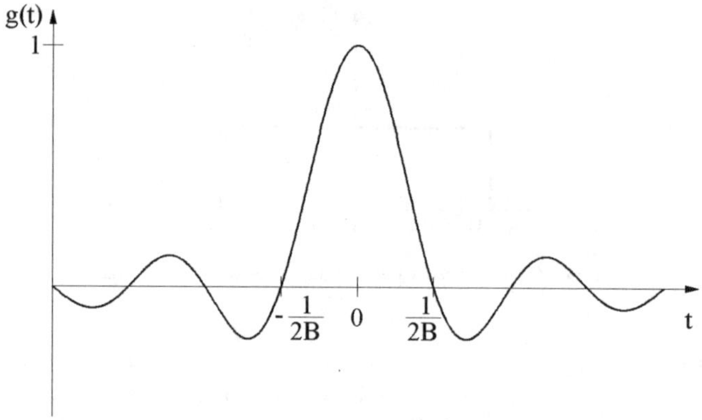

Abb. 12.7. Impulsantwortfunktion des Übertragungskanals

$$t_\mathrm{N} = \frac{1}{2B} \,. \tag{12.28}$$

Aus dem Zeitverlauf von $g(t)$ erkennt man, daß es sinnvoll ist, alle $\tau = 1/2B$ Sekunden einen Impuls zu übertragen. Tastet man am Empfänger das Signal mit $f_\mathrm{a} = 2B$ ab, ergeben sich zu den Abtastzeitpunkten beim Empfänger keine Überlagerungen der einzelnen Impulsantworten.

b) Der Scheitelwert $|u(t)|_\mathrm{max}$ des amplitudenmodulierten Signals berechnet sich entsprechend dem Modulationsgrad [13]

$$|u(t)|_\mathrm{max} = \hat{U}[1+m] = 1,6\hat{U} \,. \tag{12.29}$$

Der Amplitudenbereich erstreckt sich daher vom Spannungswert $u_\mathrm{min} = -1,6\,V$ bis zum Spannungswert $u_\mathrm{max} = 1,6\,V$, womit sich die Anzahl der Quantisierungsstufen zu

$$n = \frac{2u_\mathrm{max}}{\Delta U} = \frac{3,2}{0,1} = 32 \tag{12.30}$$

ergibt. Die maximale Frequenz f_smax des amplitudenmodulierten Signals berechnet sich aufgrund der additiven Überlagerung von Träger- und Informationssignal [13] zu

$$f_\mathrm{smax} = f_\mathrm{T} + f_\mathrm{s} = 110\,\mathrm{kHz} \,. \tag{12.31}$$

Tastet man im Grenzfall mit der Abtastfrequenz $f_\mathrm{a} = 2f_\mathrm{smax}$ ab, so ergibt sich bei 32 Quantisierungsstufen eine Übertragungsrate von

$$R = f_\mathrm{a}\,\mathrm{ld}32 = 2f_\mathrm{smax}\,5 = 1,1\,\frac{\mathrm{MBit}}{\mathrm{s}} \,. \tag{12.32}$$

Will man diese Übertragungsrate R mit dem angegebenen Kanal erreichen, folgt die benötigte Bandbreite B aus Gl. (12.1)

$$C = B \operatorname{ld}\left(1 + \frac{P_s}{P_r}\right) = R \tag{12.33}$$

zu

$$B = \frac{R}{\operatorname{ld}(1 + \frac{P_s}{P_r})} = 165{,}2\,\mathrm{kHz}\,. \tag{12.34}$$

Aufgabe 12.1: *Kodierung*

Das in Abb. 12.8 dargestellte Signal, das einen Scheitelwert von $\hat{U} = 2\,\mathrm{V}$ und

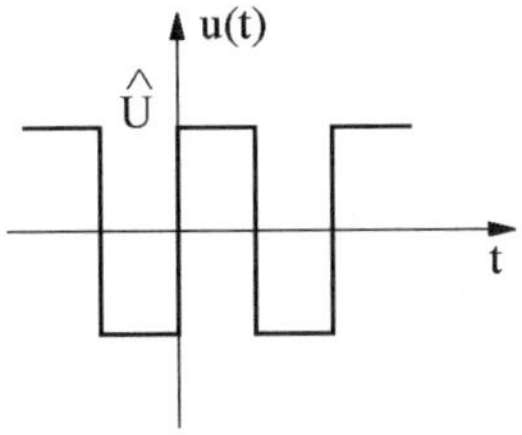

Abb. 12.8. Signal

eine Frequenz von $f = 1\,\mathrm{kHz}$ aufweist, wird zunächst mit Hilfe eines idealen Tiefpasses (Grenzfrequenz $f_g = 6\,\mathrm{kHz}$) gefiltert. Die nachfolgende Abtastung erfolgt mit $f_a = 2 f_{max}$ (maximale durchgelassene Signalfrequenz) und einer Amplituden-Quantisierung ΔU. Wie groß darf ΔU sein, damit dieses Signal bei optimaler Kodierung über einen Kanal mit

$B \quad = 2\,\mathrm{kHz}$ Bandbreite
$P_s/P_r = 50\,\mathrm{dB}$ Signal/Rausch-Abstand

übertragen werden kann?

Lösung:
Das Quantisierungsintervall berechnet sich zu $\Delta U = 441\,\mathrm{mV}$.

12.4 Schnittstellen

Beispiel 12.3: *RS232C-Schnittstelle*

Für die serielle Schnittstelle RS232C gelten die Pegelfestlegungen nach Abb. 12.9. Sowohl der Sender als auch der Empfänger ist mit dem integrierten Baustein MAX232 ausgerüstet, welcher folgende typischen Daten aufweist:

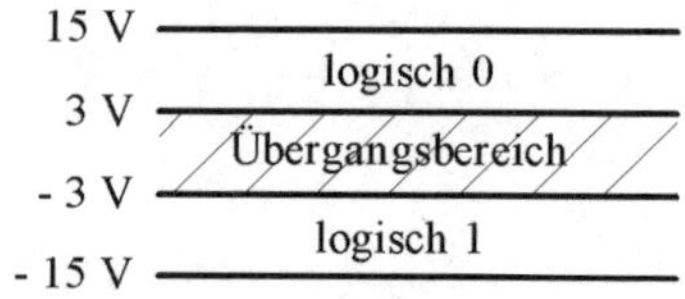

Abb. 12.9. Pegelfestlegung für Datensignale bei der RS232C-Schnittstelle

$\lvert U_A \rvert$	$= 9\,\text{V}$	Ausgangsspannung bei Leerlauf
r_A	$= 300\,\Omega$	Ausgangswiderstand
r_E	$= 5\,\text{k}\Omega$	Eingangswiderstand
R	$= 19200\,\text{Bit/s}$	Übertragungsrate.

Die zur Übertragung verwendete Leitung ist durch folgende Kennwerte charakterisiert:

r'_L	$= 138\,\Omega/\text{km}$	Widerstandsbelag der Leitung
$U_r(f)$	$= 10\,\mu\text{V}/(\sqrt{\text{Hz}}\,\text{m})$	spektrale Rauschspannungsdichte
B	$= 2R$	Bandbreite des Kanals
l	$= 1\,\text{km}$	Leitungslänge.

a) Berechnen Sie unter der Annahme einer gaußverteilten Rauschspannung die Fehlerwahrscheinlichkeit für den Fall, daß am Emfänger ein Bit falsch ist, d. h. die Spannungsamplitude für den Wert log. '0' ist am Empfänger kleiner als 3 V.
b) Berechnen Sie die Kanalkapazität C des Übertragungskanals.
c) Es werden stets Blöcke von 20 N Bit (N=10 Bit, 1 Startbit, 6 Datenbits, 1 Paritätsbit, 2 Stoppbits) übertragen. Wie groß darf die maximale Übertragungsrate werden, damit die Blockfehlerwahrscheinlichkeit $P_{FB} < 0,01$ bleibt?
d) Um wieviel muß die Übertragungslänge verringert werden, damit wieder die vorgesehene Übertragungsrate erreicht wird?

Musterlösung:

a) Mit den angegebenen Daten ergibt sich eine typische Eingangsspannung am Empfänger von

$$U_E = U_A \frac{r_E}{r_E + r_A + r'_L l} = 8,275\,\text{V}\,. \tag{12.35}$$

Mit der genormten Pegelfestlegung erstreckt sich der Spannungspegelbereich für eine logische '1' zwischen 3 V und 8, 275 V.
Die Rauschspannung am Empfänger ergibt sich entsprechend der Angabe zu

$$U_r = U_r(f)\sqrt{B}l = 1,96\,\text{V}\,. \tag{12.36}$$

Das gesamte Signal am Empfänger ist gaußverteilt mit dem Mittelwert $\mu = U_E$ und der Standardabweichung $\sigma = U_r$.

Die gesuchte Fehlerwahrscheinlichkeit P_F, bei welcher die Spannungsamplitude u am Empfänger kleiner 3 V ist

$$P_\mathrm{F} = P(u \leq 3\,\mathrm{V})\,, \tag{12.37}$$

kann zunächst wie folgt angegeben werden (Abb. 12.10)

$$P_\mathrm{F} = P(U_\mathrm{E}) - P(3\,\mathrm{V} \leq u \leq U_\mathrm{E})$$

$$= \frac{1}{2} - \frac{1}{\sqrt{2\pi}U_\mathrm{r}} \int\limits_0^{U_\mathrm{E}} e^{-\frac{(u-U_\mathrm{E})^2}{2U_\mathrm{r}^2}} du + \frac{1}{\sqrt{2\pi}U_\mathrm{r}} \int\limits_0^{3\,\mathrm{V}} e^{-\frac{(u-U_\mathrm{E})^2}{2U_\mathrm{r}^2}} du\,. \tag{12.38}$$

Durch numerische Auswertung der Errorfunction (Gl. (12.4)) erhält man für

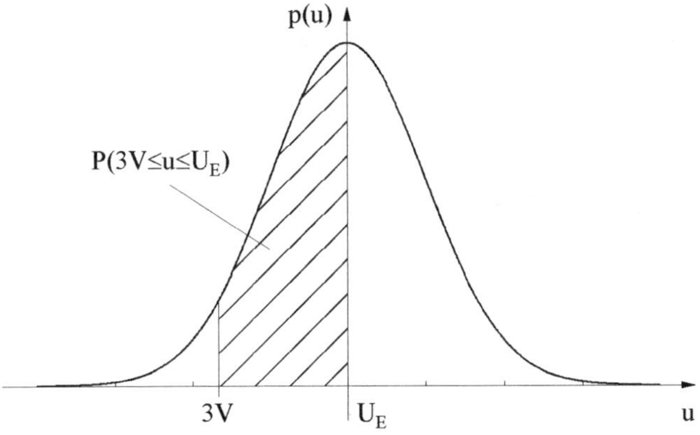

Abb. 12.10. Berechnung der Fehlerwahrscheinlichkeit P_F.

die Fehlerwahrscheinlichkeit P_F

$$P_\mathrm{F} = \frac{1}{2} - \frac{1}{2}\left(\mathrm{erf}(0) - \mathrm{erf}\left(\frac{3\mathrm{V} - U_\mathrm{E}}{\sqrt{2}U_\mathrm{r}}\right)\right)$$

$$= \frac{1}{2} - \frac{1}{2}(0 + 0{,}99279) = 0{,}36\,\%\,. \tag{12.39}$$

b) Die Kanalkapazität C berechnet sich mit Gl. (12.1) zu

$$C = B\mathrm{ld}\left(1 + \frac{P_\mathrm{s}}{P_\mathrm{r}}\right)$$

$$= B\mathrm{ld}\left(1 + \frac{U_\mathrm{E}^2}{U_\mathrm{r}^2}\right) = 163{,}684\frac{\mathrm{kBit}}{\mathrm{s}}\,. \tag{12.40}$$

c) Aus der Blockfehlerwahrscheinlichkeit P_{FB} berechnet sich die zulässige Bitfehlerwahrscheinlichkeit P_{F} zu

$$1 - P_{\mathrm{FB}} = (1 - P_{\mathrm{F}})^{200} \tag{12.41}$$

$$P_{\mathrm{F}} = 1 - \sqrt[200]{1 - P_{\mathrm{FB}}} = 0,5025 \cdot 10^{-4} \,. \tag{12.42}$$

Für diese Fehlerwahrscheinlichkeit findet man in der Errorfunction-Tabelle [1] einen entsprechenden Wert für die Standardabweichung von $\sigma = 1,35$. Damit beträgt der Effektivwert U_{r} der Rauschspannung $1,35\,\mathrm{V}$. Die noch zulässige Übertragungsrate R ergibt sich mit der Beziehung

$$B = 2R \tag{12.43}$$

zu

$$U_{\mathrm{r}} = U_{\mathrm{r}}(f)\sqrt{B}l = U_{\mathrm{r}}(f)\sqrt{2R}l \tag{12.44}$$

$$R = \frac{1}{2}\left(\frac{1,35}{U_{\mathrm{r}}(f)l}\right)^2 = 9112,5\,\frac{\mathrm{Bit}}{\mathrm{s}} \,. \tag{12.45}$$

e) Um die geforderte Übertragungsrate wieder zu erreichen, muß die Übertragungsstrecke auf

$$l = \frac{U_{\mathrm{r}}}{U_{\mathrm{r}}(f)\sqrt{2R}} = 688,9\,\mathrm{m} \tag{12.46}$$

verringert werden.

Beispiel 12.4: *IEC-Bus*

In Abb. 12.3 ist das Zeitdiagramm für den Dreidraht-Handshake-Betrieb des IEC-Busses dargestellt. Für die softwaremäßige Implementierung des Handshakebetriebes ist es sinnvoll, das Zeitdiagramm in je ein Flußdiagramm für den Talker- und den Listener-Handshake umzusetzen. Zeichnen Sie diese beiden Flußdiagramme und zeigen Sie, an welchen Stellen eine Kopplung zwischen Talker- und Listener-Handshake auftritt.

Musterlösung:

Für den **Talker-Handshake** ergibt sich:
Nachdem der Talker vom Controller adressiert wurde, legt dieser sein erstes Datenbyte auf den Bus und „hört“ die NRFD-Busleitung ab. Geht diese auf High-Pegel, so weiß der Talker, daß alle vom Controller adressierten Listener bereit sind, Daten zu empfangen, und legt seine DAV-Leitung auf Low-Pegel, um anzuzeigen, daß die angelegten Daten gültig sind. Nun wartet der Talker, bis die NDAC-Busleitung auf High-Pegel geht (alle Listener haben die Daten empfangen). Ist diese Leitung auf High-Pegel, dann setzt der Talker seine

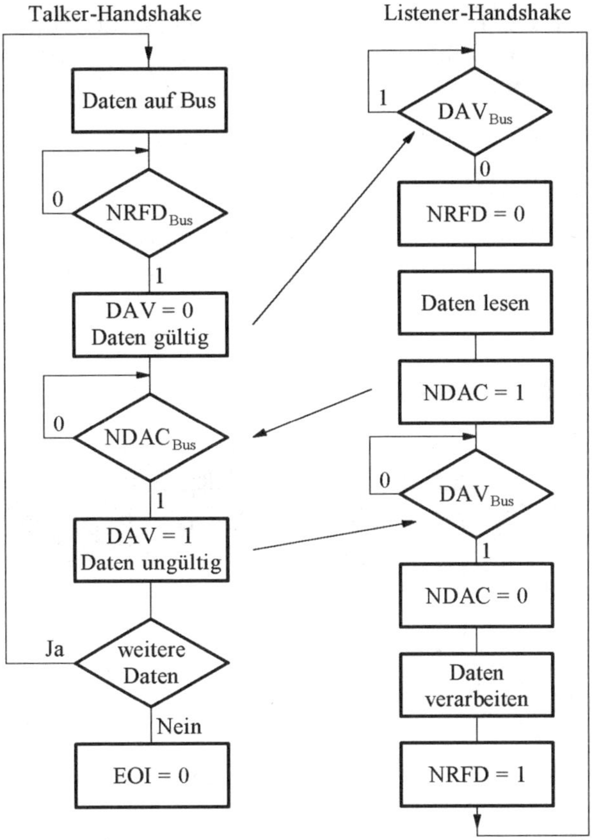

Abb. 12.11. Flußdiagramm für den Talker- und Listener-Handshake am IEC-Bus

DAV-Leitung ebenfalls wieder auf High-Pegel (die Daten am Bus sind somit nicht mehr gültig) und gibt das nächste Datenbyte auf den Bus. Ist er am Ende der Datenübertragung angelangt, setzt er die EOI-Leitung auf Low-Pegel und zeigt damit das Ende der Übertragung an.

Für den **Listener-Handshake** ergibt sich:
Der vom Controller adressierte Listener „hört" zunächst die DAV-Busleitung ab. Wird diese vom Talker auf Low-Pegel gesetzt, setzt der Listener seine NRFD-Leitung ebenfalls auf Low-Pegel (um anzuzeigen, daß er Daten vom Bus liest) und beginnt das Datenbyte zu lesen. Hat er das an den Datenleitungen liegende Datenbyte vollständig übernommen, setzt er seine NDAC-Leitung auf High-Pegel um zu signalisieren, daß er das Datenbyte fehlerfrei übernommen hat. Nun wartet der Listener, bis die DAV-Leitung am Bus auf High-Pegel geht. Bei High-Pegel dieser Leitung weiß der Listener, daß der Talker die erfolgreiche Datenübernahme erkannt hat, und der Listener setzt

seine NDAC-Leitung auf Low-Pegel und beginnt mit der Datenverarbeitung. Sobald der Listener diese abgeschlossen hat, setzt er seine NRFD-Leitung wieder auf High-Pegel und zeigt somit an, daß er bereit ist, neue Daten vom Bus zu lesen.

Aufgabe 12.2: RS232-*Schnittstelle*

a) Wie sieht die minimale Verdrahtungskonfiguration aus?
b) Beschreiben Sie kurz den dazugehörigen Software-Handshake.

Lösung:

a) Bei Verwendung des XON/XOFF-Protokolls benötigt man die in Abb. 12.12

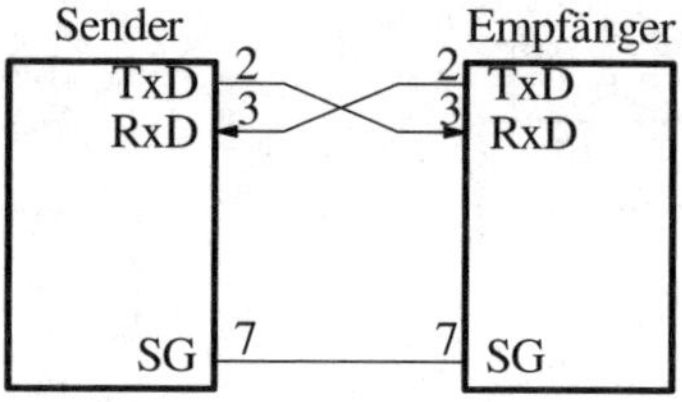

Abb. 12.12. Leitungskonfiguration für das XON/XOFF-Protokoll

gezeigte minimale Leitungskonfiguration mit nur drei Leitungen.
b) Zu Beginn der Empfangsbereitschaft sendet der Empfänger ein XON-Zeichen (i. allg. $'DC1' = 11$ H). Daraufhin übermittelt der Sender Daten, bis er vom Empfänger durch ein XOFF-Zeichen (i. allg. $'DC3' = 13$ H) aufgefordert wird, den Datenstrom anzuhalten. Danach wartet der Sender auf das nächste XON-Zeichen des Empfängers, bevor er wieder Daten sendet.

Aufgabe 12.3: *Fragen zum IEC-Bus*

a) Beschreiben Sie Aufbau und Struktur des IEC-Busses.
b) Welche Gerätegrundfunktionen kennen Sie? Beschreiben Sie sie kurz.
c) Erklären Sie das sogenannte 3-Draht-Handshake mit einer Skizze.
d) Geben Sie die Leistungsdaten an (Übertragungsgeschwindigkeit, max. Entfernungen, Anzahl der Geräte)

Lösung:

a) Der IEC-Bus besteht aus 16 Leitungen, welche unterteilt werden in Datenbus (8), Steuerbus (5) und Handshakebus (3).
b) Man unterscheidet folgende Gerätegrundfunktionen:

Controller: Es gibt einen Controller pro Meßsystem. Er steuert und überwacht die Vorgänge.
Talker: Er kann Daten auf den Bus schreiben, nachdem er vom Controller aktiviert wurde.
Listener: Er kann nach der Aktivierung durch den Controller Daten empfangen.

c) Siehe Abb. 12.3.
d) Übertragungsrate: 250 kByte/s bis 1MByte/s
Distanz: bis 20m (2m von Gerät zu Gerät)
Anzahl der Geräte: max. 15 (ohne Repeater)

Aufgabe 12.4: *Fragen zu Feldbussen*

a) Welche Aufgaben erfüllen Feldbusse?
b) Skizzieren Sie den Aufbau eines Feldbusgerätes.
c) Nennen Sie die Ihnen bekannten Feldbusse und geben Sie deren maximale Datenübertragungsraten an.

Lösung:

a) Feldbusse stellen kommunikationstechnische Verbindungen zwischen sog. *Feldgeräten* her. Zu diesen Feldgeräten zählen insbesondere speicherprogrammierbare Steuerungen (SPS) sowie intelligente Sensoren und Aktoren, die digitale bzw. analoge Signale an einen Steuerrechner senden bzw. von diesem empfangen. Im allgemeinen handelt es sich bei den Feldbussen um lokale Busse, die über Buskoppler, sog. *Gateways*, an einen Hauptbus angeschlossen sind, der sie wiederum mit dem zentralen Leitrechner verbindet. Der Feldbus stellt dabei in der Regel nicht nur Leitungen für den Austausch von Daten bereit, sondern auch solche, die der Energieversorgung der Feldgeräte dienen. Dabei werden meist geringe Datenmengen über größere Distanzen übertragen.
b) Abbildung 12.13 zeigt den prinzipiellen Aufbau eines Feldbusgerätes.
c) ASI: 150kBit/s
BIT: 500kBit/s
CAN: 1MBit/s
FIP: 5MBit/s
Interbus-S: 500kBit/s
Profibus DP: 12MBit/s
EIB: 9,6kBit/s
LON: 1,25MBit/s

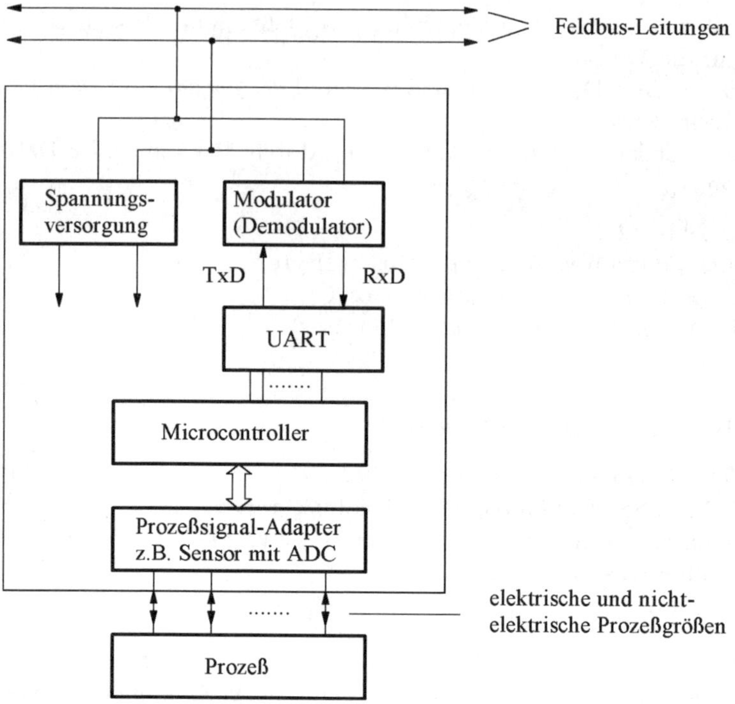

Abb. 12.13. Struktur eines Feldgerätes mit Feldbusanschluß in Zweidrahtausführung

Aufgabe 12.5: *Meßdatennetzwerke*

a) Welche Netzwerktopologien kennen Sie? Nennen Sie Vor- und Nachteile.
b) Nennen Sie die wichtigsten Bus-Zugriffsverfahren.
c) Wie kann man ein lokales Ethernet zur Meßdatenerfassung nutzen?
d) Welche Standardnetzwerke bzw. -leitungen kann man auch zur Meßdatenübertragung und der Vernetzung von Meßdatenerfassungskomponenten nutzen?
e) Welche Methoden der Fehlererkennung kennen Sie bei der Meßdatenübertragung?

Lösung:

a) Man unterscheidet folgende Netzwerktopologien:

Stern: Hoher Verdrahtungsaufwand; Ausfall eines Teilnehmers hat keine Auswirkung auf das übrige Netz.
Ring: Der Ausfall eines Knotens führt zum Versagen des Bussystems
Linie: Verdrahtungsaufwand am geringsten

Maschen: Keine starren Regeln; hohe Komplexität bezüglich Verdrahtung und Verwaltung

b) Master-Slave, Token-Passing, Summen(rahmen)telegramm, Carrier Sense Multiple Access (CSMA) in den Varianten Collision Detection (CD) und Collision Avoidance (CA)
c) Ethernet kann in der den Feldbussen übergeordneten Ebene eingesetzt werden (LAN). Die (beim Ethernet eingeschränkte) Echtzeitfähigkeit tritt hier in den Hintergrund; die Möglichkeit größere Datenmengen zu transportieren ist wichtiger. Für den Einsatz in Produktionsumgebungen wurde das Industrie-Ethernet entwickelt, welches im Vergleich zum Standard-Ethernet störsicherer aufgebaut ist. Weiterhin gibt es Datenaufnahmesysteme bzw. Datenlogger, die direkt an das Ethernet angeschlossen werden und webbasiert konfiguriert bzw. ausgelesen werden. Eine weitere Möglichkeit besteht in der Verwendung von RS232C-Ethernet-Schnittstellen-Konvertern [6, S. 508], welche die Anbindung von vielen Meßgeräten an ein LAN erlauben. Dabei müssen jedoch teilweise noch geeignete Treiberroutinen entwickelt werden, um die Geräte mittels Hochsprachen ansprechen und steuern zu können.
d) ISDN, Datex-P, GSM, UMTS, Powerline
e) Bit-Monitoring, Bit-Stuffing, Acknowledge, Cyclic Redundancy Check (CRC)

Aufgabe 12.6: *Speicherprogrammierbare Steuerungen (SPS)*

a) Beschreiben Sie die wichtigsten Hard- und Software-Komponenten einer SPS. Gehen Sie insbesondere auf den Programmablauf ein.
b) Führen Sie die nach IEC 1131 standardisierten Programmiersprachen an und geben Sie charakteristische Merkmale an.

Lösung:

a) Wichtigste Hardwarekomponenten: Spannungsversorgung, CPU, Speichermodule, Ein- und Ausgangsbaugruppen.
Kennzeichen der Software: modularer Aufbau, verschiedenartige Programmbausteine (Funktionen, Funktionsblöcke, Organisationsbausteine), permanent-zyklischer Betrieb (Siehe Abb. 12.14).
b) In der Norm IEC 1131 werden die folgenden Programmiersprachen definiert:

Anweisungsliste (AWL): textorientiert, Anweisungen bestehend aus Operator und optionalem Operanden
Strukturierter Text (ST): textorientiert, ähnlich Hochsprachen wie C oder Basic
Kontaktplan (KOP): graphisch, angelehnt an das Prinzip elektrischer Schaltpläne

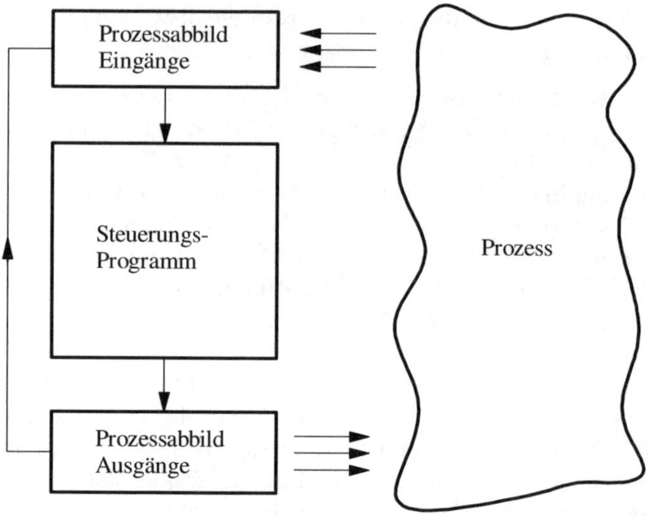

Abb. 12.14. Permanent-zyklischer Betrieb einer speicherprogrammierbaren Steuerung (SPS)

Funktionsbausteinsprache (FBS): graphisch, in Form eines Datenflusses

Ablaufsprache (AS): sowohl graphisch als auch textorientiert, Programmelemente sind Schritte, Transitionen und Verbindungen.

Literaturverzeichnis

1. Abramowitz, M.; Stegun, A. (Eds.): *Handbook of Mathematical Functions.* New York: Dover Publications 1965.
2. Bronstein, I.N.; Semendjajew, K.A. : *Taschenbuch der Mathematik.* Stuttgart, Leipzig: B.G. Teubner 1991.
3. Dirschmid, H. J.: *Mathematische Grundlagen der Elektrotechnik.* Braunschweig: Vieweg-Verlag 1990.
4. Domke, E.: *Vektoranalysis.* Mannheim: BI-Wissenschaftsverlag 1990.
5. Hofmann, H.: *Das elektromagnetische Feld.* Wien, New York: Springer-Verlag 1986.
6. Lerch, R.: *Elektrische Meßtechnik.* 2. Aufl. Berlin, Heidelberg: Springer-Verlag 2004.
7. Papoulis, A.: *The Fourier Integral and its Application.* New York: McGraw-Hill 1987.
8. Parkus, H.: *Mechanik fester Körper.* Wien, New York: Springer-Verlag 1988.
9. Stoer, J.: *Numerische Mathematik.* Berlin, Heidelberg: Springer-Verlag 1994.
10. Stratton, J. A.: *Electromagnetic Theory.* New York: McGraw-Hill 1941.
11. Tietze, U.; Schenk, Ch.:*Halbleiter–Schaltungstechnik.* 12. Aufl. Berlin, Heidelberg: Springer 2002.
12. Unbehauen, R.:*Grundlagen der Elektrotechnik 1.* 5. Aufl. Berlin, Heidelberg: Springer 1999.
13. Zinke, O; Brunswig, H.: *Hochfrequenztechnik 2.* 4. Aufl. Berlin, Heidelberg: Springer-Verlag 1993.

Index